机械制造企业工伤预防能力提升培训系列教材

机械制造企业
工伤预防能力提升培训教材
（专职安全管理人员）

成都易训企业管理咨询有限公司 ◎ 组织编写

中国劳动社会保障出版社

图书在版编目(CIP)数据

机械制造企业工伤预防能力提升培训教材：专职安全管理人员／成都易训企业管理咨询有限公司组织编写． 北京：中国劳动社会保障出版社，2024． --（机械制造企业工伤预防能力提升培训系列教材）． --ISBN 978-7-5167-6594-4

Ⅰ．X928.4

中国国家版本馆 CIP 数据核字第 2024MB4425 号

中国劳动社会保障出版社出版发行

（北京市惠新东街 1 号　邮政编码：100029）

*

北京市科星印刷有限责任公司印刷装订　　新华书店经销

787 毫米×1092 毫米　16 开本　20.75 印张　306 千字

2024 年 12 月第 1 版　　2025 年 8 月第 2 次印刷

定价：60.00 元

营销中心电话：400-606-6496

出版社网址：https://www.class.com.cn

版权专有　　侵权必究

如有印装差错，请与本社联系调换：(010) 81211666

我社将与版权执法机关配合，大力打击盗印、销售和使用盗版图书活动，敬请广大读者协助举报，经查实将给予举报者奖励。

举报电话：(010) 64954652

编委会委员

黄博涛　姚　俊　刘正宇　蒲仕明　卯明勇
何陆怡　母昌焦　陈明霞　董春梅　曾晓溪
阚国东　曹玉鑫　陈春燕

前言

制造业是立国之本、强国之基，其发展水平是国家工业化程度的主要标志之一，是国家重要的支柱产业。机械制造行业覆盖范围很广，按照国民经济行业划分，包括金属制品业，通用设备制造业，专用设备制造业，汽车制造业，铁路、船舶、航空航天和其他运输设备制造业，电气机械和器材制造业，计算机、通信和其他电子设备制造业，仪器仪表制造业等 8 个行业大类。

1862 年，我国第一座机械厂——安庆军械所成立，机械制造业的序幕正式拉开。中华人民共和国成立后，开启了工业化和现代化进程，现代机械制造业快速发展。时至今日，我国已经成为全世界工业门类最为齐全的国家。小到一颗螺丝钉，大到航天火箭，我国的制造业包含了所有工业种类，是全球唯一一个拥有联合国产业分类中全部工业门类的国家。

在辉煌的背后，是数以百万计劳动者的默默付出。机械制造行业人机交互复杂的特点，加上普遍存在的粉尘、化学毒物、高温、噪声等众多危险有害因素，职工工伤事故风险很高。每一天，在每一条流水线、每一个工作岗位，机械制造行业一线的职工都会面临着各种风险。

2023 年 7 月 26 日，《人力资源社会保障部办公厅　国家卫生健康委办公厅　应急管理部办公厅　国家铁路局综合司　国家矿山安全监察局综合司关于实施矿山、机械制造、铁路运输、铁路建设施工等行业重点企业工伤预防能力提升培训工程的通知》（人社厅函〔2023〕102 号）正式印发，要求对机械制造行业重点培训对象开展培训，切实提升工伤预防能力，提升安全生产与职业健康基础保障水平。

遵循机械制造行业安全生产法律法规和理论实践，本套丛书充分借鉴全国机械制造行业工伤预防培训大纲，融合安全生产、工伤预防与职业病防治的政策法规、工伤事故以及职业病预防知识、工伤事故与职业病警示教育等内容编写，供专职安全、职业健康管理人员培训使用。

  由于编者水平有限，书中存在较多不足之处，真诚地欢迎广大读者批评指正。

编者
2024 年 12 月

目录

第一章 安全生产相关法律法规及政策 ... 1
第一节 习近平新时代安全生产及工伤预防工作的重要思想论述 ... 1
第二节 法律体系 ... 3
第三节 机械制造行业安全生产法律法规以及政策 ... 6
第四节 企业主体责任 ... 60
第五节 安全生产管理机构以及安全生产管理人员的安全生产职责 ... 68
第六节 职业卫生管理人员职业病防治责任 ... 72

第二章 安全生产管理 ... 73
第一节 全员安全生产责任制建设要求和专职安全生产管理人员的法定职责 ... 73
第二节 企业安全生产和职业卫生规章制度、操作规程的编制及实施要求 ... 75
第三节 安全风险分级管控和隐患排查治理双重预防工作机制的实施要求 ... 76
第四节 安全生产标准化建设及运行要求 ... 93
第五节 危险源辨识及风险管控要求 ... 96
第六节 特种作业及特种设备管理 ... 103
第七节 变更管理要求 ... 160
第八节 安全生产教育和培训的要求 ... 161

第三章 安全生产技术 ... 164
第一节 机械安全技术 ... 164

第二节	电气安全技术	181
第三节	防火防爆安全技术	196
第四节	场（厂）内运输的基本安全要求	207

第四章 职业危害及其预防 214

第一节	职业健康概述	214
第二节	职业病危害因素的识别与控制	218
第三节	用人单位职业病防治工作要求	226

第五章 机械制造企业应急管理 231

第一节	应急管理概述	231
第二节	应急预案	233
第三节	应急救援	244
第四节	机械制造企业典型事故处置	246

第六章 安全生产事故管理 265

第一节	事故分类与分级	265
第二节	事故管理及持续改进要求	267
第三节	工伤事故报告和调查处理的有关规定	274

第七章 工伤事故典型案例 280

第一节	物体打击事故	280
第二节	车辆伤害事故	282
第三节	机械伤害事故	285
第四节	起重伤害事故	287
第五节	触电事故	289
第六节	灼烫伤事故	290
第七节	火灾事故	292
第八节	危险化学品泄漏事故	294

第九节　中毒和窒息事故 ························· 296
第十节　高处坠落事故 ····························· 297

第八章　国内外先进安全管理方法 ············· 300
第一节　管理体系 ····································· 300
第二节　危险预知训练（KYT） ··············· 307

第九章　工伤保险基础知识 ······················· 311
第一节　工伤保险制度概述 ······················· 311
第二节　工伤预防概述 ····························· 315
第三节　工伤保险常见问题 ······················· 316

第一章
安全生产相关法律法规及政策

第一节　习近平新时代安全生产及工伤预防工作的重要思想论述

安全生产及工伤预防工作事关人民福祉，事关经济社会发展大局。党的十八大以来，习近平总书记高度重视这项工作，作出过一系列重要论述，一再强调要统筹发展和安全。

2013年6月6日，习近平总书记就做好安全生产工作作出重要指示指出：人命关天，发展决不能以牺牲人的生命为代价。这必须作为一条不可逾越的红线。

2013年11月24日，习近平总书记在青岛黄岛经济开发区考察输油管线泄漏引发爆燃事故抢险工作时指出：要做到"一厂出事故、万厂受教育，一地有隐患、全国受警示"。

2016年7月20日，习近平总书记对加强安全生产和汛期安全防范工作作出重要指示强调：安全生产是民生大事，一丝一毫不能放松，要以对人民极端负责的精神抓好安全生产工作，站在人民群众的角度想问题，把重大风险隐患当成事故来对待，守土有责，敢于担当，完善体制，严格监管，让人民群众安心放心。经济社会发展的每一个项目、每一个环节都要以安全为前提，不能有丝毫疏漏。

2017年2月17日，习近平总书记主持召开国家安全工作座谈会强调：要加强交通运输、消防、危险化学品等重点领域安全生产治理，遏制重特大事故的发生。

2019年11月29日，习近平总书记在中共中央政治局第十九次集体学习时强调：要健全风险防范化解机制，坚持从源头上防范化解重大安全风险，真正把问题解决在萌芽之时、成灾之前。各级党委和政府要切实担负起"促一方发展、保一方平安"的政治责任，严格落实责任制。

2020年4月10日，全国安全生产电视电话会议传达学习了习近平总书记重要指示：生命重于泰山，各级党委和政府务必把安全生产摆到重要位置，树牢安全发展理念，绝不能只重发展不顾安全。

2020年5月22日，习近平总书记在参加十三届全国人大三次会议内蒙古代表团审议时指出：人民至上、生命至上，保护人民生命安全和身体健康可以不惜一切代价。

2020年12月11日，习近平总书记在中共中央政治局第二十六次集体学习时强调：坚持统筹发展和安全，坚持发展和安全并重，实现高质量发展和高水平安全的良性互动。

2021年6月9日，习近平总书记在青海考察时强调：要坚持总体国家安全观，坚持底线思维，坚决维护国家安全。要毫不放松抓好常态化疫情防控，有效遏制重特大安全生产事故，推动扫黑除恶常态化，深化政法队伍教育整顿，保持社会大局和谐稳定。

2022年3月21日，习近平总书记对东航客机坠毁作出重要指示强调：加强民用航空领域安全隐患排查，狠抓责任落实，确保航空运行绝对安全，确保人民生命绝对安全。

2022年10月16日，习近平总书记在党的二十大报告中针对提高公共安全治理水平作出重要部署：坚持安全第一、预防为主，建立大安全大应急框架，完善公共安全体系，推动公共安全治理模式向事前预防转型。

2024年5月27日，习近平总书记在中共中央政治局第十四次集体学习时强调：要加强劳动者权益保障。健全劳动法律法规，规范新就业形态劳动基准，完善社会保障体系，维护劳动者合法权益。

第二节 法律体系

我国的法律体系由 6 个法律位阶组成。法律位阶是指每一部规范性法律文本在法律体系中的纵向等级。下位阶的法律必须服从上位阶的法律，所有的法律必须服从最高位阶的法。在我国，《中华人民共和国宪法》（以下简称《宪法》）和《中华人民共和国立法法》（以下简称《立法法》）规定的立法体制，法律效力共分 6 级，从高到低依次为：根本法《宪法》、基本法［如《中华人民共和国刑事诉讼法》（以下简称《刑事诉讼法》）等］、普通法［如《中华人民共和国安全生产法》（以下简称《安全生产法》）等］、行政法规、地方性法规、部门规章与地方政府规章。

安全生产法律体系是一个包含多种法律形式和法律层次的综合性系统，从法律规范的形式和特点来讲，既包括作为整个安全生产法律法规基础的《宪法》规范，也包括行政法律规范、技术性法律规范、程序性法律规范。按法律地位及效力同等原则，安全生产法律体系分为以下 7 个门类：

（一）《宪法》

《宪法》在安全生产法律体系框架中具有最高的法律位阶。《宪法》第四十二条第二款规定，加强劳动保护，改善劳动条件，这是安全生产方面最高法律效力的规定。

（二）安全生产方面的法律

1. 基础法律

我国有关安全生产的法律包括《安全生产法》和与它平行的专门法律及相

关法律。《安全生产法》是安全生产领域的基础性法律，为其他相关法规、规章和标准的制定提供了基本的法律依据。它由全国人民代表大会常务委员会制定，适用于所有生产经营单位，是我国安全生产法律体系的核心。

2. 专门法律

专门安全生产法律是规范某一专业领域安全生产法律制度的法律。我国在安全生产领域的专门法律有《矿山安全法》《海上交通安全法》《消防法》《道路交通安全法》等。

3. 相关法律

与安全生产有关的法律是指安全生产专门法律以外的其他法律中涵盖有安全生产内容的法律，如《劳动法》《建筑法》《铁路法》《工会法》《矿产资源法》等。还有一些与安全生产监督执法工作有关的法律，如《刑法》《刑事诉讼法》《行政处罚法》《行政复议法》《国家赔偿法》和《标准化法》等。

（三）安全生产行政法规

安全生产行政法规的制定主体是中央人民政府即国务院，国务院为实施安全生产法律或规范安全生产监督管理制度而制定并颁布的一系列具体规定，是我们实施安全生产监督管理和监察工作的重要依据。我国已颁布了多部安全生产行政法规，如《煤矿安全生产条例》《生产安全事故报告和调查处理条例》和《建设工程安全生产管理条例》等。

（四）地方性安全生产法规

地方性安全生产法规是指由省级（省、自治区、直辖市）人民代表大会及其常务委员会根据本行政区域的具体情况和实际需要，在不同宪法、法律、行政法规相抵触的前提下制定的地方性法规，处于第五法律位阶。较大的市的人民代表大会及其常务委员会根据本市的具体情况和实际需要，在不同宪法、法律、行政法规和本省、自治区的地方性法规相抵触的前提下，可以制定地方性法规，报省、自治区的人民代表大会常务委员会批准后施行。地方性安全生产法规是对国家安全生产法律、法规的补充和完善，具有较强的针对性和可操作性。

（五）部门安全生产规章、地方政府安全生产规章

行政规章在法律体系中处于最低的位阶，即第六法律位阶，根据《立法法》的有关规定，部门规章之间、部门规章与地方政府规章之间具有同等效力，在各自的权限范围内施行。《工贸企业有限空间作业安全规定》《生产安全事故罚款处罚规定》《矿山救援规程》等就属于应急管理部制定的部门规章。

部门规章规定的事项属于执行法律或者国务院的行政法规、决定、命令的事项。地方政府规章一方面从属于法律和行政法规，另一方面又从属于地方性法规，并且不能与它们相抵触。

当部门规章之间、部门规章与地方政府规章之间发生抵触时，由国务院裁决。

（六）安全生产标准

安全生产标准分为强制性标准和推荐性标准。强制性标准必须执行，而推荐性标准是由国家或行业制定，鼓励采用，但并非强制执行。安全生产标准同样是安全生产法规体系中的一个重要组成部分，也是安全生产管理的基础和监督执法工作的重要技术依据。安全生产标准分为 5 类：①基础标准，在一定范围内作为其他安全生产标准的依据和共同遵守的准则。②管理标准，使生产过程中人、物、环境各因素处于安全受控状态，直接服务于生产经营科学管理的准则和规定。③技术标准，指对于生产过程中的设计、施工、操作、安装等技术要求及程序必须符合安全要求的技术规范。④方法标准，指对各项生产过程中技术活动方法所作的规定。⑤产品标准，指对某一安全设备、装置和防护用品及其试验方法作出的规定。

（七）已批准的国际劳工公约

国际劳工组织自 1919 年创立以来，一共通过了 185 个国际公约和为数较多的建议书，这些公约和建议书统称国际劳工标准，其中 70% 的公约和建议书涉及职业安全卫生问题，我国是国际劳工组织的成员国，当我国安全生产法律与国际公约有不同时，应优先采用国际公约的规定（除保留条件的条款外）。

第三节 机械制造行业安全生产法律法规以及政策

一、《中华人民共和国刑法》

刑法是规定什么是犯罪，以及对犯罪如何进行处罚的法律。刑法有广义与狭义之分。广义刑法是一切刑事法律规范的总称，狭义刑法仅指刑法典，在我国即为《中华人民共和国刑法》（以下简称《刑法》）。刑法作为维护社会秩序的工具，一方面直接反映了统治阶级的意志，另一方面也是社会共同利益的体现，即生活在社会中的每一个人，都要遵守一定的行为规范，不得肆意侵害他人利益和社会公共利益。《刑法》中关于安全生产的主要内容如下：

（一）重大责任事故罪

《刑法》第一百三十四条第一款规定，在生产、作业中违反有关安全管理的规定，因而发生重大伤亡事故或者造成其他严重后果的，处三年以下有期徒刑或者拘役；情节特别恶劣的，处三年以上七年以下有期徒刑。

【释义】"有关安全管理的规定"是指有关安全生产的法律、法规、规章制度，具体包括以下3种情形：

1. 国家颁布的各种有关安全生产的法律、法规等规范性文件。

2. 企业、事业单位及其上级管理机关制定的反映安全生产客观规律的各种规章制度，包括工艺技术、生产操作、技术监督、劳动保护、安全管理等方面的规程、规则、章程、条例、办法和制度。

3. 虽无明文规定，但反映生产、科研、设计、施工的安全操作客观规律和要求，在实践中为职工所公认的行之有效的操作习惯和惯例等。

(二) 强令、组织他人违章冒险作业罪

《刑法》第一百三十四条第二款规定，强令他人违章冒险作业，或者明知存在重大事故隐患而不排除，仍冒险组织作业，因而发生重大伤亡事故或者造成其他严重后果的，处五年以下有期徒刑或者拘役；情节特别恶劣的，处五年以上有期徒刑。

【释义】企业、工厂、矿山等单位的管理者、指挥者、调度者等在明知确实存在危险或者已经违章，员工的人身安全和国家、企业的财产安全没有保障，继续生产会发生严重后果的情况下，仍然不顾相关法律规定，以解雇、减薪以及其他威胁，强行命令或者胁迫员工进行作业，造成重大伤亡事故或者严重财产损失，其行为构成强令、组织他人违章冒险作业罪。

(三) 危险作业罪

《刑法》第一百三十四条之一规定，在生产、作业中违反有关安全管理的规定，有下列情形之一，具有发生重大伤亡事故或者其他严重后果的现实危险的，处一年以下有期徒刑、拘役或者管制：

1. 关闭、破坏直接关系生产安全的监控、报警、防护、救生设备、设施，或者篡改、隐瞒、销毁其相关数据、信息的。

2. 因存在重大事故隐患被依法责令停产停业、停止施工、停止使用有关设备、设施、场所或者立即采取排除危险的整改措施，而拒不执行的。

3. 涉及安全生产的事项未经依法批准或者许可，擅自从事矿山开采、金属冶炼、建筑施工，以及危险物品生产、经营、储存等高度危险的生产作业活动的。

【释义】过去我们常见的关闭、破坏直接关系生产安全的设备、设施，或者篡改、隐瞒、销毁其相关数据，因存在重大事故隐患被责令停产停业而拒不执行，擅自从事矿山开采活动等违法行为，将不再只是受到行政处罚，或将被追究刑事责任。

(四) 重大劳动安全事故罪

《刑法》第一百三十五条规定，安全生产设施或者安全生产条件不符合国家

规定，因而发生重大伤亡事故或者造成其他严重后果的，对直接负责的主管人员和其他直接责任人员，处三年以下有期徒刑或者拘役；情节特别恶劣的，处三年以上七年以下有期徒刑。

【释义】"安全生产设施或者安全生产条件不符合国家规定"是指工厂、矿山、林场、建筑企业或者其他企业、事业单位的安全生产设施或者安全生产条件不符合国家规定。

（五）危险物品肇事罪

《刑法》第一百三十六条规定，违反爆炸性、易燃性、放射性、毒害性、腐蚀性物品的管理规定，在生产、储存、运输、使用中发生重大事故，造成严重后果的，处三年以下有期徒刑或者拘役；后果特别严重的，处三年以上七年以下有期徒刑。

【释义】如果行为人在生产、储存、运输、使用危险物品过程中，违反危险物品管理规定，未造成任何后果，或者造成的后果不严重的，则不构成本罪。

（六）工程重大安全事故罪

《刑法》第一百三十七条规定，建设单位、设计单位、施工单位、工程监理单位违反国家规定，降低工程质量标准，造成重大安全事故的，对直接责任人员，处五年以下有期徒刑或者拘役，并处罚金；后果特别严重的，处五年以上十年以下有期徒刑，并处罚金。

【释义】《最高人民检察院、公安部关于公安机关管辖的刑事案件立案追诉标准的规定（一）》第十三条规定，建设单位、设计单位、施工单位、工程监理单位违反国家规定，降低工程质量标准，涉嫌下列情形之一的，应予立案追诉：

1. 造成死亡一人以上，或者重伤三人以上；
2. 造成直接经济损失五十万元以上的；
3. 其他造成严重后果的情形。

（七）消防责任事故罪

《刑法》第一百三十九条规定，违反消防管理法规，经消防监督机构通知采取改正措施而拒绝执行，造成严重后果的，对直接责任人员，处三年以下有期徒刑或者拘役；后果特别严重的，处三年以上七年以下有期徒刑。

【释义】《最高人民检察院、公安部关于公安机关管辖的刑事案件立案追诉标准的规定（一）》第十五条规定，违反消防管理法规，经消防监督机构通知采取改正措施而拒绝执行，涉嫌下列情形之一的，应予立案追诉：

1. 造成死亡一人以上，或者重伤三人以上的；
2. 造成直接经济损失五十万元以上的；
3. 造成森林火灾，过火有林地面积二公顷以上，或者过火疏林地、灌木林地、未成林地、苗圃地面积四公顷以上的；
4. 其他造成严重后果的情形。

（八）不报或者谎报事故罪

《刑法》第一百三十九条之一规定，在安全事故发生后，负有报告职责的人员不报或者谎报事故情况，贻误事故抢救，情节严重的，处三年以下有期徒刑或者拘役；情节特别严重的，处三年以上七年以下有期徒刑。

【释义】"负有报告职责的人员"主要指生产经营单位的负责人、实际控制人、负责生产经营管理的投资人以及其他负有报告职责的人员。

二、《安全生产法》

《安全生产法》是为了加强安全生产工作，防止和减少生产安全事故，保障人民群众生命和财产安全，促进经济社会持续健康发展而制定的法律。该法适用于在中华人民共和国领域内从事生产经营活动的单位。其中，生产经营单位的安全生产保障和从业人员的安全生产权利义务的内容如下：

第二十条　生产经营单位应当具备本法和有关法律、行政法规和国家标准或者行业标准规定的安全生产条件；不具备安全生产条件的，不得从事生产经营活动。

第二十一条　生产经营单位的主要负责人对本单位安全生产工作负有下列职责：

（一）建立健全并落实本单位全员安全生产责任制，加强安全生产标准化建设；

（二）组织制定并实施本单位安全生产规章制度和操作规程；

（三）组织制定并实施本单位安全生产教育和培训计划；

（四）保证本单位安全生产投入的有效实施；

（五）组织建立并落实安全风险分级管控和隐患排查治理双重预防工作机制，督促、检查本单位的安全生产工作，及时消除生产安全事故隐患；

（六）组织制定并实施本单位的生产安全事故应急救援预案；

（七）及时、如实报告生产安全事故。

第二十二条　生产经营单位的全员安全生产责任制应当明确各岗位的责任人员、责任范围和考核标准等内容。

生产经营单位应当建立相应的机制，加强对全员安全生产责任制落实情况的监督考核，保证全员安全生产责任制的落实。

第二十三条　生产经营单位应当具备的安全生产条件所必需的资金投入，由生产经营单位的决策机构、主要负责人或者个人经营的投资人予以保证，并对由于安全生产所必需的资金投入不足导致的后果承担责任。

有关生产经营单位应当按照规定提取和使用安全生产费用，专门用于改善安全生产条件。安全生产费用在成本中据实列支。安全生产费用提取、使用和监督管理的具体办法由国务院财政部门会同国务院应急管理部门征求国务院有关部门意见后制定。

第二十四条　矿山、金属冶炼、建筑施工、运输单位和危险物品的生产、经营、储存、装卸单位，应当设置安全生产管理机构或者配备专职安全生产管理人员。前款规定以外的其他生产经营单位，从业人员超过一百人的，应当设置安全生产管理机构或者配备专职安全生产管理人员；从业人员在一百人以下的，应当配备专职或者兼职的安全生产管理人员。

第二十五条　生产经营单位的安全生产管理机构以及安全生产管理人员履行下列职责：

（一）组织或者参与拟订本单位安全生产规章制度、操作规程和生产安全事故应急救援预案；

（二）组织或者参与本单位安全生产教育和培训，如实记录安全生产教育和培训情况；

（三）组织开展危险源辨识和评估，督促落实本单位重大危险源的安全管理措施；

（四）组织或者参与本单位应急救援演练；

（五）检查本单位的安全生产状况，及时排查生产安全事故隐患，提出改进安全生产管理的建议；

（六）制止和纠正违章指挥、强令冒险作业、违反操作规程的行为；

（七）督促落实本单位安全生产整改措施。

生产经营单位可以设置专职安全生产分管负责人，协助本单位主要负责人履行安全生产管理职责。

第二十六条　生产经营单位的安全生产管理机构以及安全生产管理人员应当恪尽职守，依法履行职责。

生产经营单位作出涉及安全生产的经营决策，应当听取安全生产管理机构以及安全生产管理人员的意见。

生产经营单位不得因安全生产管理人员依法履行职责而降低其工资、福利等待遇或者解除与其订立的劳动合同。

危险物品的生产、储存单位以及矿山、金属冶炼单位的安全生产管理人员的任免，应当告知主管的负有安全生产监督管理职责的部门。

第二十七条　生产经营单位的主要负责人和安全生产管理人员必须具备与本单位所从事的生产经营活动相应的安全生产知识和管理能力。

危险物品的生产、经营、储存、装卸单位以及矿山、金属冶炼、建筑施工、运输单位的主要负责人和安全生产管理人员，应当由主管的负有安全生产监督管理职责的部门对其安全生产知识和管理能力考核合格。考核不得收费。

危险物品的生产、储存、装卸单位以及矿山、金属冶炼单位应当有注册安全工程师从事安全生产管理工作。鼓励其他生产经营单位聘用注册安全工程师从事安全生产管理工作。注册安全工程师按专业分类管理，具体办法由国务院人力资源和社会保障部门、国务院应急管理部门会同国务院有关部门制定。

第二十八条　生产经营单位应当对从业人员进行安全生产教育和培训，保证从业人员具备必要的安全生产知识，熟悉有关的安全生产规章制度和安全操作规程，掌握本岗位的安全操作技能，了解事故应急处理措施，知悉自身在安全生产方面的权利和义务。未经安全生产教育和培训合格的从业人员，不得上岗作业。

生产经营单位使用被派遣劳动者的，应当将被派遣劳动者纳入本单位从业人员统一管理，对被派遣劳动者进行岗位安全操作规程和安全操作技能的教育和培训。劳务派遣单位应当对被派遣劳动者进行必要的安全生产教育和培训。

生产经营单位接收中等职业学校、高等学校学生实习的，应当对实习学生进行相应的安全生产教育和培训，提供必要的劳动防护用品。学校应当协助生产经营单位对实习学生进行安全生产教育和培训。

生产经营单位应当建立安全生产教育和培训档案，如实记录安全生产教育和培训的时间、内容、参加人员以及考核结果等情况。

第二十九条　生产经营单位采用新工艺、新技术、新材料或者使用新设备，必须了解、掌握其安全技术特性，采取有效的安全防护措施，并对从业人员进行专门的安全生产教育和培训。

第三十条　生产经营单位的特种作业人员必须按照国家有关规定经专门的安全作业培训，取得相应资格，方可上岗作业。

特种作业人员的范围由国务院应急管理部门会同国务院有关部门确定。

第三十一条　生产经营单位新建、改建、扩建工程项目（以下统称建设项目）的安全设施，必须与主体工程同时设计、同时施工、同时投入生产和使用。安全设施投资应当纳入建设项目概算。

第三十二条　矿山、金属冶炼建设项目和用于生产、储存、装卸危险物品的建设项目，应当按照国家有关规定进行安全评价。

第三十三条　建设项目安全设施的设计人、设计单位应当对安全设施设计负责。

矿山、金属冶炼建设项目和用于生产、储存、装卸危险物品的建设项目的安全设施设计应当按照国家有关规定报经有关部门审查，审查部门及其负责审查的人员对审查结果负责。

第三十四条　矿山、金属冶炼建设项目和用于生产、储存、装卸危险物品的建设项目的施工单位必须按照批准的安全设施设计施工，并对安全设施的工程质量负责。

矿山、金属冶炼建设项目和用于生产、储存、装卸危险物品的建设项目竣工投入生产或者使用前，应当由建设单位负责组织对安全设施进行验收；验收合格后，方可投入生产和使用。负有安全生产监督管理职责的部门应当加强对建设单位验收活动和验收结果的监督核查。

第三十五条　生产经营单位应当在有较大危险因素的生产经营场所和有关设施、设备上，设置明显的安全警示标志。

第三十六条　安全设备的设计、制造、安装、使用、检测、维修、改造和报废，应当符合国家标准或者行业标准。

生产经营单位必须对安全设备进行经常性维护、保养，并定期检测，保证正常运转。维护、保养、检测应当作好记录，并由有关人员签字。

生产经营单位不得关闭、破坏直接关系生产安全的监控、报警、防护、救生设备、设施，或者篡改、隐瞒、销毁其相关数据、信息。

餐饮等行业的生产经营单位使用燃气的，应当安装可燃气体报警装置，并保障其正常使用。

第三十七条　生产经营单位使用的危险物品的容器、运输工具，以及涉及人身安全、危险性较大的海洋石油开采特种设备和矿山井下特种设备，必须按照国家有关规定，由专业生产单位生产，并经具有专业资质的检测、检验机构检测、检验合格，取得安全使用证或者安全标志，方可投入使用。检测、检验机构对检测、检验结果负责。

第三十八条　国家对严重危及生产安全的工艺、设备实行淘汰制度，具体目录由国务院应急管理部门会同国务院有关部门制定并公布。法律、行政法规对目录的制定另有规定的，适用其规定。

省、自治区、直辖市人民政府可以根据本地区实际情况制定并公布具体目录，对前款规定以外的危及生产安全的工艺、设备予以淘汰。

生产经营单位不得使用应当淘汰的危及生产安全的工艺、设备。

第三十九条　生产、经营、运输、储存、使用危险物品或者处置废弃危险物品的，由有关主管部门依照有关法律、法规的规定和国家标准或者行业标准审批并实施监督管理。

生产经营单位生产、经营、运输、储存、使用危险物品或者处置废弃危险物品，必须执行有关法律、法规和国家标准或者行业标准，建立专门的安全管理制度，采取可靠的安全措施，接受有关主管部门依法实施的监督管理。

第四十条　生产经营单位对重大危险源应当登记建档，进行定期检测、评估、监控，并制定应急预案，告知从业人员和相关人员在紧急情况下应当采取的应急措施。

生产经营单位应当按照国家有关规定将本单位重大危险源及有关安全措施、应急措施报有关地方人民政府应急管理部门和有关部门备案。有关地方人民政府应急管理部门和有关部门应当通过相关信息系统实现信息共享。

第四十一条　生产经营单位应当建立安全风险分级管控制度，按照安全风险分级采取相应的管控措施。

生产经营单位应当建立健全并落实生产安全事故隐患排查治理制度，采取技术、管理措施，及时发现并消除事故隐患。事故隐患排查治理情况应当如实记录，并通过职工大会或者职工代表大会、信息公示栏等方式向从业人员通报。其中，重大事故隐患排查治理情况应当及时向负有安全生产监督管理职责的部门和职工大会或者职工代表大会报告。

县级以上地方各级人民政府负有安全生产监督管理职责的部门应当将重大事故隐患纳入相关信息系统，建立健全重大事故隐患治理督办制度，督促生产经营单位消除重大事故隐患。

第四十二条　生产、经营、储存、使用危险物品的车间、商店、仓库不得与员工宿舍在同一座建筑物内，并应当与员工宿舍保持安全距离。

生产经营场所和员工宿舍应当设有符合紧急疏散要求、标志明显、保持畅通的出口、疏散通道。禁止占用、锁闭、封堵生产经营场所或者员工宿舍的出口、疏散通道。

第四十三条　生产经营单位进行爆破、吊装、动火、临时用电以及国务院应急管理部门会同国务院有关部门规定的其他危险作业,应当安排专门人员进行现场安全管理,确保操作规程的遵守和安全措施的落实。

第四十四条　生产经营单位应当教育和督促从业人员严格执行本单位的安全生产规章制度和安全操作规程;并向从业人员如实告知作业场所和工作岗位存在的危险因素、防范措施以及事故应急措施。

生产经营单位应当关注从业人员的身体、心理状况和行为习惯,加强对从业人员的心理疏导、精神慰藉,严格落实岗位安全生产责任,防范从业人员行为异常导致事故发生。

第四十五条　生产经营单位必须为从业人员提供符合国家标准或者行业标准的劳动防护用品,并监督、教育从业人员按照使用规则佩戴、使用。

第四十六条　生产经营单位的安全生产管理人员应当根据本单位的生产经营特点,对安全生产状况进行经常性检查;对检查中发现的安全问题,应当立即处理;不能处理的,应当及时报告本单位有关负责人,有关负责人应当及时处理。检查及处理情况应当如实记录在案。

生产经营单位的安全生产管理人员在检查中发现重大事故隐患,依照前款规定向本单位有关负责人报告,有关负责人不及时处理的,安全生产管理人员可以向主管的负有安全生产监督管理职责的部门报告,接到报告的部门应当依法及时处理。

第四十七条　生产经营单位应当安排用于配备劳动防护用品、进行安全生产培训的经费。

第四十八条　两个以上生产经营单位在同一作业区域内进行生产经营活动,可能危及对方生产安全的,应当签订安全生产管理协议,明确各自的安全生产管理职责和应当采取的安全措施,并指定专职安全生产管理人员进行安全检查与协调。

第四十九条　生产经营单位不得将生产经营项目、场所、设备发包或者出租给不具备安全生产条件或者相应资质的单位或者个人。

生产经营项目、场所发包或者出租给其他单位的,生产经营单位应当与承包单位、承租单位签订专门的安全生产管理协议,或者在承包合同、租赁合同中约定各自的安全生产管理职责；生产经营单位对承包单位、承租单位的安全生产工作统一协调、管理，定期进行安全检查，发现安全问题的，应当及时督促整改。

矿山、金属冶炼建设项目和用于生产、储存、装卸危险物品的建设项目施工单位应当加强对施工项目的安全管理，不得倒卖、出租、出借、挂靠或者以其他形式非法转让施工资质，不得将其承包的全部建设工程转包给第三人或者将其承包的全部建设工程支解以后以分包的名义分别转包给第三人，不得将工程分包给不具备相应资质条件的单位。

第五十条　生产经营单位发生生产安全事故时，单位的主要负责人应当立即组织抢救，并不得在事故调查处理期间擅离职守。

第五十一条　生产经营单位必须依法参加工伤保险，为从业人员缴纳保险费。国家鼓励生产经营单位投保安全生产责任保险；属于国家规定的高危行业、领域的生产经营单位，应当投保安全生产责任保险。具体范围和实施办法由国务院应急管理部门会同国务院财政部门、国务院保险监督管理机构和相关行业主管部门制定。

第五十二条　生产经营单位与从业人员订立的劳动合同，应当载明有关保障从业人员劳动安全、防止职业危害的事项，以及依法为从业人员办理工伤保险的事项。生产经营单位不得以任何形式与从业人员订立协议，免除或者减轻其对从业人员因生产安全事故伤亡依法应承担的责任。

第五十三条　生产经营单位的从业人员有权了解其作业场所和工作岗位存在的危险因素、防范措施及事故应急措施，有权对本单位的安全生产工作提出建议。

第五十四条　从业人员有权对本单位安全生产工作中存在的问题提出批评、检举、控告；有权拒绝违章指挥和强令冒险作业。

生产经营单位不得因从业人员对本单位安全生产工作提出批评、检举、控告或者拒绝违章指挥、强令冒险作业而降低其工资、福利等待遇或者解除与其订立的劳动合同。

第五十五条　从业人员发现直接危及人身安全的紧急情况时，有权停止作业或者在采取可能的应急措施后撤离作业场所。

生产经营单位不得因从业人员在前款紧急情况下停止作业或者采取紧急撤离措施而降低其工资、福利等待遇或者解除与其订立的劳动合同。

第五十六条　生产经营单位发生生产安全事故后，应当及时采取措施救治有关人员。

因生产安全事故受到损害的从业人员，除依法享有工伤保险外，依照有关民事法律尚有获得赔偿的权利的，有权提出赔偿要求。

第五十七条　从业人员在作业过程中，应当严格落实岗位安全责任，遵守本单位的安全生产规章制度和操作规程，服从管理，正确佩戴和使用劳动防护用品。

第五十八条　从业人员应当接受安全生产教育和培训，掌握本职工作所需的安全生产知识，提高安全生产技能，增强事故预防和应急处理能力。

第五十九条　从业人员发现事故隐患或者其他不安全因素，应当立即向现场安全生产管理人员或者本单位负责人报告；接到报告的人员应当及时予以处理。

第六十条　工会有权对建设项目的安全设施与主体工程同时设计、同时施工、同时投入生产和使用进行监督，提出意见。

工会对生产经营单位违反安全生产法律、法规，侵犯从业人员合法权益的行为，有权要求纠正；发现生产经营单位违章指挥、强令冒险作业或者发现事故隐患时，有权提出解决的建议，生产经营单位应当及时研究答复；发现危及从业人员生命安全的情况时，有权向生产经营单位建议组织从业人员撤离危险场所，生产经营单位必须立即作出处理。

工会有权依法参加事故调查，向有关部门提出处理意见，并要求追究有关人员的责任。

第六十一条　生产经营单位使用被派遣劳动者的，被派遣劳动者享有本法规定的从业人员的权利，并应当履行本法规定的从业人员的义务。

三、《中华人民共和国职业病防治法》

《中华人民共和国职业病防治法》（以下简称《职业病防治法》）是为了预防、控制和消除职业病危害，防治职业病，保护劳动者健康及其相关权益，促进经济社会发展而制定的法律。该法适用于中国领域内的职业病防治活动。其中，劳动过程中的防护与管理的内容如下：

第二十条　用人单位应当采取下列职业病防治管理措施：

（一）设置或者指定职业卫生管理机构或者组织，配备专职或者兼职的职业卫生管理人员，负责本单位的职业病防治工作；

（二）制定职业病防治计划和实施方案；

（三）建立、健全职业卫生管理制度和操作规程；

（四）建立、健全职业卫生档案和劳动者健康监护档案；

（五）建立、健全工作场所职业病危害因素监测及评价制度；

（六）建立、健全职业病危害事故应急救援预案。

第二十一条　用人单位应当保障职业病防治所需的资金投入，不得挤占、挪用，并对因资金投入不足导致的后果承担责任。

第二十二条　用人单位必须采用有效的职业病防护设施，并为劳动者提供个人使用的职业病防护用品。

用人单位为劳动者个人提供的职业病防护用品必须符合防治职业病的要求；不符合要求的，不得使用。

第二十三条　用人单位应当优先采用有利于防治职业病和保护劳动者健康的新技术、新工艺、新设备、新材料，逐步替代职业病危害严重的技术、工艺、设备、材料。

第二十四条　产生职业病危害的用人单位，应当在醒目位置设置公告栏，公布有关职业病防治的规章制度、操作规程、职业病危害事故应急救援措施和工作场所职业病危害因素检测结果。

对产生严重职业病危害的作业岗位，应当在其醒目位置，设置警示标识和中文警示说明。警示说明应当载明产生职业病危害的种类、后果、预防以及应急救治措施等内容。

第二十五条　对可能发生急性职业损伤的有毒、有害工作场所，用人单位应当设置报警装置，配置现场急救用品、冲洗设备、应急撤离通道和必要的泄险区。

对放射工作场所和放射性同位素的运输、贮存，用人单位必须配置防护设备和报警装置，保证接触放射线的工作人员佩戴个人剂量计。

对职业病防护设备、应急救援设施和个人使用的职业病防护用品，用人单位应当进行经常性的维护、检修，定期检测其性能和效果，确保其处于正常状态，不得擅自拆除或者停止使用。

第二十六条　用人单位应当实施由专人负责的职业病危害因素日常监测，并确保监测系统处于正常运行状态。

用人单位应当按照国务院卫生行政部门的规定，定期对工作场所进行职业病危害因素检测、评价。检测、评价结果存入用人单位职业卫生档案，定期向所在地卫生行政部门报告并向劳动者公布。

职业病危害因素检测、评价由依法设立的取得国务院卫生行政部门或者设区的市级以上地方人民政府卫生行政部门按照职责分工给予资质认可的职业卫生技术服务机构进行。职业卫生技术服务机构所作检测、评价应当客观、真实。

发现工作场所职业病危害因素不符合国家职业卫生标准和卫生要求时，用人单位应当立即采取相应治理措施，仍然达不到国家职业卫生标准和卫生要求的，必须停止存在职业病危害因素的作业；职业病危害因素经治理后，符合国家职业卫生标准和卫生要求的，方可重新作业。

第二十七条　职业卫生技术服务机构依法从事职业病危害因素检测、评价工作，接受卫生行政部门的监督检查。卫生行政部门应当依法履行监督职责。

第二十八条　向用人单位提供可能产生职业病危害的设备的，应当提供中文说明书，并在设备的醒目位置设置警示标识和中文警示说明。警示说明应当载明设备性能、可能产生的职业病危害、安全操作和维护注意事项、职业病防护以及应急救治措施等内容。

第二十九条　向用人单位提供可能产生职业病危害的化学品、放射性同位素和含有放射性物质的材料的，应当提供中文说明书。说明书应当载明产品特性、主要成分、存在的有害因素、可能产生的危害后果、安全使用注意事项、职业病防护以及应急救治措施等内容。产品包装应当有醒目的警示标识和中文警示说明。贮存上述材料的场所应当在规定的部位设置危险物品标识或者放射性警示标识。

国内首次使用或者首次进口与职业病危害有关的化学材料,使用单位或者进口单位按照国家规定经国务院有关部门批准后,应当向国务院卫生行政部门报送该化学材料的毒性鉴定以及经有关部门登记注册或者批准进口的文件等资料。

进口放射性同位素、射线装置和含有放射性物质的物品的,按照国家有关规定办理。

第三十条　任何单位和个人不得生产、经营、进口和使用国家明令禁止使用的可能产生职业病危害的设备或者材料。

第三十一条　任何单位和个人不得将产生职业病危害的作业转移给不具备职业病防护条件的单位和个人。不具备职业病防护条件的单位和个人不得接受产生职业病危害的作业。

第三十二条　用人单位对采用的技术、工艺、设备、材料,应当知悉其产生的职业病危害,对有职业病危害的技术、工艺、设备、材料隐瞒其危害而采用的,对所造成的职业病危害后果承担责任。

第三十三条　用人单位与劳动者订立劳动合同（含聘用合同,下同）时,应当将工作过程中可能产生的职业病危害及其后果、职业病防护措施和待遇等如实告知劳动者,并在劳动合同中写明,不得隐瞒或者欺骗。

劳动者在已订立劳动合同期间因工作岗位或者工作内容变更,从事与所订立劳动合同中未告知的存在职业病危害的作业时,用人单位应当依照前款规定,向劳动者履行如实告知的义务,并协商变更原劳动合同相关条款。

用人单位违反前两款规定的,劳动者有权拒绝从事存在职业病危害的作业,用人单位不得因此解除与劳动者所订立的劳动合同。

第三十四条　用人单位的主要负责人和职业卫生管理人员应当接受职业卫生培训,遵守职业病防治法律、法规,依法组织本单位的职业病防治工作。

用人单位应当对劳动者进行上岗前的职业卫生培训和在岗期间的定期职业卫生培训,普及职业卫生知识,督促劳动者遵守职业病防治法律、法规、规章和操作规程,指导劳动者正确使用职业病防护设备和个人使用的职业病防护用品。

劳动者应当学习和掌握相关的职业卫生知识,增强职业病防范意识,遵守职业病防治法律、法规、规章和操作规程，正确使用、维护职业病防护设备和个人使用的职业病防护用品，发现职业病危害事故隐患应当及时报告。

劳动者不履行前款规定义务的，用人单位应当对其进行教育。

第三十五条　对从事接触职业病危害的作业的劳动者，用人单位应当按照国务院卫生行政部门的规定组织上岗前、在岗期间和离岗时的职业健康检查，并将检查结果书面告知劳动者。职业健康检查费用由用人单位承担。

用人单位不得安排未经上岗前职业健康检查的劳动者从事接触职业病危害的作业；不得安排有职业禁忌的劳动者从事其所禁忌的作业；对在职业健康检查中发现有与所从事的职业相关的健康损害的劳动者，应当调离原工作岗位，并妥善安置；对未进行离岗前职业健康检查的劳动者不得解除或者终止与其订立的劳动合同。

职业健康检查应当由取得"医疗机构执业许可证"的医疗卫生机构承担。卫生行政部门应当加强对职业健康检查工作的规范管理，具体管理办法由国务院卫生行政部门制定。

第三十六条　用人单位应当为劳动者建立职业健康监护档案，并按照规定的期限妥善保存。

职业健康监护档案应当包括劳动者的职业史、职业病危害接触史、职业健康检查结果和职业病诊疗等有关个人健康资料。

劳动者离开用人单位时，有权索取本人职业健康监护档案复印件，用人单位应当如实、无偿提供，并在所提供的复印件上签章。

第三十七条　发生或者可能发生急性职业病危害事故时，用人单位应当立即采取应急救援和控制措施，并及时报告所在地卫生行政部门和有关部门。卫生行政部门接到报告后，应当及时会同有关部门组织调查处理；必要时，可以采取临时控制措施。卫生行政部门应当组织做好医疗救治工作。

对遭受或者可能遭受急性职业病危害的劳动者，用人单位应当及时组织救治、进行健康检查和医学观察，所需费用由用人单位承担。

第三十八条　用人单位不得安排未成年工从事接触职业病危害的作业；不得安排孕期、哺乳期的女职工从事对本人和胎儿、婴儿有危害的作业。

第三十九条　劳动者享有下列职业卫生保护权利：

（一）获得职业卫生教育、培训；

（二）获得职业健康检查、职业病诊疗、康复等职业病防治服务；

（三）了解工作场所产生或者可能产生的职业病危害因素、危害后果和应当采取的职业病防护措施；

（四）要求用人单位提供符合防治职业病要求的职业病防护设施和个人使用的职业病防护用品，改善工作条件；

（五）对违反职业病防治法律、法规以及危及生命健康的行为提出批评、检举和控告；

（六）拒绝违章指挥和强令进行没有职业病防护措施的作业；

（七）参与用人单位职业卫生工作的民主管理，对职业病防治工作提出意见和建议。

用人单位应当保障劳动者行使前款所列权利。因劳动者依法行使正当权利而降低其工资、福利等待遇或者解除、终止与其订立的劳动合同的，其行为无效。

第四十条　工会组织应当督促并协助用人单位开展职业卫生宣传教育和培训，有权对用人单位的职业病防治工作提出意见和建议，依法代表劳动者与用人单位签订劳动安全卫生专项集体合同，与用人单位就劳动者反映的有关职业病防治的问题进行协调并督促解决。

工会组织对用人单位违反职业病防治法律、法规，侵犯劳动者合法权益的行为，有权要求纠正；产生严重职业病危害时，有权要求采取防护措施，或者向政府有关部门建议采取强制性措施；发生职业病危害事故时，有权参与事故调查处理；发现危及劳动者生命健康的情形时，有权向用人单位建议组织劳动者撤离危险现场，用人单位应当立即作出处理。

第四十一条　用人单位按照职业病防治要求，用于预防和治理职业病危害、工作场所卫生检测、健康监护和职业卫生培训等费用，按照国家有关规定，在生产成本中据实列支。

第四十二条　职业卫生监督管理部门应当按照职责分工，加强对用人单位落实职业病防护管理措施情况的监督检查，依法行使职权，承担责任。

四、《中华人民共和国消防法》

《中华人民共和国消防法》（以下简称《消防法》）是为了预防火灾和减少火灾危害，加强应急救援工作，保护人身、财产安全，维护公共安全而制定的法律。该法适用于在中国领域内的一切单位和个人。其中，火灾预防和消防组织的部分内容如下：

第十六条 机关、团体、企业、事业等单位应当履行下列消防安全职责：

（一）落实消防安全责任制，制定本单位的消防安全制度、消防安全操作规程，制定灭火和应急疏散预案；

（二）按照国家标准、行业标准配置消防设施、器材，设置消防安全标志，并定期组织检验、维修，确保完好有效；

（三）对建筑消防设施每年至少进行一次全面检测，确保完好有效，检测记录应当完整准确，存档备查；

（四）保障疏散通道、安全出口、消防车通道畅通，保证防火防烟分区、防火间距符合消防技术标准；

（五）组织防火检查，及时消除火灾隐患；

（六）组织进行有针对性的消防演练；

（七）法律、法规规定的其他消防安全职责。

单位的主要负责人是本单位的消防安全责任人。

第十七条 县级以上地方人民政府公安机关消防机构应当将发生火灾可能性较大以及发生火灾可能造成重大的人身伤亡或者财产损失的单位，确定为本行政区域内的消防安全重点单位，并由公安机关报本级人民政府备案。

消防安全重点单位除应当履行本法第十六条规定的职责外，还应当履行下列消防安全职责：

（一）确定消防安全管理人，组织实施本单位的消防安全管理工作；

（二）建立消防档案，确定消防安全重点部位，设置防火标志，实行严格管理；

（三）实行每日防火巡查，并建立巡查记录；

（四）对职工进行岗前消防安全培训，定期组织消防安全培训和消防演练。

第十八条 同一建筑物由两个以上单位管理或者使用的，应当明确各方的消防安全责任，并确定责任人对共用的疏散通道、安全出口、建筑消防设施和消防车通道进行统一管理。

住宅区的物业服务企业应当对管理区域内的共用消防设施进行维护管理，提供消防安全防范服务。

第十九条 生产、储存、经营易燃易爆危险品的场所不得与居住场所设置在同一建筑物内，并应当与居住场所保持安全距离。

生产、储存、经营其他物品的场所与居住场所设置在同一建筑物内的，应当符合国家工程建设消防技术标准。

第二十条 举办大型群众性活动，承办人应当依法向公安机关申请安全许可，制定灭火和应急疏散预案并组织演练，明确消防安全责任分工，确定消防安全管理人员，保持消防设施和消防器材配置齐全、完好有效，保证疏散通道、安全出口、疏散指示标志、应急照明和消防车通道符合消防技术标准和管理规定。

第二十一条 禁止在具有火灾、爆炸危险的场所吸烟、使用明火。因施工等特殊情况需要使用明火作业的，应当按照规定事先办理审批手续，采取相应的消防安全措施；作业人员应当遵守消防安全规定。

进行电焊、气焊等具有火灾危险作业的人员和自动消防系统的操作人员，必须持证上岗，并遵守消防安全操作规程。

第二十二条 生产、储存、装卸易燃易爆危险品的工厂、仓库和专用车站、码头的设置，应当符合消防技术标准。易燃易爆气体和液体的充装站、供应站、调压站，应当设置在符合消防安全要求的位置，并符合防火防爆要求。

已经设置的生产、储存、装卸易燃易爆危险品的工厂、仓库和专用车站、码头，易燃易爆气体和液体的充装站、供应站、调压站，不再符合前款规定的，地方人民政府应当组织、协调有关部门、单位限期解决，消除安全隐患。

第二十三条 生产、储存、运输、销售、使用、销毁易燃易爆危险品，必须执行消防技术标准和管理规定。

进入生产、储存易燃易爆危险品的场所，必须执行消防安全规定。禁止非法携带易燃易爆危险品进入公共场所或者乘坐公共交通工具。

储存可燃物资仓库的管理，必须执行消防技术标准和管理规定。

第二十四条　消防产品必须符合国家标准；没有国家标准的，必须符合行业标准。禁止生产、销售或者使用不合格的消防产品以及国家明令淘汰的消防产品。

依法实行强制性产品认证的消防产品，由具有法定资质的认证机构按照国家标准、行业标准的强制性要求认证合格后，方可生产、销售、使用。实行强制性产品认证的消防产品目录，由国务院产品质量监督部门会同国务院公安部门制定并公布。

新研制的尚未制定国家标准、行业标准的消防产品，应当按照国务院产品质量监督部门会同国务院公安部门规定的办法，经技术鉴定符合消防安全要求的，方可生产、销售、使用。

依照本条规定经强制性产品认证合格或者技术鉴定合格的消防产品，国务院公安部门消防机构应当予以公布。

第二十五条　产品质量监督部门、工商行政管理部门、公安机关消防机构应当按照各自职责加强对消防产品质量的监督检查。

第二十六条　建筑构件、建筑材料和室内装修、装饰材料的防火性能必须符合国家标准；没有国家标准的，必须符合行业标准。

人员密集场所室内装修、装饰，应当按照消防技术标准的要求，使用不燃、难燃材料。

第二十七条　电器产品、燃气用具的产品标准，应当符合消防安全的要求。

电器产品、燃气用具的安装、使用及其线路、管路的设计、敷设、维护保养、检测，必须符合消防技术标准和管理规定。

第二十八条　任何单位、个人不得损坏、挪用或者擅自拆除、停用消防设施、器材，不得埋压、圈占、遮挡消火栓或者占用防火间距，不得占用、堵塞、封闭疏散通道、安全出口、消防车通道。人员密集场所的门窗不得设置影响逃生和灭火救援的障碍物。

第二十九条　负责公共消防设施维护管理的单位，应当保持消防供水、消防通信、消防车通道等公共消防设施的完好有效。在修建道路以及停电、停水、截断通信线路时有可能影响消防队灭火救援的，有关单位必须事先通知当地公安机关消防机构。

第三十条　地方各级人民政府应当加强对农村消防工作的领导，采取措施加强公共消防设施建设，组织建立和督促落实消防安全责任制。

第三十一条　在农业收获季节、森林和草原防火期间、重大节假日期间以及火灾多发季节，地方各级人民政府应当组织开展有针对性的消防宣传教育，采取防火措施，进行消防安全检查。

第三十二条　乡镇人民政府、城市街道办事处应当指导、支持和帮助村民委员会、居民委员会开展群众性的消防工作。村民委员会、居民委员会应当确定消防安全管理人，组织制定防火安全公约，进行防火安全检查。

第三十三条　国家鼓励、引导公众聚集场所和生产、储存、运输、销售易燃易爆危险品的企业投保火灾公众责任保险；鼓励保险公司承保火灾公众责任保险。

第三十四条　消防产品质量认证、消防设施检测、消防安全监测等消防技术服务机构和执业人员，应当依法获得相应的资质、资格；依照法律、行政法规、国家标准、行业标准和执业准则，接受委托提供消防技术服务，并对服务质量负责。

第三十五条　各级人民政府应当加强消防组织建设，根据经济社会发展的需要，建立多种形式的消防组织，加强消防技术人才培养，增强火灾预防、扑救和应急救援的能力。

第三十六条　县级以上地方人民政府应当按照国家规定建立公安消防队、专职消防队，并按照国家标准配备消防装备，承担火灾扑救工作。

乡镇人民政府应当根据当地经济发展和消防工作的需要，建立专职消防队、志愿消防队，承担火灾扑救工作。

第三十七条　公安消防队、专职消防队按照国家规定承担重大灾害事故和其他以抢救人员生命为主的应急救援工作。

第三十八条　公安消防队、专职消防队应当充分发挥火灾扑救和应急救援专业力量的骨干作用；按照国家规定，组织实施专业技能训练，配备并维护保养装备器材，提高火灾扑救和应急救援的能力。

第三十九条　下列单位应当建立单位专职消防队，承担本单位的火灾扑救工作：

（一）大型核设施单位、大型发电厂、民用机场、主要港口；

（二）生产、储存易燃易爆危险品的大型企业；

（三）储备可燃的重要物资的大型仓库、基地；

（四）第一项、第二项、第三项规定以外的火灾危险性较大、距离公安消防队较远的其他大型企业；

（五）距离公安消防队较远、被列为全国重点文物保护单位的古建筑群的管理单位。

第四十条　专职消防队的建立，应当符合国家有关规定，并报当地公安机关消防机构验收。

专职消防队的队员依法享受社会保险和福利待遇。

第四十一条　机关、团体、企业、事业等单位以及村民委员会、居民委员会根据需要，建立志愿消防队等多种形式的消防组织，开展群众性自防自救工作。

第四十二条　公安机关消防机构应当对专职消防队、志愿消防队等消防组织进行业务指导；根据扑救火灾的需要，可以调动指挥专职消防队参加火灾扑救工作。

五、《中华人民共和国特种设备安全法》

《中华人民共和国特种设备安全法》（以下简称《特种设备安全法》）是为加强特种设备安全工作，预防特种设备事故，保障人身和财产安全，促进经济社会发展制定的法律。其中，生产、经营、使用特种设备的一般规定和监督管理的内容如下：

第十三条　特种设备生产、经营、使用单位及其主要负责人对其生产、经营、使用的特种设备安全负责。

特种设备生产、经营、使用单位应当按照国家有关规定配备特种设备安全管理人员、检测人员和作业人员，并对其进行必要的安全教育和技能培训。

第十四条 特种设备安全管理人员、检测人员和作业人员应当按照国家有关规定取得相应资格，方可从事相关工作。特种设备安全管理人员、检测人员和作业人员应当严格执行安全技术规范和管理制度，保证特种设备安全。

第十五条 特种设备生产、经营、使用单位对其生产、经营、使用的特种设备应当进行自行检测和维护保养，对国家规定实行检验的特种设备应当及时申报并接受检验。

第十六条 特种设备采用新材料、新技术、新工艺，与安全技术规范的要求不一致，或者安全技术规范未作要求，可能对安全性能有重大影响的，应当向国务院负责特种设备安全监督管理的部门申报，由国务院负责特种设备安全监督管理的部门及时委托安全技术咨询机构或者相关专业机构进行技术评审，评审结果经国务院负责特种设备安全监督管理的部门批准，方可投入生产、使用。

国务院负责特种设备安全监督管理的部门应当将允许使用的新材料、新技术、新工艺的有关技术要求，及时纳入安全技术规范。

第十七条 国家鼓励投保特种设备安全责任保险。

第五十七条 负责特种设备安全监督管理的部门依照本法规定，对特种设备生产、经营、使用单位和检验、检测机构实施监督检查。

负责特种设备安全监督管理的部门应当对学校、幼儿园以及医院、车站、客运码头、商场、体育场馆、展览馆、公园等公众聚集场所的特种设备，实施重点安全监督检查。

第五十八条 负责特种设备安全监督管理的部门实施本法规定的许可工作，应当依照本法和其他有关法律、行政法规规定的条件和程序以及安全技术规范的要求进行审查；不符合规定的，不得许可。

第五十九条 负责特种设备安全监督管理的部门在办理本法规定的许可时，其受理、审查、许可的程序必须公开，并应当自受理申请之日起三十日内，作出许可或者不予许可的决定；不予许可的，应当书面向申请人说明理由。

第六十条 负责特种设备安全监督管理的部门对依法办理使用登记的特种设备应当建立完整的监督管理档案和信息查询系统；对达到报废条件的特种设备，

应当及时督促特种设备使用单位依法履行报废义务。

第六十一条　负责特种设备安全监督管理的部门在依法履行监督检查职责时，可以行使下列职权：

（一）进入现场进行检查，向特种设备生产、经营、使用单位和检验、检测机构的主要负责人和其他有关人员调查、了解有关情况；

（二）根据举报或者取得的涉嫌违法证据，查阅、复制特种设备生产、经营、使用单位和检验、检测机构的有关合同、发票、账簿以及其他有关资料；

（三）对有证据表明不符合安全技术规范要求或者存在严重事故隐患的特种设备实施查封、扣押；

（四）对流入市场的达到报废条件或者已经报废的特种设备实施查封、扣押；

（五）对违反本法规定的行为作出行政处罚决定。

第六十二条　负责特种设备安全监督管理的部门在依法履行职责过程中，发现违反本法规定和安全技术规范要求的行为或者特种设备存在事故隐患时，应当以书面形式发出特种设备安全监察指令，责令有关单位及时采取措施予以改正或者消除事故隐患。紧急情况下要求有关单位采取紧急处置措施的，应当随后补发特种设备安全监察指令。

第六十三条　负责特种设备安全监督管理的部门在依法履行职责过程中，发现重大违法行为或者特种设备存在严重事故隐患时，应当责令有关单位立即停止违法行为、采取措施消除事故隐患，并及时向上级负责特种设备安全监督管理的部门报告。接到报告的负责特种设备安全监督管理的部门应当采取必要措施，及时予以处理。

对违法行为、严重事故隐患的处理需要当地人民政府和有关部门的支持、配合时，负责特种设备安全监督管理的部门应当报告当地人民政府，并通知其他有关部门。当地人民政府和其他有关部门应当采取必要措施，及时予以处理。

第六十四条　地方各级人民政府负责特种设备安全监督管理的部门不得要求已经依照本法规定在其他地方取得许可的特种设备生产单位重复取得许可，不得要求对已经依照本法规定在其他地方检验合格的特种设备重复进行检验。

第六十五条　负责特种设备安全监督管理的部门的安全监察人员应当熟悉相

关法律、法规，具有相应的专业知识和工作经验，取得特种设备安全行政执法证件。

特种设备安全监察人员应当忠于职守、坚持原则、秉公执法。

负责特种设备安全监督管理的部门实施安全监督检查时，应当有二名以上特种设备安全监察人员参加，并出示有效的特种设备安全行政执法证件。

第六十六条　负责特种设备安全监督管理的部门对特种设备生产、经营、使用单位和检验、检测机构实施监督检查，应当对每次监督检查的内容、发现的问题及处理情况作出记录，并由参加监督检查的特种设备安全监察人员和被检查单位的有关负责人签字后归档。被检查单位的有关负责人拒绝签字的，特种设备安全监察人员应当将情况记录在案。

第六十七条　负责特种设备安全监督管理的部门及其工作人员不得推荐或者监制、监销特种设备；对履行职责过程中知悉的商业秘密负有保密义务。

第六十八条　国务院负责特种设备安全监督管理的部门和省、自治区、直辖市人民政府负责特种设备安全监督管理的部门应当定期向社会公布特种设备安全总体状况。

六、《工伤保险条例》

《工伤保险条例》是为了保障因工作遭受事故伤害或者患职业病的职工获得医疗救治和经济补偿，促进工伤预防和职业康复，分散用人单位的工伤风险而制定的。

《工伤保险条例》的内容包括总则、工伤保险基金、工伤认定、劳动能力鉴定、工伤保险待遇、监督管理、法律责任、附则等共8章67条。

（一）《工伤保险条例》的适用范围

中华人民共和国境内的企业、事业单位、社会团体、民办非企业单位、基金会、律师事务所、会计师事务所等组织和有雇工的个体工商户（以下称用人单位）应当依照本条例规定参加工伤保险，为本单位全部职工或者雇工（以下称职工）缴纳工伤保险费。

中华人民共和国境内的企业、事业单位、社会团体、民办非企业单位、基金会、律师事务所、会计师事务所等组织的职工和个体工商户的雇工，均有依照本条例的规定享受工伤保险待遇的权利。

（二）工伤保险基金

1. 工伤保险基金的构成内容

工伤保险基金由用人单位缴纳的工伤保险费、工伤保险基金的利息和依法纳入工伤保险基金的其他资金构成。

2. 工伤保险费的缴纳

用人单位应当按时缴纳工伤保险费。职工个人不缴纳工伤保险费。用人单位缴纳工伤保险费的数额为本单位职工工资总额乘以单位缴费费率之积。

（三）工伤认定

1. 认定为工伤的情形

职工有下列情形之一的，应当认定为工伤：

（1）在工作时间和工作场所内，因工作原因受到事故伤害的；

（2）工作时间前后在工作场所内，从事与工作有关的预备性或者收尾性工作受到事故伤害的；

（3）在工作时间和工作场所内，因履行工作职责受到暴力等意外伤害的；

（4）患职业病的；

（5）因工外出期间，由于工作原因受到伤害或者发生事故下落不明的；

（6）在上下班途中，受到非本人主要责任的交通事故或者城市轨道交通、客运轮渡、火车事故伤害的；

（7）法律、行政法规规定应当认定为工伤的其他情形。

2. 视同工伤的情形

职工有下列情形之一的，视同工伤：

（1）在工作时间和工作岗位，突发疾病死亡或者在48小时之内经抢救无效死亡的；

（2）在抢险救灾等维护国家利益、公共利益活动中受到伤害的；

(3) 职工原在军队服役，因战、因公负伤致残，已取得革命伤残军人证，到用人单位后旧伤复发的。

职工有前款第（1）项、第（2）项情形的，按照本条例的有关规定享受工伤保险待遇；职工有前款第（3）项情形的，按照本条例的有关规定享受除一次性伤残补助金以外的工伤保险待遇。

3. 不得认定为工伤或者视同工伤的情形

职工符合《工伤保险条例》的规定，但是有下列情形之一的，不得认定为工伤或者视同工伤：故意犯罪的；醉酒或者吸毒的；自残或者自杀的。

4. 何时提出工伤认定申请

职工发生事故伤害或者按照职业病防治法规定被诊断、鉴定为职业病，所在单位应当自事故伤害发生之日或者被诊断、鉴定为职业病之日起 30 日内，向统筹地区社会保险行政部门提出工伤认定申请。遇有特殊情况，经报社会保险行政部门同意，申请时限可以适当延长。

用人单位未按规定提出工伤认定申请的，工伤职工或者其近亲属、工会组织在事故伤害发生之日或者被诊断、鉴定为职业病之日起 1 年内，可以直接向用人单位所在地统筹地区社会保险行政部门提出工伤认定申请。

按照规定应当由省级社会保险行政部门进行工伤认定的事项，根据属地原则由用人单位所在地的设区的市级社会保险行政部门办理。

用人单位未在规定的时限内提交工伤认定申请，在此期间发生符合《工伤保险条例》规定的工伤待遇等有关费用由该用人单位负担。

5. 提出工伤认定申请应当提交的材料

提出工伤认定申请应当提交下列材料：工伤认定申请表；与用人单位存在劳动关系（包括事实劳动关系）的证明材料；医疗诊断证明或者职业病诊断证明书（或者职业病诊断鉴定书）。工伤认定申请表应当包括事故发生的时间、地点、原因以及职工伤害程度等基本情况。工伤认定申请人提供材料不完整的，社会保险行政部门应当一次性书面告知工伤认定申请人需要补正的全部材料。申请人按照书面告知要求补正材料后，社会保险行政部门应当受理。

(四) 劳动能力鉴定

职工发生工伤，经治疗伤情相对稳定后存在残疾、影响劳动能力的，应当进行劳动能力鉴定。

劳动能力鉴定是指劳动功能障碍程度和生活自理障碍程度的等级鉴定。劳动功能障碍分为十个伤残等级，最重的为一级，最轻的为十级。生活自理障碍分为三个等级：生活完全不能自理、生活大部分不能自理和生活部分不能自理。劳动能力鉴定标准由国务院社会保险行政部门会同国务院卫生行政部门等部门制定。

劳动能力鉴定由用人单位、工伤职工或者其近亲属向设区的市级劳动能力鉴定委员会提出申请，并提供工伤认定决定和职工工伤医疗的有关资料。

自劳动能力鉴定结论作出之日起 1 年后，工伤职工或者其近亲属、所在单位或者经办机构认为伤残情况发生变化的，可以申请劳动能力复查鉴定。

(五) 工伤保险待遇

1. 停工留薪期的工伤保险待遇

职工因工作遭受事故伤害或者患职业病需要暂停工作接受工伤医疗的，在停工留薪期内，原工资福利待遇不变，由所在单位按月支付。停工留薪期一般不超过 12 个月。伤情严重或者情况特殊，经设区的市级劳动能力鉴定委员会确认，可以适当延长，但延长不得超过 12 个月。工伤职工评定伤残等级后，停发原待遇，按照有关规定享受伤残待遇。工伤职工在停工留薪期满后仍需治疗的，继续享受工伤医疗待遇。生活不能自理的工伤职工在停工留薪期需要护理的，由所在单位负责。

2. 生活护理费的支付

工伤职工已经评定伤残等级并经劳动能力鉴定委员会确认需要生活护理的，从工伤保险基金按月支付生活护理费。生活护理费按照生活完全不能自理、生活大部分不能自理或者生活部分不能自理 3 个不同等级支付，其标准分别为统筹地区上年度职工月平均工资的 50%、40% 或者 30%。

3. 因工致残的工伤保险待遇

(1) 一级至四级伤残的工伤保险待遇

职工因工致残被鉴定为一级至四级伤残的，保留劳动关系，退出工作岗位，享受以下待遇：

①从工伤保险基金按伤残等级支付一次性伤残补助金，标准为：一级伤残为27个月的本人工资，二级伤残为25个月的本人工资，三级伤残为23个月的本人工资，四级伤残为21个月的本人工资。

②从工伤保险基金按月支付伤残津贴，标准为：一级伤残为本人工资的90%，二级伤残为本人工资的85%，三级伤残为本人工资的80%，四级伤残为本人工资的75%。伤残津贴实际金额低于当地最低工资标准的，由工伤保险基金补足差额。

③工伤职工达到退休年龄并办理退休手续后，停发伤残津贴，按照国家有关规定享受基本养老保险待遇。基本养老保险待遇低于伤残津贴的，由工伤保险基金补足差额。

职工因工致残被鉴定为一级至四级伤残的，由用人单位和职工个人以伤残津贴为基数，缴纳基本医疗保险费。

（2）五级、六级伤残的工伤保险待遇

职工因工致残被鉴定为五级、六级伤残的，享受以下待遇：

①从工伤保险基金按伤残等级支付一次性伤残补助金，标准为：五级伤残为18个月的本人工资，六级伤残为16个月的本人工资。

②保留与用人单位的劳动关系，由用人单位安排适当工作。难以安排工作的，由用人单位按月发给伤残津贴，标准为：五级伤残为本人工资的70%，六级伤残为本人工资的60%，并由用人单位按照规定为其缴纳应缴纳的各项社会保险费。伤残津贴实际金额低于当地最低工资标准的，由用人单位补足差额。

经工伤职工本人提出，该职工可以与用人单位解除或者终止劳动关系，由工伤保险基金支付一次性工伤医疗补助金，由用人单位支付一次性伤残就业补助金。一次性工伤医疗补助金和一次性伤残就业补助金的具体标准由省、自治区、直辖市人民政府规定。

（3）七级至十级伤残的工伤保险待遇

职工因工致残被鉴定为七级至十级伤残的，享受以下待遇：

①从工伤保险基金按伤残等级支付一次性伤残补助金，标准为：七级伤残为

13个月的本人工资,八级伤残为11个月的本人工资,九级伤残为9个月的本人工资,十级伤残为7个月的本人工资。

②劳动、聘用合同期满终止,或者职工本人提出解除劳动、聘用合同的,由工伤保险基金支付一次性工伤医疗补助金,由用人单位支付一次性伤残就业补助金。一次性工伤医疗补助金和一次性伤残就业补助金的具体标准由省、自治区、直辖市人民政府规定。

4. 因工死亡的工伤保险待遇

职工因工死亡,其近亲属按照下列规定从工伤保险基金领取丧葬补助金、供养亲属抚恤金和一次性工亡补助金:

(1) 丧葬补助金为6个月的统筹地区上年度职工月平均工资。

(2) 供养亲属抚恤金按照职工本人工资的一定比例发给由因工死亡职工生前提供主要生活来源、无劳动能力的亲属。标准为:配偶每月40%,其他亲属每人每月30%,孤寡老人或者孤儿每人每月在上述标准的基础上增加10%。核定的各供养亲属的抚恤金之和不应高于因工死亡职工生前的工资。供养亲属的具体范围由国务院社会保险行政部门规定。

(3) 一次性工亡补助金标准为上一年度全国城镇居民人均可支配收入的20倍。

伤残职工在停工留薪期内因工伤导致死亡的,其近亲属享受第三十九条第一款规定的待遇。

一级至四级伤残职工在停工留薪期满后死亡的,其近亲属可以享受第三十九条前述规定的待遇。

5. 因工外出期间发生事故或者在抢险救灾中下落不明的工伤保险待遇

职工因工外出期间发生事故或者在抢险救灾中下落不明的,从事故发生当月起3个月内照发工资,从第4个月起停发工资,由工伤保险基金向其供养亲属按月支付供养亲属抚恤金。生活有困难的,可以预支一次性工亡补助金的50%。职工被人民法院宣告死亡的,按照职工因工死亡的规定处理。

6. 停止享受工伤保险待遇的情形

工伤职工有下列情形之一的,停止享受工伤保险待遇:丧失享受待遇条件的；拒不接受劳动能力鉴定的；拒绝治疗的。

（六）《工伤保险条例》中"工资总额"的界定

《工伤保险条例》所称工资总额，是指用人单位直接支付给本单位全部职工的劳动报酬总额。《工伤保险条例》所称本人工资，是指工伤职工因工作遭受事故伤害或者患职业病前12个月平均月缴费工资。本人工资高于统筹地区职工平均工资300%的，按照统筹地区职工平均工资的300%计算；本人工资低于统筹地区职工平均工资60%的，按照统筹地区职工平均工资的60%计算。

七、《生产安全事故应急条例》

《生产安全事故应急条例》是为了规范生产安全事故应急工作，保障人民群众生命和财产安全，根据《安全生产法》和《中华人民共和国突发事件应对法》而制定的行政法规。其中，应急准备和应急救援的主要内容如下：

第五条　县级以上人民政府及其负有安全生产监督管理职责的部门和乡、镇人民政府以及街道办事处等地方人民政府派出机关，应当针对可能发生的生产安全事故的特点和危害，进行风险辨识和评估，制定相应的生产安全事故应急救援预案，并依法向社会公布。

生产经营单位应当针对本单位可能发生的生产安全事故的特点和危害，进行风险辨识和评估，制定相应的生产安全事故应急救援预案，并向本单位从业人员公布。

第六条　生产安全事故应急救援预案应当符合有关法律、法规、规章和标准的规定，具有科学性、针对性和可操作性，明确规定应急组织体系、职责分工以及应急救援程序和措施。

有下列情形之一的，生产安全事故应急救援预案制定单位应当及时修订相关预案：

（一）制定预案所依据的法律、法规、规章、标准发生重大变化的；

（二）应急指挥机构及其职责发生调整的；

（三）安全生产面临的风险发生重大变化的；

（四）重要应急资源发生重大变化；

（五）在预案演练或者应急救援中发现需要修订预案的重大问题；

（六）其他应当修订的情形。

第七条　县级以上人民政府负有安全生产监督管理职责的部门应当将其制定的生产安全事故应急救援预案报送本级人民政府备案；易燃易爆物品、危险化学品等危险物品的生产、经营、储存、运输单位，矿山、金属冶炼、城市轨道交通运营、建筑施工单位，以及宾馆、商场、娱乐场所、旅游景区等人员密集场所经营单位，应当将其制定的生产安全事故应急救援预案按照国家有关规定报送县级以上人民政府负有安全生产监督管理职责的部门备案，并依法向社会公布。

第八条　县级以上地方人民政府以及县级以上人民政府负有安全生产监督管理职责的部门，乡、镇人民政府以及街道办事处等地方人民政府派出机关，应当至少每2年组织1次生产安全事故应急救援预案演练。

易燃易爆物品、危险化学品等危险物品的生产、经营、储存、运输单位，矿山、金属冶炼、城市轨道交通运营、建筑施工单位，以及宾馆、商场、娱乐场所、旅游景区等人员密集场所经营单位，应当至少每半年组织1次生产安全事故应急救援预案演练，并将演练情况报送所在地县级以上地方人民政府负有安全生产监督管理职责的部门。

县级以上地方人民政府负有安全生产监督管理职责的部门应当对本行政区域内前款规定的重点生产经营单位的生产安全事故应急救援预案演练进行抽查；发现演练不符合要求的，应当责令限期改正。

第九条　县级以上人民政府应当加强对生产安全事故应急救援队伍建设的统一规划、组织和指导。

县级以上人民政府负有安全生产监督管理职责的部门根据生产安全事故应急工作的实际需要，在重点行业、领域单独建立或者依托有条件的生产经营单位、社会组织共同建立应急救援队伍。

国家鼓励和支持生产经营单位和其他社会力量建立提供社会化应急救援服务的应急救援队伍。

第十条　易燃易爆物品、危险化学品等危险物品的生产、经营、储存、运输单位、矿山、金属冶炼、城市轨道交通运营、建筑施工单位，以及宾馆、商场、娱乐场所、旅游景区等人员密集场所经营单位，应当建立应急救援队伍；其中，小型企业或者微型企业等规模较小的生产经营单位，可以不建立应急救援队伍，但应当指定兼职的应急救援人员，并且可以与邻近的应急救援队伍签订应急救援协议。

工业园区、开发区等产业聚集区域内的生产经营单位，可以联合建立应急救援队伍。

第十一条　应急救援队伍的应急救援人员应当具备必要的专业知识、技能、身体素质和心理素质。

应急救援队伍建立单位或者兼职应急救援人员所在单位应当按照国家有关规定对应急救援人员进行培训；应急救援人员经培训合格后，方可参加应急救援工作。

应急救援队伍应当配备必要的应急救援装备和物资，并定期组织训练。

第十二条　生产经营单位应当及时将本单位应急救援队伍建立情况按照国家有关规定报送县级以上人民政府负有安全生产监督管理职责的部门，并依法向社会公布。

县级以上人民政府负有安全生产监督管理职责的部门应当定期将本行业、本领域的应急救援队伍建立情况报送本级人民政府，并依法向社会公布。

第十三条　县级以上地方人民政府应当根据本行政区域内可能发生的生产安全事故的特点和危害，储备必要的应急救援装备和物资，并及时更新和补充。

易燃易爆物品、危险化学品等危险物品的生产、经营、储存、运输单位，矿山、金属冶炼、城市轨道交通运营、建筑施工单位，以及宾馆、商场、娱乐场所、旅游景区等人员密集场所经营单位，应当根据本单位可能发生的生产安全事故的特点和危害，配备必要的灭火、排水、通风以及危险物品稀释、掩埋、收集等应急救援器材、设备和物资，并进行经常性维护、保养，保证正常运转。

第十四条　下列单位应当建立应急值班制度，配备应急值班人员：

（一）县级以上人民政府及其负有安全生产监督管理职责的部门；

（二）危险物品的生产、经营、储存、运输单位以及矿山、金属冶炼、城市轨道交通运营、建筑施工单位；

（三）应急救援队伍。

规模较大、危险性较高的易燃易爆物品、危险化学品等危险物品的生产、经营、储存、运输单位应当成立应急处置技术组，实行 24 小时应急值班。

第十五条　生产经营单位应当对从业人员进行应急教育和培训，保证从业人员具备必要的应急知识，掌握风险防范技能和事故应急措施。

第十六条　国务院负有安全生产监督管理职责的部门应当按照国家有关规定建立生产安全事故应急救援信息系统，并采取有效措施，实现数据互联互通、信息共享。

生产经营单位可以通过生产安全事故应急救援信息系统办理生产安全事故应急救援预案备案手续，报送应急救援预案演练情况和应急救援队伍建设情况；但依法需要保密的除外。

第十七条　发生生产安全事故后，生产经营单位应当立即启动生产安全事故应急救援预案，采取下列一项或者多项应急救援措施，并按照国家有关规定报告事故情况：

（一）迅速控制危险源，组织抢救遇险人员；

（二）根据事故危害程度，组织现场人员撤离或者采取可能的应急措施后撤离；

（三）及时通知可能受到事故影响的单位和人员；

（四）采取必要措施，防止事故危害扩大和次生、衍生灾害发生；

（五）根据需要请求邻近的应急救援队伍参加救援，并向参加救援的应急救援队伍提供相关技术资料、信息和处置方法；

（六）维护事故现场秩序，保护事故现场和相关证据；

（七）法律、法规规定的其他应急救援措施。

第十八条　有关地方人民政府及其部门接到生产安全事故报告后，应当按照国家有关规定上报事故情况，启动相应的生产安全事故应急救援预案，并按照应急救援预案的规定采取下列一项或者多项应急救援措施：

（一）组织抢救遇险人员，救治受伤人员，研判事故发展趋势以及可能造成的危害；

（二）通知可能受到事故影响的单位和人员，隔离事故现场，划定警戒区域，疏散受到威胁的人员，实施交通管制；

（三）采取必要措施，防止事故危害扩大和次生、衍生灾害发生，避免或者减少事故对环境造成的危害；

（四）依法发布调用和征用应急资源的决定；

（五）依法向应急救援队伍下达救援命令；

（六）维护事故现场秩序，组织安抚遇险人员和遇险遇难人员亲属；

（七）依法发布有关事故情况和应急救援工作的信息；

（八）法律、法规规定的其他应急救援措施。

有关地方人民政府不能有效控制生产安全事故的，应当及时向上级人民政府报告。上级人民政府应当及时采取措施，统一指挥应急救援。

第十九条　应急救援队伍接到有关人民政府及其部门的救援命令或者签有应急救援协议的生产经营单位的救援请求后，应当立即参加生产安全事故应急救援。

应急救援队伍根据救援命令参加生产安全事故应急救援所耗费用，由事故责任单位承担；事故责任单位无力承担的，由有关人民政府协调解决。

第二十条　发生生产安全事故后，有关人民政府认为有必要的，可以设立由本级人民政府及其有关部门负责人、应急救援专家、应急救援队伍负责人、事故发生单位负责人等人员组成的应急救援现场指挥部，并指定现场指挥部总指挥。

第二十一条　现场指挥部实行总指挥负责制，按照本级人民政府的授权组织制定并实施生产安全事故现场应急救援方案，协调、指挥有关单位和个人参加现场应急救援。

参加生产安全事故现场应急救援的单位和个人应当服从现场指挥部的统一指挥。

第二十二条　在生产安全事故应急救援过程中，发现可能直接危及应急救援人员生命安全的紧急情况时，现场指挥部或者统一指挥应急救援的人民政府应当立即采取相应措施消除隐患，降低或者化解风险，必要时可以暂时撤离应急救援人员。

第二十三条　生产安全事故发生地人民政府应当为应急救援人员提供必需的后勤保障，并组织通信、交通运输、医疗卫生、气象、水文、地质、电力、供水等单位协助应急救援。

第二十四条　现场指挥部或者统一指挥生产安全事故应急救援的人民政府及其有关部门应当完整、准确地记录应急救援的重要事项，妥善保存相关原始资料和证据。

第二十五条　生产安全事故的威胁和危害得到控制或者消除后，有关人民政府应当决定停止执行依照本条例和有关法律、法规采取的全部或者部分应急救援措施。

八、《生产安全事故报告和调查处理条例》

《生产安全事故报告和调查处理条例》是为了规范生产安全事故的报告和调查处理，落实生产安全事故责任追究制度，防止和减少生产安全事故，根据《安全生产法》和有关法律制定的条例。其中，总则和事故报告的主要内容如下：

第三条　根据生产安全事故（以下简称事故）造成的人员伤亡或者直接经济损失，事故一般分为以下等级：

（一）特别重大事故，是指造成30人以上死亡，或者100人以上重伤（包括急性工业中毒，下同），或者1亿元以上直接经济损失的事故；

（二）重大事故，是指造成10人以上30人以下死亡，或者50人以上100人以下重伤，或者5 000万元以上1亿元以下直接经济损失的事故；

（三）较大事故，是指造成3人以上10人以下死亡，或者10人以上50人以下重伤，或者1 000万元以上5 000万元以下直接经济损失的事故；

（四）一般事故，是指造成3人以下死亡，或者10人以下重伤，或者1 000万元以下直接经济损失的事故。

国务院安全生产监督管理部门可以会同国务院有关部门，制定事故等级划分的补充性规定。

本条第一款所称的"以上"包括本数，所称的"以下"不包括本数。

第四条　事故报告应当及时、准确、完整，任何单位和个人对事故不得迟报、漏报、谎报或者瞒报。

事故调查处理应当坚持实事求是、尊重科学的原则，及时、准确地查清事故经过、事故原因和事故损失，查明事故性质，认定事故责任，总结事故教训，提出整改措施，并对事故责任者依法追究责任。

第九条　事故发生后，事故现场有关人员应当立即向本单位负责人报告；单位负责人接到报告后，应当于1小时内向事故发生地县级以上人民政府安全生产监督管理部门和负有安全生产监督管理职责的有关部门报告。

情况紧急时，事故现场有关人员可以直接向事故发生地县级以上人民政府安全生产监督管理部门和负有安全生产监督管理职责的有关部门报告。

第十条　安全生产监督管理部门和负有安全生产监督管理职责的有关部门接到事故报告后，应当依照下列规定上报事故情况，并通知公安机关、劳动保障行政部门、工会和人民检察院：

（一）特别重大事故、重大事故逐级上报至国务院安全生产监督管理部门和负有安全生产监督管理职责的有关部门；

（二）较大事故逐级上报至省、自治区、直辖市人民政府安全生产监督管理部门和负有安全生产监督管理职责的有关部门；

（三）一般事故上报至设区的市级人民政府安全生产监督管理部门和负有安全生产监督管理职责的有关部门。

安全生产监督管理部门和负有安全生产监督管理职责的有关部门依照前款规定上报事故情况，应当同时报告本级人民政府。国务院安全生产监督管理部门和负有安全生产监督管理职责的有关部门以及省级人民政府接到发生特别重大事故、重大事故的报告后，应当立即报告国务院。

必要时，安全生产监督管理部门和负有安全生产监督管理职责的有关部门可以越级上报事故情况。

第十一条　安全生产监督管理部门和负有安全生产监督管理职责的有关部门逐级上报事故情况，每级上报的时间不得超过2小时。

第十二条　报告事故应当包括下列内容：

（一）事故发生单位概况；

（二）事故发生的时间、地点以及事故现场情况；

（三）事故的简要经过；

（四）事故已经造成或者可能造成的伤亡人数（包括下落不明的人数）和初步估计的直接经济损失；

（五）已经采取的措施；

（六）其他应当报告的情况。

第十三条　事故报告后出现新情况的，应当及时补报。

自事故发生之日起 30 日内，事故造成的伤亡人数发生变化的，应当及时补报。道路交通事故、火灾事故自发生之日起 7 日内，事故造成的伤亡人数发生变化的，应当及时补报。

第十四条　事故发生单位负责人接到事故报告后，应当立即启动事故相应应急预案，或者采取有效措施，组织抢救，防止事故扩大，减少人员伤亡和财产损失。

第十五条　事故发生地有关地方人民政府、安全生产监督管理部门和负有安全生产监督管理职责的有关部门接到事故报告后，其负责人应当立即赶赴事故现场，组织事故救援。

第十六条　事故发生后，有关单位和人员应当妥善保护事故现场以及相关证据，任何单位和个人不得破坏事故现场、毁灭相关证据。

因抢救人员、防止事故扩大以及疏通交通等原因，需要移动事故现场物件的，应当做出标志，绘制现场简图并做出书面记录，妥善保存现场重要痕迹、物证。

第十七条　事故发生地公安机关根据事故的情况，对涉嫌犯罪的，应当依法立案侦查，采取强制措施和侦查措施。犯罪嫌疑人逃匿的，公安机关应当迅速追捕归案。

第十八条　安全生产监督管理部门和负有安全生产监督管理职责的有关部门应当建立值班制度，并向社会公布值班电话，受理事故报告和举报。

九、《工贸企业重大事故隐患判定标准》

《工贸企业重大事故隐患判定标准》是为了准确判定和及时消除工贸企业中可能引发重大事故的隐患而制定的法规。该标准适用于冶金、有色、建材、机械、轻工、纺织、烟草、商贸等行业的工贸企业,并且涵盖了工贸企业内涉及危险化学品、消防(火灾)、燃气、特种设备等方面的重大事故隐患判定。该标准明确了3方面64项重大事故隐患情形,包括管理类、行业类和专项类。管理类共3项,主要针对承包承租单位安全管理混乱和无证作业等问题。行业类列举了7个行业共47项重大事故隐患情形。专项类则列举了存在粉尘爆炸危险、使用液氨制冷,以及存在硫化氢、一氧化碳等中毒风险的有限空间作业等3个领域共14项重大事故隐患情形。该标准的实施旨在通过专家指导服务、强化精准执法等措施,督促各地区和企业提高发现和整改重大事故隐患的能力,以预防和遏制重特大事故的发生。主要内容如下:

第一条 为了准确判定、及时消除工贸企业重大事故隐患(以下简称重大事故隐患),根据《中华人民共和国安全生产法》等法律、行政法规,制定本标准。

第二条 本标准适用于判定冶金、有色、建材、机械、轻工、纺织、烟草、商贸等工贸企业重大事故隐患。工贸企业内涉及危险化学品、消防(火灾)、燃气、特种设备等方面的重大事故隐患判定另有规定的,适用其规定。

第三条 工贸企业有下列情形之一的,应当判定为重大事故隐患:

(一)未对承包单位、承租单位的安全生产工作统一协调、管理,或者未定期进行安全检查的;

(二)特种作业人员未按照规定经专门的安全作业培训并取得相应资格,上岗作业的;

(三)金属冶炼企业主要负责人、安全生产管理人员未按照规定经考核合格的。

第七条 机械企业有下列情形之一的,应当判定为重大事故隐患:

(一)会议室、活动室、休息室、更衣室、交接班室等5类人员聚集场所设置在熔融金属吊运跨或者浇铸跨的地坪区域内的；

（二）铸造用熔炼炉、精炼炉、保温炉未设置紧急排放和应急储存设施的；

（三）生产期间铸造用熔炼炉、精炼炉、保温炉的炉底、炉坑和事故坑，以及熔融金属泄漏、喷溅影响范围内的炉前平台、炉基区域、造型地坑、浇铸作业坑和熔融金属转运通道等8类区域存在积水的；

（四）铸造用熔炼炉、精炼炉、压铸机、氧枪的冷却水系统未设置出水温度、进出水流量差监测报警装置，或者监测报警装置未与熔融金属加热、输送控制系统联锁的；

（五）使用煤气（天然气）的燃烧装置的燃气总管未设置管道压力监测报警装置，或者监测报警装置未与紧急自动切断装置联锁，或者燃烧装置未设置火焰监测和熄火保护系统的；

（六）使用可燃性有机溶剂清洗设备设施、工装器具、地面时，未采取防止可燃气体在周边密闭或者半密闭空间内积聚措施的；

（七）使用非水性漆的调漆间、喷漆室未设置固定式可燃气体浓度监测报警装置或者通风设施的。

第十一条 存在粉尘爆炸危险的工贸企业有下列情形之一的，应当判定为重大事故隐患：

（一）粉尘爆炸危险场所设置在非框架结构的多层建（构）筑物内，或者粉尘爆炸危险场所内设有员工宿舍、会议室、办公室、休息室等人员聚集场所的；

（二）不同类别的可燃性粉尘、可燃性粉尘与可燃气体等易加剧爆炸危险的介质共用一套除尘系统，或者不同建（构）筑物、不同防火分区共用一套除尘系统、除尘系统互联互通的；

（三）干式除尘系统未采取泄爆、惰化、抑爆等任一种爆炸防控措施的；

（四）铝镁等金属粉尘除尘系统采用正压除尘方式，或者其他可燃性粉尘除尘系统采用正压吹送粉尘时，未采取火花探测消除等防范点燃源措施的；

（五）除尘系统采用重力沉降室除尘，或者采用干式巷道式构筑物作为除尘风道的；

（六）铝镁等金属粉尘、木质粉尘的干式除尘系统未设置锁气卸灰装置的；

（七）除尘器、收尘仓等划分为20区的粉尘爆炸危险场所电气设备不符合防爆要求的；

（八）粉碎、研磨、造粒等易产生机械点燃源的工艺设备前，未设置铁、石等杂物去除装置，或者木制品加工企业与砂光机连接的风管未设置火花探测消除装置的；

（九）遇湿自燃金属粉尘收集、堆放、储存场所未采取通风等防止氢气积聚措施，或者干式收集、堆放、储存场所未采取防水、防潮措施的；

（十）未落实粉尘清理制度，造成作业现场积尘严重的。

第十二条　使用液氨制冷的工贸企业有下列情形之一的，应当判定为重大事故隐患：

（一）包装、分割、产品整理场所的空调系统采用氨直接蒸发制冷的；

（二）快速冻结装置未设置在单独的作业间内，或者快速冻结装置作业间内作业人员数量超过9人的。

第十三条　存在硫化氢、一氧化碳等中毒风险的有限空间作业的工贸企业有下列情形之一的，应当判定为重大事故隐患：

（一）未对有限空间进行辨识、建立安全管理台账，并且未设置明显的安全警示标志的；

（二）未落实有限空间作业审批，或者未执行"先通风、再检测、后作业"要求，或者作业现场未设置监护人员的。

第十四条　本标准所列情形中直接关系生产安全的监控、报警、防护等设施、设备、装置，应当保证正常运行、使用，失效或者无效均判定为重大事故隐患。

十、《中共中央　国务院关于推进安全生产领域改革发展的意见》

中共中央总书记、国家主席、中央军委主席、中央全面深化改革委员会组长习近平于2016年10月11日下午主持召开中央全面深化改革领导小组第二十八次会议，会议审议通过了《中共中央　国务院关于推进安全生产领域改革发展的意见》(以下简称《意见》)。

《意见》指出,党中央、国务院历来高度重视安全生产工作,党的十八大以来作出一系列重大决策部署,推动全国安全生产工作取得积极进展。同时也要看到,当前我国正处在工业化、城镇化持续推进过程中,生产经营规模不断扩大,传统和新型生产经营方式并存,各类事故隐患和安全风险交织叠加,安全生产基础薄弱、监管体制机制和法律制度不完善、企业主体责任落实不力等问题依然突出,生产安全事故易发多发,尤其是重特大安全事故频发势头尚未得到有效遏制,一些事故发生呈现由高危行业领域向其他行业领域蔓延趋势,直接危及生产安全和公共安全。

《意见》坚持安全第一、预防为主、综合治理的方针,以防范遏制重特大生产安全事故为重点,着力强化企业安全生产主体责任,制定了阶段性的改革发展目标:到2020年,安全生产监管体制机制基本成熟,法律制度基本完善,全国生产安全事故总量明显减少,职业病危害防治取得积极进展,重特大生产安全事故频发势头得到有效遏制,安全生产整体水平与全面建成小康社会目标相适应。到2030年,实现安全生产治理体系和治理能力现代化,全民安全文明素质全面提升,安全生产保障能力显著增强,为实现中华民族伟大复兴的中国梦奠定稳固可靠的安全生产基础。

十一、安全生产十五条措施

2022年4月,国务院安委会梳理相关法律法规已有规定、以往惯用举措和近年来针对新情况采取的有效措施,制定了进一步强化安全生产责任落实、坚决防范遏制重特大事故的十五条措施,部署发动各方面力量全力抓好安全防范工作,为党的二十大胜利召开创造良好安全环境。相关措施如下:

(一)严格落实地方党委安全生产责任

地方各级党委要牢固树立安全发展理念,始终把人民群众生命安全放在第一位。要定期组织党委理论学习中心组跟进学习贯彻习近平总书记关于安全生产重要论述。严格落实《地方党政领导干部安全生产责任制规定》,严格落实"党政同责、一岗双责、齐抓共管、失职追责",综合运用巡查督查、考核考察、激励惩戒等措施加强对安全生产工作的组织领导。加大安全生产等约束性指标在经济社会发展考核评价体系中的权重，将履行安全生产责任情况作为对党委政府领导班子和有关领导干部考核、有关人选考察的重要内容。党委主要负责人要亲力亲为、靠前协调，定期主持党委常委会会议研究安全监管部门领导班子、干部队伍、执法力量建设等重大问题。党委常委会其他成员要按照职责分工，协调纪检监察机关和组织、宣传、政法、机构编制等单位支持保障安全生产工作。

（二）严格落实地方政府安全生产责任

地方各级政府要组织制定政府领导干部安全生产"职责清单"和"年度任务清单"。政府主要负责人要根据党委会议的要求，及时研究解决突出问题。其他领导干部要分兵把口、严格履责，切实抓好分管行业领域安全生产工作，并把安全生产工作贯穿业务工作全过程。各级安委会要创造条件实体化运行，组织定期研判重大安全风险，滚动排查重大安全隐患，主动协调加强民航、铁路、电力、商渔船碰撞等跨区域跨部门安全工作。

（三）严格落实部门安全监管责任

各有关部门要按照"管行业必须管安全、管业务必须管安全、管生产经营必须管安全"和"谁主管谁负责"的原则，依法依规抓紧编制安全生产权力和责任清单。对职能交叉和新业态新风险，按照"谁主管谁牵头、谁为主谁牵头、谁靠近谁牵头"的原则及时明确监管责任，各有关部门要主动担当，不得推诿扯皮。对直接关系安全的取消下放事项，要实事求是开展评估，基层接不住、监管跟不上的要及时予以纠正，必要时要收回，酿成事故的要严肃追责。应急管理部门要理直气壮履行安委会办公室职责，发挥统筹、协调、指导作用，加强考核巡查、警示提醒、挂牌督办、提级调查，督促各部门落实安全监管责任。

（四）严肃追究领导责任和监管责任

对不认真履行职责，发生较大及以上生产安全事故的，不仅要追究直接责任，而且要追究地方党委和政府领导责任、有关部门的监管责任，特别是重特大事故要追究主要领导、分管领导的责任。对非法煤矿、违法盗采等严重违法违规行为没有采取有效制止措施甚至放任不管的，要依规依纪依法追究县、乡党委和政府主要负责人的责任，构成犯罪的移交司法机关追究刑事责任。

(五) 企业主要负责人必须严格履行第一责任人责任

企业法定代表人、实际控制人、实际负责人，要严格履行安全生产第一责任人责任，对本单位安全生产负总责。对故意增加管理层级、层层推卸责任、设置追责"防火墙"的，发生重特大事故要直接追究集团公司主要负责人、分管负责人的责任。要严格落实重大危险源安全包保责任制、矿长带班下井等制度规定，对弄虚作假、搞"挂名矿长"逃避安全责任的，依法追究企业实际控制人的责任。对发生重特大事故负有主要责任的，在追究刑事责任的同时，明确终身不得担任本行业单位主要负责人。

(六) 深入扎实开展全国安全生产大检查

国务院安委会立即组织开展全国安全生产大检查。各地区各有关部门要全面深入排查重大风险隐患，列出清单、明确要求、压实责任、限期整改。盯紧守牢可能造成群死群伤的重大风险隐患，由省、市级安委会或中央企业总部挂牌督办。统筹疫情防控和公共安全，对人员密集场所和高层建筑封闭安全出口、疏散通道的，立即责令整改。对排查整治不认真，未列入清单、经查实属于重大隐患的，要当作事故对待，引发事故的要从严从重追究责任。

(七) 牢牢守住项目审批安全红线

各级发展改革部门要建立完善安全风险评估与论证机制，严把项目审批安全关。传统产业转移要符合国家产业发展规划和地方规划，严格执行国家各行业的规范标准，严格安全监管，坚决淘汰落后产能。化工产业转移集中承接地省级政府要列出重点项目清单，组织市县集中检查，不达安全标准的不能上马和开工，已经运行的坚决整改。对地方政府违规审批、强行上马的不达标项目，造成事故的要终身追责。

(八) 严厉查处违法分包转包和挂靠资质行为

严肃查处建筑施工、矿山、化工等高危行业领域违法分包转包行为，严肃追究发包方、承包方相应法律责任。严格资质管理，坚持"谁的资质谁负责、挂谁的牌子谁负责"，对发生生产安全事故的严格追究资质方的责任。国有企业特别是中央企业要发挥表率作用，企业集团总部要建强安全生产专业技术管理团队，加强对下属企业安全生产的指导、监督、考核和奖惩，不具备条件的不得盲目承接相关业务，并加强对分包单位等关联单位安全生产的指导、监督，实行安全生产的统一管理；对违法分包转包的行为，通报其上级主管部门及纪检监察部门，并依规依纪依法追究相关人员责任。

（九）切实加强劳务派遣和灵活用工人员安全管理

生产经营单位要将接受其作业指令的劳务派遣人员、灵活用工人员纳入本单位从业人员安全生产的统一管理，履行安全生产保障责任。危险岗位要严格控制劳务派遣用工数量，未经安全知识培训合格的不能上岗。对劳务派遣用工和灵活用工人员数量较多的行业领域，有关行业主管部门要重点加强安全监管，对企业全员安全生产责任制落实不到位的责令限期整改。中央企业、地方国有企业要带头减少危险作业领域灵活用工人员，但不能以安全生产为名辞退农民工，要提高工人安全素质，提升企业本质安全水平。

（十）重拳出击开展"打非治违"

针对当前一些地方和行业领域违法违规生产经营建设问题突出，立即组织开展"打非治违"专项行动。对矿山违法盗采、油气管道乱挖乱钻、危化品非法生产运输经营、建筑无资质施工和层层转包、客车客船渔船非法营运等典型非法违法行为，依法精准采取停产整顿、关闭取缔、上限处罚、追究法律责任等执法措施。狠抓一批违法违规行为和事故的处理。深挖严打违法行为背后的"保护伞"。

（十一）坚决整治执法检查宽松软问题

安全生产执法检查要理直气壮，紧盯各类违法行为不放，督促企业彻底整改。强化精准执法，按照省市县三级执法管理权限，确定各级管辖企业名单，明确重点检查企业和重点执法事项，突出对典型事故暴露出的严重违法行为，举一反三加强执法检查。强化专业执法，组织专家参与执法过程，解决安全检查查不出问题的难题。创新监管执法方式，大力推行异地交叉检查，充分利用在线远程巡查、用水用电监测、电子封条等信息化手段，及时发现违法盗采、冒险作业等行为，对关停的矿山要停止供电，派人现场盯守或巡查，严防明停暗采。

（十二）着力加强安全监管执法队伍建设

针对安全生产执法队伍"人少质弱"的实际，各地要按照不同安全风险等级企业数量，配齐建强市县两级监管执法队伍，确保有足够力量承担安全生产监管执法任务，不得层层转移下放执法责任。加强执法队伍专业化建设，配强领导班子、充实专业干部、培养执法骨干力量，加强专业执法装备配备，健全经费保障机制，尽快提高执法专业能力和保障水平。

（十三）重奖激励安全生产隐患举报

鼓励社会公众通过政务热线、举报电话和网站、来信来访等多种方式，对安全生产重大风险、事故隐患和违法行为进行举报。用好安全生产"吹哨人"制度，鼓励企业内部员工举报安全生产违法行为。负有安全生产监督管理职责的部门要及时处理举报，依法保护举报人，不得私自泄露有关个人信息；根据风险程度落实举报奖励，对报告重大安全风险、重大事故隐患或者举报安全生产违法行为的有功人员实行重奖。

（十四）严肃查处瞒报谎报迟报漏报事故行为

严格落实事故直报制度，生产安全事故隐瞒不报、谎报或者拖延不报的，对直接责任人和负有管理和领导责任的人员依规依纪依法从严追究责任。对初步认定的瞒报事故，一律由上级安委会挂牌督办，必要时提级调查。

（十五）统筹做好经济发展、疫情防控和安全生产工作

注意调动各方面积极性，提倡互相协助、相互尊重、齐心合力，共同解决好面对的复杂问题。各级监管部门要注意从实际出发，处理好"红灯""绿灯""黄灯"之间的关系，使各项工作协调有序推进，引导形成良好市场预期。各级党委政府要把握好政策基调，坚持稳中求进，善于"弹钢琴"，高质量统筹做好各方面工作。

树立安全发展理念光靠宣传教育是不够的，必须建立健全安全生产责任体系和法规制度体系。只有拧紧思想上的"总开关"，抓住安全生产责任制的"牛鼻子"，架起依法治理的"高压线"，才能真正守住安全发展的底线和红线，从而实现安全发展、高质量发展。

十二、《关于进一步加强工业行业安全生产管理的指导意见》

工业和信息化部 2020 年 6 月印发《关于进一步加强工业行业安全生产管理

的指导意见》(工信部安全〔2020〕83号),提出健全完善工业行业安全生产管理责任体系、加强对工业行业安全生产工作的指导、持续推动城镇人口密集区危险化学品生产企业搬迁改造工作、推动安全(应急)产业加快发展、持续推动民爆行业安全发展、做好民用飞机和民用船舶制造业安全监管工作等6方面共18条意见。

(一) 总体要求

以习近平新时代中国特色社会主义思想为指导,深入贯彻落实党的十九大和十九届二中、三中、四中全会精神,坚持新发展理念,坚持以人民为中心的发展思想,按照"管行业必须管安全、管业务必须管安全、管生产经营必须管安全"(三管三必须)的要求,积极担当、主动作为,立足源头预防,做到关口前移,指导工业行业不断加强安全生产管理,提升本质安全水平,为工业高质量发展提供强有力保障。

(二) 健全完善工业行业安全生产管理责任体系

1. 切实落实安全生产管理责任。深入贯彻《中共中央 国务院关于推进安全生产领域改革发展的意见》,厘清工业行业安全生产管理和安全生产监督管理的关系,依法行政,履行好安全生产管理职责。对于负有安全生产监督管理责任的行业(如民用爆炸物品行业、民用飞机及民用船舶制造业),工业和信息化主管部门要依法依规严格履行监管职责,强化监管执法,严厉查处违法违规行为;对于其他工业行业,工业和信息化主管部门负有安全生产管理责任,要将安全生产作为行业管理的重要内容,从行业规划、产业政策、法规标准、行政许可等方面加强安全生产工作,指导督促工业企业加强安全管理。

2. 完善安全生产工作机制。各级工业和信息化主管部门要会同同级工业行业安全生产监督管理部门建立各司其职、相互配合、相互协作的管理机制,形成齐抓共管的合力。要建立健全本部门内部安全生产"三管三必须"工作体系,结合业务分工,明确主要负责人、各分管领域负责人及相关内设机构安全生产职责,推动安全生产和行业管理工作深度融合。要从人、财、物等各方面为有效开展安全生产管理工作提供必要保障。

(三) 加强对工业行业安全生产工作的指导

3. 着力发现问题并积极化解风险。注重加强对安全生产问题的调查研究，针对重点行业存在的共性风险因素及安全生产监督管理部门在执法检查中发现或通报的隐患和问题，加强沟通协商，综合利用产业政策、法规标准、技术改造、化解过剩产能等手段防范化解风险隐患，促进源头治理。

4. 以安全发展理念统筹行业规划和产业结构调整。行业规划要充分体现安全发展理念，明确安全生产任务和要求。坚持用安全生产倒逼机制推动工业转型发展，对安全条件差或存在重大安全隐患的企业，要与相关部门协调配合，促使企业加快改造升级。持续推进去产能工作，坚持用市场化、法治化手段，严格执行安全生产等强制性综合标准，促使达不到安全生产标准的产能依法依规退出。

5. 引导重点行业规范安全生产条件。加强行业标准、行业规范条件的制修订和清理工作，提升其对安全生产工作的支撑和促进作用。用好相关部门建立的安全生产不良记录"黑名单"制度，在产业政策、技改资金扶持等方面对"黑名单"企业进行限制。把安全生产规范要求及安全生产"一票否决"制度作为国家新型工业化产业示范基地申报、考核和发展质量评价的重要条件，推动示范基地不断提升安全发展水平。

6. 通过技术改造促进企业提升本质安全水平。将安全技术改造作为重要内容纳入工业企业技术改造支持范围，更好地引导投资方向。鼓励企业落实主体责任，加大安全技术改造投入，采用先进的工艺及装备，降低安全风险，消除事故隐患。推动互联网、大数据、物联网、人工智能等技术在安全生产领域广泛应用，用智能化、信息化手段提升企业本质安全水平及工控安全、数据安全管理能力。

7. 推进化工园区绿色安全发展。综合考虑化工产品作为原材料在国民经济中的重要地位，统筹规划布局，坚持危险化学品企业进园区的发展方向不动摇，推动化工园区的规范发展。引导园区做好顶层设计，构建化学特性相容、产业耦合发展、资源"吃干榨净"、能源梯次利用的产业链。推进智慧化工园区建设，利用信息化手段打造化工园区安全、环保、应急一体化管理体系，提升基础设施建设和专业化管理水平。

（四）持续推动城镇人口密集区危险化学品生产企业搬迁改造工作

8. 切实把搬迁改造工作做实做细做好。坚持"一企一策"，对企业搬迁改造方式进行充分论证，因地制宜用好异地迁建、就地改造、关闭退出等方式，尽可能实现成本低、震荡小、风险少。加快协调搬迁改造项目审批进程，积极协助企业解决遇到的重大问题，最大限度降低搬迁改造对生产经营和市场平稳供给的影响。全面梳理辖区内现有危险化学品生产企业，科学评估其安全生产和环保条件，对于安全环境风险较大的，要按程序及时调整纳入搬迁改造企业名单，做到应搬则搬、应改则改、应关则关。

9. 利用搬迁改造推动化工企业转型升级。充分发挥发展规划和产业政策的引导作用，鼓励搬迁改造同兼并重组、转型升级等有机结合，提升企业核心竞争力。鼓励搬迁改造企业运用先进适用技术改造提升传统产业，对重点监管的高风险化学品、危险化工工艺和装备实施替代或低危化改造。鼓励企业建设数字化车间、智能化工厂，提升本质安全和污染治理水平，为企业转型升级赋能。

10. 多措并举加大对搬迁改造企业的支持力度。通过现有资金渠道对符合条件的危险化学品企业搬迁改造项目予以支持。支持有条件的企业通过发行企业债等方式募集搬迁改造资金。搭建搬迁改造企业与金融机构间的信息交流互动平台，积极促进融企对接。鼓励社会资本积极参与搬迁改造工作。协助企业通过土地置换等多种方式拓宽资金筹措渠道。协调将符合棚改条件的居民房屋拆迁改造纳入当地棚改年度计划。

（五）推动安全（应急）产业加快发展

11. 加强安全（应急）关键技术研发。按照《国务院办公厅关于加快应急产业发展的意见》（国办发〔2014〕63号）及《工业和信息化部　应急管理部　财政部　科技部关于加快安全产业发展的指导意见》（工信部联安全〔2018〕111号）要求，结合本地产业发展实际，把安全（应急）产业作为战略性产业优先扶持发展。聚焦自然灾害、事故灾难、公共卫生、社会安全等四类突发事件预防和应急处置需求，鼓励企业研发先进、急需的安全（应急）技术、产品和服务，引导社会资源积极参与科研成果转化与产业化进程，增强科技对风险隐患源头治理的支撑能力。

12. 提升安全（应急）产品供给能力。贯彻落实党中央关于引导企业集聚发展安全产业的部署，依托具有发展基础的各类产业集聚区等，规划建设一批国家安全（应急）产业示范基地（园区），支持发展特色鲜明的安全（应急）产品和服务，提升安全（应急）产品供给能力。引导企业瞄准重点行业领域安全保障需求和应急物资保障需求，加强相关产品研发和供给。充分利用国家安全（应急）产业大数据平台公共服务功能，为园区招商引资、政府采购、供需对接提供信息共享服务。

13. 加快先进安全（应急）装备推广应用。面向交通运输、矿山开采、工程施工、危险品生产、应急救援和城市安全等重点行业领域，组织实施安全（应急）装备应用试点示范工程。鼓励有条件的地方开展区域（省、市、县）级示范工程，推动一批"制造＋服务"新模式应用，构建企业、用户、金融保险机构等各类市场主体多方共赢的生态体系。

（六）持续推动民爆行业安全发展

14. 深入推进供给侧结构性改革。以安全发展为目标，继续鼓励龙头骨干企业开展兼并重组，鼓励企业拆除低水平生产线、撤销低效生产厂点，推动工业炸药固定生产线产能逐步转换为现场混装炸药产能，普通雷管转型升级为数码电子雷管，确保民爆行业高质量发展目标任务顺利完成。组织编制民爆行业"十四五"发展规划，谋划行业安全发展的总体思路、发展目标及主要任务。

15. 不断提升安全技术水平。建立健全民爆行业智能制造标准体系，推动智能制造技术的推广应用，在工业炸药危险岗位实现少（无）人化操作，在工业雷管、火工药剂、震源药柱等生产过程中的高危岗位实现人机隔离操作，推广数码电子雷管装配自动化生产技术和装备。

16. 严格安全生产监管执法。督促企业落实安全生产主体责任，确保安全投入符合标准，健全风险分级管控和隐患排查治理双重预防机制，及时修订完善应急预案。组织开展民爆行业安全生产专项整治三年行动，依法依规严格执法，坚决查处违法违规行为，不断提升行业安全生产监管效能。严格安全生产许可审核，凡不符合法规、标准规定条件的，安全评价不合格的，存在重大安全隐患未完成整改的，一律不得发放安全生产许可。

（七）做好民用飞机和民用船舶制造业安全监管工作

17. 加快完善安全生产监管工作体系。有关地方工业和信息化主管部门要结合本地区实际，健全民用飞机、民用船舶制造业安全生产监督管理机构，明确工作职责并配备工作人员。完善安全生产监管规章制度和标准体系，使相关监管工作有法可依、有章可循。加强监管执法人员培训，依法依规开展安全生产监管执法工作。健全生产安全事故信息报送制度，及时准确报告信息。

18. 落实安全生产主体责任和监管责任。有关地方工业和信息化主管部门要进一步梳理本地区民用飞机、民用船舶制造企业情况，摸清家底，明确监管边界。加强安全生产监督检查，严格规范执法，督促企业切实履行安全生产法定义务，健全安全生产规章制度和管理体系，加强安全教育培训，保障安全投入，开展隐患排查治理，规范安全生产管理，落实安全生产主体责任。

各地工业和信息化主管部门要加强组织领导，加大宣传教育培训力度，指导地方各级工业和信息化主管部门准确把握安全生产管理职责定位，依法履职、正确履责。特别是，当前及今后一段时期，要综合考虑疫情防控常态化条件下安全生产工作面临的新形势，进一步加强指导，为统筹新冠肺炎疫情防控和经济社会发展营造安全环境。有关重要情况请及时报部。

十三、工伤预防五年行动计划

为贯彻落实党的十九届五中全会精神，切实做好"十四五"时期工伤预防工作，更好发挥工伤保险积极功能，2020年12月18日，人力资源和社会保障部、工业和信息化部、财政部、住房和城乡建设部、交通运输部、国家卫生健康委员会、应急管理部、中华全国总工会联合印发了《工伤预防五年行动计划（2021—2025年）》（以下简称《五年行动》），部署"十四五"期间全国工伤预防工作。文件要求"十四五"期间推动工伤事故发生率明显下降；工作场所劳动条件不断改善；工伤预防意识和能力明显提升等。

（一）总体要求

以习近平新时代中国特色社会主义思想为指导，全面贯彻党的十九大和十九届二中、三中、四中、五中全会精神，坚持以人民为中心的发展思想，适应推进国家治理体系和治理能力现代化要求，完善"预防、康复、补偿"三位一体制度体系，把工伤预防作为工伤保险优先事项，采取一切适当的手段组织推进，切实提升工伤预防意识和能力，促进劳动者实现稳定就业，促进经济社会持续健康发展。

（二）工作目标

1. 工伤事故发生率明显下降，重点行业5年降低20%左右。

2. 工作场所劳动条件不断改善，切实降低尘肺病等职业病的发生率。

3. 工伤预防意识和能力明显提升，实现从"要我预防"到"我要预防""我会预防"的转变。

（三）主要任务

1. 牢固树立预防优先的工作理念

深入学习贯彻习近平总书记关于"人民至上、生命至上"的重要指示精神，始终把人民群众生命安全和身体健康放在第一位，把减少事故伤害和职业病危害作为工伤预防的根本出发点和落脚点，从源头上防止工伤事故发生，切实保障劳动者的生命安全和身体健康。

2. 建立完善工伤预防联防联控机制

各地人社部门要与应急管理部门、卫生健康部门、工会和行业主管部门建立联席会议制度，明确职责分工，加强协调联动，加强联合检查，督促用人单位认真落实工伤预防主体责任。要建立完善信息交换、数据共享机制，实现人员信息、事故信息、职业病信息和涉及安全生产事故和职业病的工伤信息等相关数据共享，及时对各类安全隐患、工伤事故苗头性问题和职业病危害因素浓（强）度超标现象综合运用法律、行政、经济手段重点治理，提出限期整改建议。对未按规定落实主体责任、未及时整改的用人单位及其主要负责人，相关部门应依据安全生产法和职业病防治法严肃处理。对有代表性或典型性的工伤事故，相关部门要在全国范围内进行通报，努力避免类似事故重复发生。

3. 瞄住盯紧工伤预防重点行业

各地要加强对工伤预防相关数据的分析，定期研究本地区工伤事故和职业病危害的现状及变化情况，研究确定工伤预防重点领域，依法确定重点项目。本期计划主要围绕工伤事故和职业病高发的危险化学品、矿山、建筑施工、交通运输、机械制造等重点行业企业开展。各地可结合实际明确本地区重点行业、重点领域。

4. 全面加强工伤预防宣传

充分发挥主流媒体和新媒体作用，充分发挥各部门和有关行业企业的宣传作用，抓住重点时段、重要节点、重大事件开展有针对性宣传。要从关注关爱职工群众生命安全和职业健康的视角，运用影音视频、图标图解、典型案例、身边工伤事件等群众易于接受、感染力强的形式，宣传职业病防治、安全生产、交通事故防范、心脑血管疾病防治等方面的知识，不断增强职工群众的工伤预防意识和自我保护意识。鼓励工伤事故和职业病高发易发企业设立工伤预防警示教育基地。

5. 深入推进工伤预防培训

实施重点行业重点企业工伤预防（安全生产、职业病防治）能力提升培训工程，重点培训重点行业重点企业分管负责人、安全管理部门主要负责人和一线班组长等重点岗位人员，2025年底前实现上述人员培训全覆盖。技工院校要全面开设工伤预防课程，将安全生产、职业病防治与工伤预防的政策法规、安全生产事故与工伤事故防范知识、工伤事故与职业病警示教育等内容作为工伤预防培训必修内容。鼓励各地采取线上培训和线下培训相结合方式，更加注重发挥线上培训的作用。

6. 科学进行工伤保险费率浮动

各地要在依据行业工伤风险程度确定行业基准费率基础上，充分发挥浮动费率的激励和约束作用，促进用人单位主动做好工伤预防，减少工伤事故和职业病的发生。为更好地评估用人单位工伤风险趋势，更全面考察用人单位风险管理效果，鼓励各地结合实际，以3年为一个周期进行费率浮动。

7. 大力开展互联网+工伤预防

充分发挥信息化、大数据、人工智能在工伤预防方面的作用，一体化推进工伤预防信息共享、在线培训、考核评估，普及工伤预防科学知识、宣传工伤预防政策、开展工伤预防线上培训、强化工伤事故警示教育。人力资源和社会保障部将建立基于云架构的工伤预防综合性平台，加强对工伤预防工作的指导和服务。各省级人社部门可会同相关部门推荐资质合法、信誉良好、服务优质的在线培训平台，供地方有关部门、大中型企业等依法自主选用。

8. 积极推进工伤预防专业化、职业化建设

支持有条件、有能力的第三方专业技术服务机构积极参与工伤预防工作，建立长效服务机制。鼓励有能力的大中型企业发挥示范作用，带领同行业中小微企业开展工伤预防工作。建立工伤预防专家库，遴选工伤预防、安全生产、职业卫生等方面的专家，负责工伤预防立项评审、宣传培训、问题诊断、措施制定、评估验收等专业技术相关工作。

9. 切实加强对工伤预防工作的考核监督

将工伤预防工作开展情况纳入对省级政府安全生产目标责任考核内容，促进提高工伤预防工作的实效。加强对工伤预防项目事前、事中、事后全过程监管，按照项目进展安排全程检查、全程跟踪、全程问效。大力推广工伤预防先进典型、先进做法，营造工伤预防正能量。

（四）保障措施

1. 加强组织领导

工伤预防是一项系统性工程，也是一项民心工程。人社、财政、应急管理、卫生健康及行业主管部门要切实负起责任，落实安全生产职业卫生法律法规规定的各项职责，负责各自领域工伤预防项目的实施和监管。工会组织要切实发挥好监督作用，督促企业落实工伤预防主体责任，切实维护好职工合法权益。人社部门要充分发挥牵头部门作用，发挥好部门联动工作机制作用，及时召开联席会议，研究解决工作推进中的问题。

2. 勇于创新发展

各地要坚持问题导向、目标导向、效果导向，完善工伤预防工作体系、政策

体系、标准体系，加强统计分析，推动解决工伤预防重点难点问题。要建立示范引领和奖惩激励机制，加大工作引导力度，增强用人单位履行主体责任自觉性。要探索建立工伤预防培训机构和线上培训平台推荐清单制度，严把培训实施机构条件关。要坚持大处着眼、细处着手，探索创建一批可操作、可监管、可评价、可推广的工伤预防工作模式。

3. 强化经费保障

各地要认真落实《工伤保险条例》和《工伤预防费使用管理暂行办法》规定，按要求编制工伤预防项目预算，保证工伤预防工作经费，为开展工伤预防工作提供有力支撑。省级人社部门要会同有关部门制定培训项目申报指引和格式文本，为各方规范、精准、便捷申报项目提供支持。要加强基金监管，确保工伤预防费依法合规支出和使用，严格落实项目验收评估制度，防止弄虚作假，坚决杜绝形式主义、官僚主义。

4. 建立长效机制。各地要结合当地实际，健全抓落实长效机制，杜绝一阵风一刀切，推动工伤预防工作日常化、规范化、机制化。要发扬钉钉子精神，以五年为一个周期，坚持一张蓝图绘到底，保持政策稳定性和工作连续性，一年一年干下去，一期一期干下去，久久为功，常抓不懈，推动工伤预防工作不断取得新的成效。

第四节　企业主体责任

一、安全生产

（一）安全生产条件

生产经营单位的安全生产条件，要符合法律法规规定，既包括《安全生产法》和有关法律、法规的规定，也包括国家标准或者行业标准的规定。《安全生产法》规定，不具备安全生产条件的，不得从事生产经营活动。经停产停业整顿仍不具备安全生产条件的，将予以关闭并依法吊销其有关证照。

（二）建立健全安全生产规章制度

建立健全安全生产规章制度是安全生产管理的基础。生产经营单位应当按照《安全生产法》的规定，建立健全安全生产责任制、规章制度和操作规程。主要负责人未履行安全生产管理职责的，将按规定处二万元以上五万元以下的罚款。导致发生生产安全事故的，将视事故等级，罚款额度为上一年年收入的40%~100%。安全生产管理人员不履行职责导致发生生产安全事故构成犯罪的，将依法追究刑事责任。

生产经营单位应当根据本单位的特点、危险程度和生产经营范围等，依法建立和实施下列安全生产管理制度：全员安全生产责任制和监督考核、奖惩制度；安全生产投入制度；安全生产教育和培训制度；安全风险分级管控、安全检查和事故隐患排查治理制度；场所、安全设施设备、特种设备安全管理制度；重大危险源、危险物品安全管理制度；危险作业管理制度；变更管理制度；相关方管理制度；劳动防护用品配备和管理制度；生产安全事故报告、调查处理和应急救援制度；法律、法规、规章规定的其他安全生产管理制度。

（三）保障安全投入

《安全生产法》要求生产经营单位应当具备的安全生产条件所必需的资金投入，应当按照规定提取和使用安全生产费用，专门用于改善安全生产条件。不保证安全投入导致发生生产安全事故的，将按《安全生产法》的规定撤销主要负责人职务，对个人经营的投资人罚款二万元以上二十万元以下；构成犯罪的，依法追究刑事责任。

（四）设置安全管理机构

安全生产的良好局面不会自然出现，必须有人具体管理，有人具体负责。《安全生产法》规定了各类生产经营单位设置安全生产管理机构或者配备专（兼）职安全生产管理人员的不同要求。矿山、金属冶炼、建筑施工、运输单位和危险物品的生产、经营、储存、装卸单位，应当设置安全生产管理机构或者配备专职安全生产管理人员。

（五）加强教育培训

许多事故的发生与受害者和责任者无知无畏有直接关系，有的受害者到新的工作岗位仅仅工作几天甚至一两天就受到伤害。《安全生产法》对主要负责人、安全生产管理人员、特种作业人员、其他从业人员和被派遣劳动者、实习学生应当接受哪些安全生产教育培训作了明确规定，如果培训不到位或未持证上岗的，将进行处罚。

（六）安全设施同时到位

为防止建设项目在建成之初就存在先天设计性安全隐患，《安全生产法》设立了建设项目安全设施"三同时"制度，即生产经营单位新建、改建、扩建工程项目的安全设施，必须与主体工程同时设计、同时施工、同时投入生产和使用。还对矿山、金属冶炼建设项目和用于生产、储存、装卸危险物品的建设项目安全设施"三同时"作了特别规定。

（七）安全警示标志明显

实践中，安全警示标志对于提示危险、增强安全意识、防止和减少事故有着不可或缺的作用。《安全生产法》规定，生产经营单位应当在有较大危险因素的生产经营场所和有关设施、设备上，设置明显的安全警示标志。

（八）工艺、设备合法可靠

《安全生产法》规定了生产经营单位使用的危险物品的容器、运输工具，以及涉及人身安全、危险性较大的海洋石油开采特种设备和矿山井下特种设备的合法可靠的要求。国家对严重危及生产安全的工艺、设备实行淘汰制度，要求生产经营单位不得使用应当淘汰的危及生产安全的工艺、设备。

（九）严格危险物品管理

《安全生产法》对危险物品的管理作了严格规定。未经依法批准，擅自生产、经营、使用、运输危险物品的，将依照有关危险物品安全管理的法律、法规的规定予以处罚；对重大危险源未登记建档，或者未进行评估、监控，或者未制定应急预案的,将责令限期改正,处十万元以下的罚款;逾期未改正的,责令停产停业整顿,并处十万元以上二十万元以下的罚款,对其直接负责的主管人员和其他直接责任人员处二万元以上五万元以下的罚款;构成犯罪的,依照刑法有关规定追究刑事责任。

(十) 及时消除事故隐患

《安全生产法》明确了生产经营单位应当建立健全生产安全事故隐患排查治理制度,及时发现并消除事故隐患,如实记录事故隐患排查治理情况并向从业人员通报。如果未建立事故隐患排查治理制度,责令立即消除或者限期消除,处五万元以下的罚款;生产经营单位拒不执行的,责令停产停业整顿,对其直接负责的主管人员和其他直接责任人员处五万元以上十万元以下的罚款;构成犯罪的,依照刑法有关规定追究刑事责任。

(十一) 疏散出口保持畅通

充分吸取多起重特大事故教训,生产经营场所和员工宿舍应当设有符合紧急疏散要求、标志明显、保持畅通的出口,禁止锁闭、封堵生产经营场所或者员工宿舍的出口。如果未按要求设置,责令限期改正,处五万元以下的罚款,对直接负责的主管人员和其他直接责任人员处一万元以下的罚款;逾期未改正的,责令停产停业整顿;构成犯罪的,依照刑法有关规定追究刑事责任。

(十二) 危险作业专人管理

为遏制危险作业事故多发势头,《安全生产法》规定了生产经营单位进行爆破、吊装动火、临时用电等危险作业时,应当安排专门人员进行现场安全管理,确保操作规程的遵守和安全措施的落实;同时,授权国务院应急管理部门会同国务院有关部门明确其他危险作业,也必须安排专人现场管理。

(十三) 危险防范如实告知

为增强从业人员安全生产意识和防范事故能力,《安全生产法》规定生产经营单位应当向从业人员如实告知作业场所和工作岗位存在的危险因素、防范措施以及事故应急措施。如果不如实告知,责令限期改正,处十万元以下的罚款;逾期未改正的,责令停产停业整顿,并处十万元以上二十万元以下的罚款,对其直接负责的主管人员和其他直接责任人员处二万元以上五万元以下的罚款。

（十四）按要求配备使用劳动防护用品

劳动防护用品是预防事故和减少与消除事故影响的最后一道屏障。《安全生产法》设定了劳动防护用品方面的要求：一是生产经营单位必须为从业人员提供劳动防护用品；二是提供的劳动防护用品必须符合国家标准或者行业标准的要求；三是必须监督、教育从业人员按照使用规则佩戴、使用。未为从业人员提供符合国家标准或者行业标准的劳动防护用品的，责令限期改正，处五万元以下的罚款；逾期未改正的，处五万元以上二十万元以下的罚款，对其直接负责的主管人员和其他直接责任人员处一万元以上二万元以下的罚款；情节严重的，责令停产停业整顿；构成犯罪的，依照刑法有关规定追究刑事责任。

（十五）加强相关各方的协调管理

实践中，同一作业区域内两个以上生产经营单位在安全生产管理上各自为政、互不相干，发包、出租一包了之、不闻不问，会导致生产安全事故，甚至发生重特大事故。为此，《安全生产法》规定了两个以上生产经营单位在同一作业区域内进行生产经营活动，或者将生产经营项目、场所发包或者出租给其他单位的，应当签订专门的安全生产管理协议，或者在承包合同、租赁合同中约定各自的安全生产管理职责并进行协调、管理。如果未按规定签订协议或者未指定专职安全生产管理人员进行安全检查与协调的，责令限期改正，处五万元以下的罚款，对其直接负责的主管人员和其他直接责任人员处一万元以下的罚款；逾期未改正的，责令停产停业。

（十六）制定预案并定期演练

近年来，许多事故应急救援案例表明，制定科学可行的事故应急预案，并组织演练，能有效控制事故扩大、减少人员伤亡和财产损失。《安全生产法》要求生产经营单位的主要负责人要组织制定并实施本单位的生产安全事故应急救援预案，生产经营单位制定的生产安全事故应急救援预案要与所在地县级以上地方人民政府组织制定的生产安全事故应急救援预案相衔接，并定期组织演练。

（十七）发生事故必须立即抢救

《安全生产法》规定，生产经营单位发生生产安全事故时，单位的主要负责人应当立即组织抢救，并不得在事故调查处理期间擅离职守。生产经营单位的主要负责人在本单位发生生产安全事故时，不立即组织抢救或者在事故调查处理期间擅离职守或者逃匿的，给予降级、撤职的处分，并由应急管理部门处上一年年收入百分之六十至百分之一百的罚款；对逃匿的处十五日以下拘留；构成犯罪的，依照刑法有关规定追究刑事责任。

（十八）依法缴纳工伤保险

《安全生产法》明确了生产经营单位必须依法参加工伤保险，为从业人员缴纳保险费。如果不按时缴纳，将按照《工伤保险条例》规定，补缴应当缴纳的保险费，并按日加收万分之五的滞纳金，逾期仍不缴纳的进行罚款，罚款额度为欠缴额度的1~3倍。

二、工伤预防

（一）企业、事业单位、社会团体、民办非企业单位、基金会、律师事务所、会计师事务所等组织和有雇工的个体工商户（以下称用人单位）应当依照规定参加工伤保险，为本单位全部职工或者雇工（以下称职工）缴纳工伤保险费。

（二）用人单位应当将参加工伤保险的有关情况在本单位内公示。用人单位和职工应当遵守有关安全生产和职业病防治的法律法规，执行安全卫生规程和标准，预防工伤事故发生，避免和减少职业病危害。职工发生工伤时，用人单位应当采取措施使工伤职工得到及时救治。

（三）用人单位应当按时缴纳工伤保险费。职工个人不缴纳工伤保险费。任何单位或者个人不得将工伤保险基金用于投资运营、兴建或者改建办公场所、发放奖金，或者挪作其他用途。

（四）职工发生事故伤害或者按照《职业病防治法》规定被诊断、鉴定为职业病，所在单位应当自事故伤害发生之日或者被诊断、鉴定为职业病之日起30日内，向统筹地区社会保险行政部门提出工伤认定申请。遇有特殊情况，经报社会保险行政部门同意，申请时限可以适当延长。

（五）用人单位未在规定的时限内提交工伤认定申请，在此期间发生符合规定的工伤待遇等有关费用由该用人单位负担。

（六）生活不能自理的工伤职工在停工留薪期需要护理的，由所在单位负责。

（七）工会组织依法维护工伤职工的合法权益，对用人单位的工伤保险工作实行监督。

三、职业病防治

（一）用人单位应当依照法律、法规要求，严格遵守国家职业卫生标准，落实职业病预防措施，从源头上控制和消除职业病危害。

（二）产生职业病危害的用人单位的设立除应当符合法律、行政法规规定的设立条件外，其工作场所还应当符合下列职业卫生要求：

1. 职业病危害因素的强度或者浓度符合国家职业卫生标准。
2. 有与职业病危害防护相适应的设施。
3. 生产布局合理，符合有害与无害作业分开的原则。
4. 有配套的更衣间、洗浴间、孕妇休息间等卫生设施。
5. 设备、工具、用具等设施符合保护劳动者生理、心理健康的要求。
6. 法律、行政法规和国务院卫生行政部门关于保护劳动者健康的其他要求。

（三）用人单位应当采取下列职业病防治管理措施：

1. 设置或者指定职业卫生管理机构或者组织，配备专职或者兼职的职业卫生管理人员，负责本单位的职业病防治工作。
2. 制定职业病防治计划和实施方案。
3. 建立、健全职业卫生管理制度和操作规程。
4. 建立、健全职业卫生档案和劳动者健康监护档案。
5. 建立、健全工作场所职业病危害因素监测及评价制度。
6. 建立、健全职业病危害事故应急救援预案。

（四）用人单位应当保障职业病防治所需的资金投入，不得挤占、挪用，并对因资金投入不足导致的后果承担责任。

（五）用人单位必须采用有效的职业病防护设施，并为劳动者提供个人使用的职业病防护用品。

用人单位为劳动者个人提供的职业病防护用品必须符合防治职业病的要求；不符合要求的，不得使用。

（六）用人单位应当优先采用有利于防治职业病和保护劳动者健康的新技术、新工艺、新设备、新材料，逐步替代职业病危害严重的技术、工艺、设备、材料。

（七）用人单位应当在醒目位置设置公告栏，公布有关职业病防治的规章制度、操作规程、职业病危害事故应急救援措施和工作场所职业病危害因素检测结果。

对产生严重职业病危害的作业岗位，应当在其醒目位置，设置警示标识和中文警示说明。警示说明应当载明产生职业病危害的种类、后果、预防以及应急救治措施等内容。

（八）对可能发生急性职业损伤的有毒有害工作场所，用人单位应当设置报警装置，配置现场急救用品、冲洗设备、应急撤离通道和必要的泄险区。

对放射工作场所和放射性同位素的运输、储存，用人单位必须配置防护设备和报警装置，保证接触放射线的工作人员佩戴个人剂量计。

对职业病防护设备、应急救援设施和个人使用的职业病防护用品，用人单位应当进行经常性的维护、检修，定期检测其性能和效果，确保其处于正常状态，不得擅自拆除或者停止使用。

（九）用人单位应当实施由专人负责的职业病危害因素日常监测，并确保监测系统处于正常运行状态。

（十）用人单位对采用的技术、工艺、设备、材料，应当知悉其产生的职业病危害，对有职业病危害的技术、工艺、设备、材料隐瞒其危害而采用的，对所造成的职业病危害后果承担责任。

（十一）用人单位与劳动者订立劳动合同（含聘用合同，下同）时，应当将工作过程中可能产生的职业病危害及其后果、职业病防护措施和待遇等如实告知劳动者，并在劳动合同中写明，不得隐瞒或者欺骗。

劳动者在已订立劳动合同期间因工作岗位或者工作内容变更，从事与所订立劳动合同中未告知的存在职业病危害的作业时，用人单位应当依照规定，向劳动者履行如实告知的义务，并协商变更原劳动合同相关条款。

用人单位违反上述规定的，劳动者有权拒绝从事存在职业病危害的作业，用人单位不得因此解除与劳动者所订立的劳动合同。

（十二）用人单位的主要负责人和职业卫生管理人员应当接受职业卫生培训，遵守职业病防治法律、法规，依法组织本单位的职业病防治工作。

（十三）用人单位应当为劳动者建立职业健康监护档案，并按照规定的期限妥善保存。

第五节　安全生产管理机构以及安全生产管理人员的安全生产职责

《安全生产法》第二十五条规定，生产经营单位的安全生产管理机构以及安全生产管理人员履行下列职责：

（一）组织或者参与拟订本单位安全生产规章制度、操作规程和生产安全事故应急救援预案；

（二）组织或者参与本单位安全生产教育和培训，如实记录安全生产教育和培训情况；

（三）组织开展危险源辨识和评估，督促落实本单位重大危险源的安全管理措施；

（四）组织或者参与本单位应急救援演练；

（五）检查本单位的安全生产状况，及时排查生产安全事故隐患，提出改进安全生产管理的建议；

（六）制止和纠正违章指挥、强令冒险作业、违反操作规程的行为；

（七）督促落实本单位安全生产整改措施。

安全生产管理机构作为本单位具体负责安全生产管理事务的部门，是贯彻落实有关安全生产方针、政策、法律、法规、标准以及规章制度等事项的具体执行者，从某种意义上，也是主要负责人在安全生产方面的重要助手。安全生产管理机构对本单位的安全生产状况最了解、最熟悉。因此，本条规定，安全生产管理机构有职责和义务，根据主要负责人的安排，负责组织或者参与拟订本单位安全生产规章制度、操作规程和生产安全事故应急救援预案，以确保相关制度、规程和预案符合本单位安全生产的实际，起到应有的作用。

安全生产最关键的是人的因素。生产经营单位的安全生产教育和培训计划是贯彻安全生产法律、法规、标准、规章制度和操作规程，保证安全生产教育和培训质量，提高广大从业人员安全素质和操作技能的重要保障。因此，《安全生产法》规定由生产经营单位的主要负责人负责组织制订并实施本单位安全生产教育和培训计划。为了使安全生产教育和培训计划更有针对性、操作性，并保证计划的有效贯彻实施，安全生产管理机构有职责和义务，根据主要负责人的安排，组织或者参与本单位的安全生产教育和培训，以保证教育和培训计划符合本单位安全生产的实际。同时，安全生产管理机构还应当详细记录本单位安全生产教育和培训情况，及时掌握安全生产教育和培训计划的实施进展动向，向本单位主要负责人报告。

危险源辨识和评估，是构建安全风险分级管控和隐患排查治理双重预防机制，严防风险演变、隐患升级导致生产安全事故发生的重要举措。加大事故预防的有效性，一定要强调源头防范，只有从源头上、根子上进行危险源辨识并进行科学评估，按照不同安全风险等级进行分级管控，有针对性地强化预防措施，才能做到防患于未然，牢牢把握安全生产工作的主动权。《安全生产法》规定生产经营单位的安全生产管理机构以及安全生产管理人员负有组织开展危险源辨识和评估的职责，要求以上机构和人员充分利用自身专业知识和技能，做好本单位生产经营活动中危险源的发现、辨别和评估工作。

重大危险源，是指长期地或者临时地生产、搬运、使用或者储存危险物品，且危险物品的数量等于或者超过临界量的单元（包括场所和设施）。构成重大危险源，需要危险物品的数量等于或者超过临界量。所谓临界量，是指一个数值，当某种危险物品的数量达到或者超过这个数值时，就有可能发生危险。重大危险源是危险物品大量聚集的地方，具有较大的危险性，如果发生生产安全事故，将对从业人员及相关人员的人身安全和财产造成比较大的损害。生产经营单位对重大危险源应当严格登记建档，采取有效的防护措施，并定期进行检查、检测、评估；有些重大危险源较多、情况严重的生产经营单位，还应当建立专门的安全监控系统，对重大危险源实施不间断的监控。实践中，一方面，重大危险源与生产作业活动难以分开，分布在生产经营区域内，应由相应的业务部门负责建档、检查、检测、评估等管理。另一方面，重大危险源安全管理的专业性较强，管理人员需要有相应的专业知识背景。安全生产管理人员在现场检查中发现重大危险源未按照有关规定进行管理的，有权要求相应的业务部门进行整改。

开展应急救援演练是提高应急能力，检验生产安全事故应急救援预案有效性的重要途径。生产经营单位应当定期开展应急救援演练，及时修订应急预案，切实增强应急预案的有效性、针对性和可操作性。通过应急救援演练，让每个可能涉及的部门、从业人员熟知事故发生后如何进行现场抢救、如何联络人员、如何避灾以及采取某种技术措施的方式和程序，提高广大从业人员的应急处置能力。一旦发生生产安全事故，将起到有效防止事故扩大、极大减少人员伤亡的作用。安全生产管理机构应当根据本单位的安排，积极组织本单位的应急救援演练，制定详细的工作方案，精心组织实施，确保应急救援演练取得效果。对于有关主管部门组织的区域应急救援演练，或者本单位其他部门，包括应急救援机构组织的应急救援演练，安全生产管理机构都应当积极参与，并积极配合做好应急救援演练的相关工作。

隐患是导致事故的根源，隐患不除事故不断，因此，隐患也称作生产安全事故隐患。安全生产管理机构以及安全生产管理人员的根本职责，就是及时排查生产安全事故隐患。安全生产管理机构应当根据本单位生产经营特点、风险分布、危害因素的种类和危害程度等情况，制订检查工作计划，明确检查对象、任务和频次。安全生产管理机构以及安全生产管理人员应当有计划、有步骤地巡查、检查本单位每个作业场所、设备、设施，不留死角。对于安全风险大、容易发生生产安全事故的地点，应当加大检查频次。对于检查中发现的生产安全事故隐患，应当要求立即整改或排除；不能立即整改或排除的，要求暂时停止作业或施工，责令有关业务部门、车间、班组提出整改措施，限期整改；如果有可能发生生产安全事故，危及从业人员生命健康的，应当立即撤离从业人员到安全地点；对于迟迟未整改完成的事故隐患，应当及时向本单位主要负责人或者主管安全生产工作的负责人报告。在排查生产安全事故隐患的过程中，发现本单位在安全生产管理、技术、装备、人员等方面存在问题的，安全生产管理机构以及安全生产管理人员有责任及时提出改进的建议，相关建议应具有科学性、针对性、有效性。

为促进从业人员遵章守纪，安全生产管理机构还应当将从业人员的违规记录纳入安全生产奖惩的内容，对违规者严肃处理；对于经常违规的人员，重新安排进行安全生产教育和培训；必要时，建议本单位主要负责人及相关负责人、有关职能部门、人事部门调离其原工作岗位；情节严重的，建议本单位予以开除。通过严格执行安全生产有关规定，从根本上扭转违章指挥、强令冒险作业、违反操作规程造成的安全生产隐患。

安全生产整改措施包括重大事故隐患整改措施以及其他不安全问题整改措施。它是一项复杂的系统工程，包括整改的目标和任务、采取的方法和措施、经费和装备物资的落实、负责整改的机构和人员、整改的时限和要求、相应的安全措施和应急预案等，涉及人、财、物多个方面。仅由安全生产管理机构落实安全生产整改措施，是难以做到的。按照"管生产经营必须管安全"的原则，落实安全生产整改措施应当由相关业务部门负责。

实践中，业务主管部门了解实际情况，有能力做好此项工作，他们掌握相应的资源，包括具有专业人员、丰富的实践经验等。例如，危险物品生产单位某车间发生危险物品管道泄漏，由车间负责人组织相关人员进行整改较为妥当。因此，按照规定，安全生产管理机构以及安全生产管理人员督促落实本单位的安全生产整改措施，这样规定是合适的。为了保证安全生产整改措施及时得到落实，安全生产管理机构以及安全生产管理人员应当加强对有关业务主管部门的监督；对不按照规定落实安全生产整改措施的，应当及时向本单位主要负责人报告。

第六节　职业卫生管理人员职业病防治责任

《职业病防治法》第三十四条规定，用人单位的主要负责人和职业卫生管理人员应当接受职业卫生培训，遵守职业病防治法律、法规，依法组织本单位的职业病防治工作。

《工作场所职业卫生管理规定》第九条规定，用人单位的主要负责人和职业卫生管理人员应当具备与本单位所从事的生产经营活动相适应的职业卫生知识和管理能力，并接受职业卫生培训。对用人单位主要负责人、职业卫生管理人员的职业卫生培训，应当包括下列主要内容：

1. 职业卫生相关法律、法规、规章和国家职业卫生标准；
2. 职业病危害预防和控制的基本知识；
3. 职业卫生管理相关知识；
4. 国家卫生健康委规定的其他内容。

第二章 安全生产管理

第一节　全员安全生产责任制建设要求和专职安全生产管理人员的法定职责

一、全员安全生产责任制建设要求

《安全生产法》第四条规定，生产经营单位必须遵守本法和其他有关安全生产的法律、法规，加强安全生产管理，建立健全全员安全生产责任制和安全生产规章制度，加大对安全生产资金、物资、技术、人员的投入保障力度，改善安全生产条件，加强安全生产标准化、信息化建设，构建安全风险分级管控和隐患排查治理双重预防机制，健全风险防范化解机制，提高安全生产水平，确保安全生产。

平台经济等新兴行业、领域的生产经营单位应当根据本行业、领域的特点，建立健全并落实全员安全生产责任制，加强从业人员安全生产教育和培训，履行本法和其他法律、法规规定的有关安全生产义务。

《安全生产法》把"建立健全并落实本单位全员安全生产责任制，加强安全生产标准化建设"作为生产经营单位主要负责人的基本职责之一。

生产经营单位的全员安全生产责任制应当明确各岗位的责任人员、责任范围和考核标准等内容。

生产经营单位应当建立相应的机制，加强对全员安全生产责任制落实情况的监督考核，保证全员安全生产责任制的落实。

二、专职安全生产管理人员的法定职责

（一）机械制造企业安全生产管理人员配备要求

《安全生产法》第二十四条规定，矿山、金属冶炼、建筑施工、运输单位和危险物品的生产、经营、储存、装卸单位，应当设置安全生产管理机构或者配备专职安全生产管理人员。上述规定以外的其他生产经营单位，从业人员超过一百人的，应当设置安全生产管理机构或者配备专职安全生产管理人员；从业人员在一百人以下的，应当配备专职或者兼职的安全生产管理人员。

机械制造企业应当参考以上条款配置安全生产管理机构或者配备专职安全生产管理人员。

（二）专职安全生产管理人员的法定职责

《安全生产法》第二十五条规定，生产经营单位的安全生产管理机构以及安全生产管理人员履行下列职责：

1. 组织或者参与拟订本单位安全生产规章制度、操作规程和生产安全事故应急救援预案；

2. 组织或者参与本单位安全生产教育和培训，如实记录安全生产教育和培训情况；

3. 组织开展危险源辨识和评估，督促落实本单位重大危险源的安全管理措施；

4. 组织或参与本单位应急救援演练；

5. 检查本单位的安全生产状况，及时排查生产安全事故隐患，提出改进安全生产管理的建议；

6. 制止和纠正违章指挥、强令冒险作业、违反操作规程的行为；

7. 督促落实本单位安全生产整改措施。

生产经营单位可以设置专职安全生产分管负责人，协助本单位主要负责人履行安全生产管理职责。

第二节 企业安全生产和职业卫生规章制度、操作规程的编制及实施要求

一、机械制造企业安全生产和职业卫生规章制度、操作规程的编制要求

《企业安全生产标准化基本规范》（GB/T 33000—2016）规定，企业安全生产和职业卫生规章制度包括但不限于下列内容：目标管理；安全生产和职业卫生责任制；安全生产承诺；安全生产投入；安全生产信息化；四新（新技术、新材料、新工艺、新设备设施）管理；文件、记录和档案管理；安全风险管理隐患排查治理；职业病危害防治；教育培训；班组安全活动；特种作业人员管理；建设项目安全设施、职业病防护设施"三同时"管理；设备设施管理；施工和检维修安全管理；危险物品管理；危险作业安全管理；安全警示标志管理；安全预测预警；安全生产奖惩管理；相关方安全管理；变更管理；个体防护用品管理；应急管理；事故管理；安全生产报告；绩效评定管理。

企业应按照有关规定，结合本企业生产工艺、作业任务特点以及岗位作业安全风险与职业病防护要求，编制齐全适用的岗位安全生产和职业卫生操作规程，发放到相关岗位员工，并严格执行。企业应确保从业人员参与岗位安全生产和职业卫生操作规程的编制和修订工作。企业应在新技术、新材料、新工艺、新设备设施投入使用前，组织编制和修订相应的安全生产和职业卫生操作规程，确保其适用性和有效性。

二、机械制造企业安全生产和职业卫生规章制度、操作规程的实施要求

组织制定并实施本单位安全生产和职业卫生规章制度、操作规程是企业主要负责人的基本职责之一。生产经营单位应当教育和督促从业人员严格执行本单位的安全生产和职业卫生规章制度、操作规程,并向从业人员如实告知作业场所和工作岗位存在的危险因素、防范措施以及事故应急措施。从业人员在作业过程中,应当严格落实岗位安全责任,遵守本单位的安全生产和职业卫生规章制度、操作规程,服从管理,正确佩戴和使用劳动防护用品。

《安全生产法》第一百零七条规定,生产经营单位的从业人员不落实岗位安全责任,不服从管理,违反安全生产规章制度或者操作规程的,由生产经营单位给予批评教育,依照有关规章制度给予处分;构成犯罪的,依照刑法有关规定追究刑事责任。

生产经营单位的工会依法组织职工参加本单位安全生产工作的民主管理和民主监督,维护职工在安全生产方面的合法权益。生产经营单位制定或者修改有关安全生产的规章制度,应当听取工会的意见。

第三节 安全风险分级管控和隐患排查治理双重预防工作机制的实施要求

一、双重预防机制建设背景

机械制造行业是国民经济的基础产业,在给人类带来福祉的同时,也带来了伤害。国际劳工组织统计表明,全世界在机械制造业中每年有 10 万人左右因工

导致死亡，约 150 万人因此丧失劳动能力。操作人员频繁与起重设备、高温炉体、炽热金属液体、粉尘等危险有害因素接触，容易发生起重伤害、物体打击、机械伤害、触电、中毒等事故或职业损伤。在此背景下，从国家层面开始重新思考和定位当前的安全监管模式和企业事故预防水平问题。2016 年 1 月，习近平总书记在中共中央政治局常委会会议上对安全生产工作提出了五条要求，其中第四条指出，必须坚决遏制重特大事故频发势头，对易发重特大事故的行业领域采取风险分级管控、隐患排查治理双重预防性工作机制，推动安全生产关口前移，加强应急救援工作，最大限度减少人员伤亡和财产损失；2016 年 4 月，国务院安委办印发《标本兼治遏制重特大事故工作指南》（国安委办〔2016〕3 号），提出到 2018 年，构建形成点、线、面有机结合、无缝对接的安全风险分级管控和隐患排查治理双重预防性工作体系；2016 年 10 月，国务院安委办又印发了《关于实施遏制重特大事故工作指南构建双重预防机制的意见》（国安委办〔2016〕11 号），提出尽快建立健全安全风险分级管控和隐患排查治理的工作制度和规范，实现企业安全风险自辨自控、隐患自查自治，形成政府领导有力、部门监管有效、企业责任落实、社会参与有序的工作格局，提升安全生产整体预控能力；2016 年 12 月，中共中央、国务院出台《中共中央 国务院关于推进安全生产领域改革发展的意见》，提出中央企业要构建风险分级管控体系，提升隐患排查治理能力，建立事故隐患风险评估制度，形成全员、全过程、全方位危险源辨识和评价工作机制，强化重点领域、重点区域、重点部位、重点环节和重大危险源管控，采取技术、工程和管理预防及控制措施，有效完善监测预警应急机制。中国科技产业化促进会于 2018 年 8 月印发了《企业安全生产双重预防机制建设规范》（T/CSPSTC 17—2018），规定了企业双重预防机制建设的工作流程，为危险源的辨识、分级、管控，隐患的排查和治理提供技术支撑。自此之后，各省市先后出台了双重预防机制相关的规范及标准文件，企业双重预防机制建设工作逐渐完善。2021 年 6 月，《安全生产法》第三次修正，将构建双重预防机制纳入《安全生产法》，从法律层面确保了安全风险的有效管控，体现了我国安全生产应急管理的科学化、现代化。

双重预防机制，又称双重预防体系，是近年来我国在安全生产管理方面形成的新的术语，具体是指安全风险分级管控和隐患排查治理双重预防机制。与传统安全管理模式相比，双重预防机制就是要准确把握安全生产的特点和规律，以风险为核心，坚持超前防范、关口前移，从风险辨识入手，以风险管控为手段，把风险控制在隐患形成之前，并通过隐患排查，及时找出风险控制过程中可能出现的缺失、漏洞，把隐患消灭在事故发生之前。

双重预防机制是构筑防范生产安全事故的两道防火墙。第一道是管风险，以安全风险辨识和管控为基础，从源头上系统辨识风险、分级管控风险，努力把各类风险控制在可接受范围内，杜绝和减少事故隐患；第二道是治隐患，以隐患排查和治理为手段，认真排查风险管控过程中出现的缺失、漏洞和风险控制失效环节，坚决把隐患消灭在事故发生之前。双重预防机制着眼于安全风险的有效管控，紧盯事故隐患的排查治理，是一个常态化运行的安全生产管理系统，可以有效提升安全生产整体预控能力，夯实遏制重特大事故的工作基础。基于重特大事故的发生机理，从重大危险源、人员暴露和管理的薄弱环节入手，按照问题导向，坚持重大风险重点管控；针对重特大事故的形成过程，按照目标导向，坚持重大隐患限期治理，有针对性地防范遏制重特大事故发生。

构建双重预防机制就是针对安全生产领域"认不清、想不到"的突出问题，强调安全生产的关口前移，从隐患排查治理前移到安全风险管控。要强化风险意识，分析事故发生的全链条，抓住关键环节采取预防措施，防范安全风险管控不到位变成事故隐患、隐患未及时被发现和治理演变成事故。形成有效管控风险、排查治理隐患、防范和遏制重特大事故的思想共识，推动建立企业安全风险自辨自控、隐患自查自治，政府领导有力、部门监管有效、企业责任落实、社会参与有序的工作格局，促使企业形成常态化运行的工作机制，政府及相关部门进一步明确工作职责，切实提升安全生产整体预控能力，夯实遏制重特大事故的坚实基础。

二、双重预防机制建设原则

（一）机制融合一体化

企业双重预防机制建设应与现行安全管理体系相融合，形成一体化安全管理体系，构建企业主体责任落实的长效机制，避免"一阵风"和"两张皮"现象，确保风险分级管控和隐患排查治理常态化。

（二）风险管理显性化

根据风险管控措施制定隐患排查任务并跟踪隐患排查治理情况，及时预警异常状况，确保风险处于受控状态、隐患能够得到及时治理。采用风险告知、安全承诺等可视化手段及信息化工具，实现工作现场安全风险隐患动态管理的直观展现。

（三）机制建设规范化

企业按照双重预防机制建设有工作推进机制、有风险分级管控和隐患排查治理、有智能化信息平台、有激励约束制度的要求，自主开展双重预防机制建设工作，确保机制建设的规范化。

（四）系统建设多元化

按照"政府引导，企业自主"的原则，企业可根据安全管理实际自主建设双重预防信息化平台，在满足个性化需求的基础上，应符合双重预防机制数据交换规范要求，实现政府各级部门与企业之间数据互联互通、信息实时共享。

三、双重预防机制建设程序

双重预防机制建设程序如图 2-1 所示。

（一）工作推进机制

1. 成立组织机构

企业应在现有安全生产组织机构的基础上，结合自身情况专门或合署成立双重预防机制建设领导小组，负责制定完善本企业双重预防机制建设相关工作制度和工作方案。

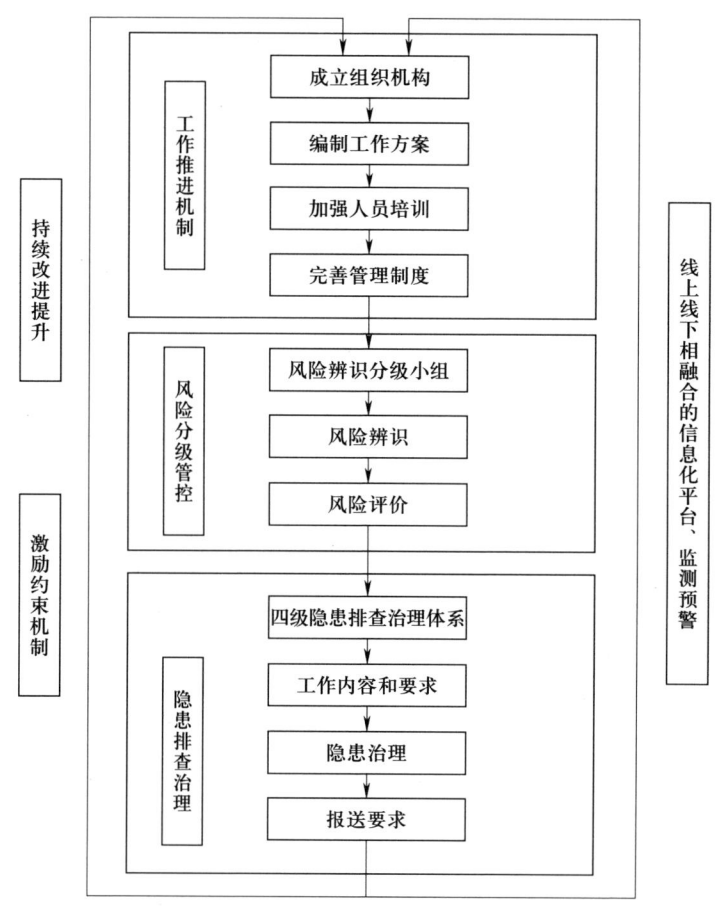

图 2-1 双重预防机制建设程序

双重预防机制建设领导小组的组成人员应至少包括企业主要负责人、分管负责人、各部门负责人以及各重要岗位人员,主要负责人担任组长,明确各成员职责,全面负责推进双重预防机制建设和运行工作。企业也可以聘请安全专家或注册安全工程师协助开展双重预防机制建设工作。

2. 编制工作方案

企业应编制双重预防机制建设工作方案,明确工作目标、实施步骤、工作要求、保障措施等内容。

工作目标应符合"5 有"要求,即有科学完善的工作推进机制,有责任明确的风险分级管控,有全面覆盖的隐患排查治理,有线上线下相融合的信息化平台，有奖惩分明的激励约束制度。

3. 加强人员培训

企业应将双重预防机制建设纳入安全教育培训计划，明确培训内容、参加人员、培训学时、责任部门、考核方式、相关奖惩等，细化保障措施。

企业应组织全体员工对双重预防机制建设所需的相关知识开展分层次、有针对性的专题培训，重点培训双重预防机制建设的思路、风险分析清单编制流程、信息化平台操作使用等内容，使全体员工掌握双重预防机制建设的目标、内容、要求和方法等，具备与岗位职责相适应的双重预防机制建设能力。

4. 完善管理制度

企业应结合自身实际情况，将双重预防机制建设与现行安全管理体系有效融合，制修订安全生产责任制、风险管理、隐患排查治理、安全教育培训、奖惩管理等管理制度，实现一体化管理。

（二）风险分级管控

为有效防范和遏制安全生产事故，各生产经营单位应强化安全风险分级管控体系建设，梳理生产经营活动和其他活动，辨识、评价存在的危险有害因素，进行风险分析，明确管控措施、管控责任，使生产活动各个环节与单位生产组织架构相适应，做到责任到位，对各个风险点进行科学分级管控。

1. 风险辨识分级小组

在双重预防机制领导小组带领下，成立由内审员、安全管理人员、专业技术人员和一线管理人员组成的风险辨识分级小组，负责组织、协调开展安全生产风险分级管控体系建设工作，负责组织各部门成员开展风险辨识、分级活动，确定风险管控工作方向。所有评价人员需有能力、资格组织各级员工开展风险点的辨识、风险评价及风险管控，并将职责分工要求纳入安全生产责任制进行考核。

2. 风险辨识

（1）辨识对象。以生产区域、作业岗位及作业步骤为划分依据，辨识各类生产经营活动中可能存在的造成人员伤害、财产损失和其他意外事件的危险因素，辨识对象包括：

1）所有作业活动，包括常规的和非常规的活动。

2）所有进入作业场所人员（单位的员工、作业场所内的承包方人员、单位的顾客、外来的参观访问人员等）的活动。

3）作业场所内的设施，包括单位或外部（包括顾客、供方、协议单位等）提供的设施，以及活动、材料或计划的变更。

4）其他与安全有关的活动。

（2）风险因素辨识的要求

1）在进行风险因素辨识时，应考虑正常、异常和紧急3种状态以及过去、现在和未来3种时态。

2）应考虑机械能、电能、热能、化学能、生物因素和人机工程因素（生理、心理）。

3）应考虑在评价期限内已有措施的适用性和效果。

（3）作业活动信息的收集。对于每项作业活动，在进行风险辨识前要收集作业活动的相关信息。例如，道路运输作业活动需要收集以下信息：

1）常规情况下车辆、设施的安全运行情况。

2）车辆的维修、维护情况。

3）员工的不良习惯、心态、意识、健康状况及其违章操作行为等。

4）车辆本身特点或运营方式特点。

5）机动车在道路行驶可能遇到的人、路、车、气候等影响。

6）运输运营过程中使用、运载或产生的易燃物、有毒气体等。

7）自然条件中的气象及其地质现象，如雷击、暴雨、洪水等。

8）环境因素，如连续坡道、涉水路段等。

9）发生过和与该作业活动有关的事件和事故的经过。

（4）辨识风险根源和性质

1）风险辨识要考虑以下问题：存在什么风险（伤害源）；谁（什么）会受到伤害；伤害是怎样发生的。

2）风险辨识分级小组应通过现场观察及所收集的资料，对所确定的评价对象，辨识尽可能多的实际的和潜在的风险，包括：

①物（设施）的不安全状态，包括可能导致事故发生和风险扩大的设计缺陷、工艺缺陷、设备缺陷、保护措施和安全装置的缺陷。

②人的不安全行为，包括不采取安全措施、误操作、违章操作，某些不安全行为。

③可能造成职业病、中毒的劳动环境和条件，包括物理的（噪声、振动、湿度、辐射）、化学的（易燃易爆、有毒、危险气体、氧化物等）以及生物因素。

④管理缺陷，包括安全监督、检查、事故防范、应急管理、作业人员安排、防护用品、作业过程、操作方法、管理制度、操作规程、培训教育等的管理缺陷。

3）在进行风险辨识时，充分考虑发生风险的根源及性质，包括但不限于：

①高处坠落、坍塌。

②中毒、窒息、触电及淹溺。

③火灾、爆炸。

④暴露于化学性风险因素和物理性风险因素的工作环境。

⑤人机工程因素（如工作环境条件或位置的舒适度、重复性工作等）。

⑥设备的腐蚀、故障、老化。

⑦有毒有害、易燃易爆物料、气体的泄漏。

4）考虑可能产生的后果，包括违反法律、法规和其他要求，火灾、爆炸，人员伤亡，财产损失，设备、设施毁坏，工作环境破坏，单位形象受到损害。

（5）风险辨识的实施和记录。风险因素辨识以事故预防、控制和减少事故发生为指导思想，采用安全检查表、现场观察、查阅记录、工作危害分析等方法，对涉及的全部风险因素进行辨识。

各部门应组织、鼓励各级员工对运行过程中已经存在或可能存在的风险因素进行辨识、调查、确认，制定削减措施，填写本单位"风险点排查清单"，以此作为风险评价的基础，并定期进行修订。

3. 风险评价

评价人员应根据所确定的评价对象的作业性质和风险复杂程度，选择一种或结合多种评估方法,针对被评价的具体作业条件,由相关人员组成小组,依据过去的经验、有关知识进行充分讨论,确定发生事故的可能性大小(发生事故的频率)和一旦发生事故会造成的损失、后果的分值。用打分法评估安全风险的危险程度,对风险进行分级。

在选择辨识方法时,应考虑活动或作业性质,工艺过程或系统的发展阶段,所分析的系统和风险的复杂程度及规模,是否是法律法规要求的等。

(1)对照经验法。对照经验法是指对照有关标准、法规、检查表或依靠分析人员的观察分析能力,凭借经验和判断直观地评价对象危险性和危害性的方法(通常可采用调查表的形式)。为弥补个人判断的不足,可采用专家会议的方式来相互启发、互相补充,使危险有害因素的辨识更加细致、具体。

(2)类比方法。类比方法是指利用相同或相似系统或作业条件的经验和相关统计资料来类推、分析评价对象的危险有害因素。

(3)工作危害分析法(JHA)。工作危害分析法是一种较细致地分析工作过程中存在风险的方法,把一项工作活动分解成几个步骤,辨识每一步骤中的风险和可能的事故,设法消除风险。

1)建立安全检查表,分析人员从有关渠道(如内部标准、规范、作业指南)选择合适的安全检查表。如果无法获取相关的安全检查表,分析人员必须运用自己的经验和可靠的参考资料制定检查表。

2)分析者依据现场观察、阅读系统文件、与操作人员交谈,以及个人的理解,通过回答安全检查表所列的问题,发现系统的设计和操作等各个方面与标准、规定不符的地方,记下差异。

3)分析差异(风险),提出改进措施和建议。

4)风险分级。

(4)风险矩阵法。风险矩阵法(LS)的公式为 $R = L \times S$,其中 R 是指危险性(也称风险度),是事故发生的可能性与事件后果的结合;L 是指事故发生的可能性,其判定准则见表2-1;S 是指事故后果严重性,其判定准则见表2-2。R 值越大,说明该系统危险性越大,安全风险等级判定准则(R)及控制措施见表2-3。

表 2-1　　　　　　　　事故发生的可能性（L）判定准则

等级	标准
5	在现场没有采取防范、监测、保护、控制措施；危害的发生不能被发现（没有监测系统）；在正常情况下经常发生此类事故或事件
4	危害的发生不容易被发现，现场没有监测系统，也未进行过任何监测；在现场有控制措施，但未有效执行或控制措施不当；危害在预期情况下发生
3	没有防护措施（如没有防护装置、没有劳动防护用品等）；未严格按操作程序执行；危害的发生容易被发现（现场有监测系统）；曾经做过监测；过去曾经发生类似事故或事件
2	危害一旦发生能及时发现，并定期进行监测；现场有防范控制措施，并能有效执行；过去偶尔发生事故或事件
1	有充分、有效的防范、控制、监测、保护措施；员工具备较高的安全健康意识，严格执行操作规程；极不可能发生事故或事件

表 2-2　　　　　　　　事件后果严重性（S）判定准则

等级	法律、法规及其他要求	人员	直接经济损失	停工	企业形象
5	违反法律法规和标准	死亡	100 万元以上	部分装置（>2 套）或设备停工	重大国际影响
4	潜在违反法律法规和标准	丧失劳动能力	50 万元以上	2 套装置或设备停工	行业内、省内影响
3	不符合行业或上级公司的安全生产规章制度、规定等	截肢、骨折、听力丧失、慢性病	1 万元以上	1 套装置或设备停工	地区影响
2	不符合企业的安全操作规程、规定	轻微受伤、间歇不舒服	1 万元以下	受影响不大，几乎不停工	公司及周边范围影响
1	完全符合	无伤亡	无损失	没有停工	形象没有受损

表 2-3　　　　　　　　安全风险等级判定准则（R）及控制措施

风险值	风险等级	应采取的行动/控制措施	实施期限
20~25	A/1 级　极其危险	在采取措施降低危害前，不能继续作业，对改进措施进行评估	立刻
15~16	B/2 级　高度危险	采取紧急措施降低风险，建立运行控制程序、定期检查、测量及评估	立即或近期整改
9~12	C/3 级　显著危险	可考虑建立目标、建立健全安全操作规程，加强培训及沟通	2 年内治理

续表

风险值	风险等级	应采取的行动/控制措施	实施期限
4~8	D/4级 轻度危险	可考虑建立操作规程、作业指导书，但需定期检查	有条件、有经费时治理
1~3	E/5级 稍有危险	无须采用控制措施	需保存记录

风险矩阵如图 2-2 所示。

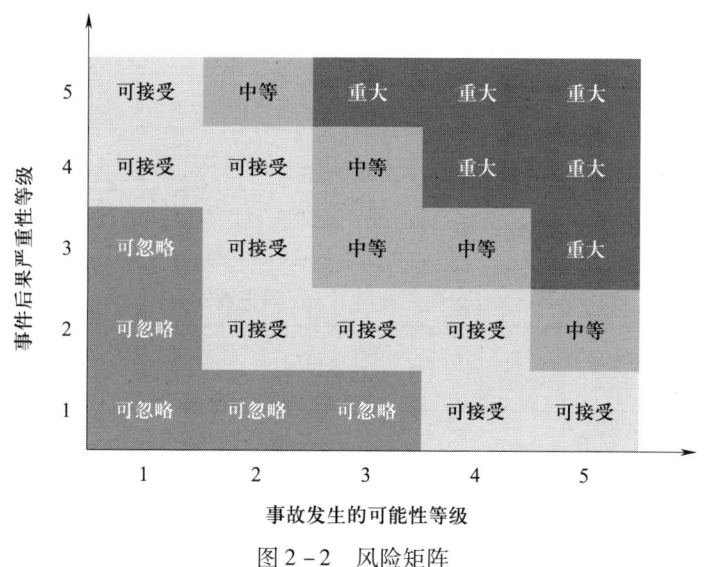

图 2-2 风险矩阵

（5）风险控制措施的制定。根据以下条件，选择适用的风险控制措施：可行性、可靠性；先进性、安全性；经济合理性；技术保证和服务。

1）管理类措施

①补充、修订现有操作规程和管理制度。

②编制重大隐患应急预案。

③定期对制度实施情况进行监测、检验、检查。

④定期组织安全管理人员培训、教育、学习。

⑤制定制度，检验教育培训成果。

2）工程技术类措施

①进行技术改造、隐患治理。

②对设备设施和劳动防护用品更换、新增、购置。

③对设备维护检修。

④进行科研攻关。

3）个体防护。劳动防护用品包括防护服、耳塞、听力防护罩、防护眼镜、防护手套、绝缘鞋、呼吸器等。

①当工程控制措施不能消除或减弱危险有害因素时，均应采取防护措施。

②当处置异常或情况紧急时，应考虑佩戴劳动防护用品。

③当状况发生变化，但风险控制措施还没有及时到位时，应考虑佩戴劳动防护用品。

4）应急处置措施

①紧急情况分析，应急预案、现场处置方案的制定，应急物资的准备。

②通过应急演练、培训等措施，确认和提高相关人员的应急能力，以防止和减少不安全后果。

(6) 风险分级管控。风险分级管控的基本原则是将安全风险等级从高到低划分为4级，并按各自等级情况处理。

1）A级。重大风险/红色风险，评估结果属不可容许的危险，必须建立管控档案，应由企业重点负责管控、必须立即整改，不能继续作业，只有当风险等级降低时，才能开始或继续作业。

2）B级。较大风险/橙色风险，评估结果属高度危险，必须建立管控档案、制定措施进行控制，应由本单位安全主管部门和各职能部门根据职责分工负责管控。

3）C级。一般风险/黄色风险，评估结果属高度危险。应由所在车间负责管控，单位安全管理部门负责监督落实。

4）D级。低风险/蓝色风险，评估结果属轻度危险和可容许的危险，应由所在的班组负责管控，车间负责监督落实。

单位的风险分级管控工作领导小组，负责本单位风险分级管控工作，并将本单位风险分级情况和管控措施汇总整理形成"企业安全生产风险辨识分级表"，及时向员工进行交底并严格执行风险管控措施。在重点部位、环节张贴"岗位风险提示卡"和"风险告知牌"，完成风险公示和标注，使每个进入该区域的人员对该区域存在的风险清晰掌握。

（7）风险辨识、分级和管控的反馈和评审。双重预防机制建设领导小组定期对本单位的风险因素控制和管理方案的实施情况进行督导，督导内容包括风险辨识、风险评价和风险控制的策划方法、要求是否适宜；风险辨识、风险评价和风险控制过程实施的有效性；对方法的适宜性和过程实施的有效性，辨识改进的需求；过程实施效果需完善时，相应的风险辨识、风险评价和风险控制的结果应记录到相关的记录表中，对原记录进行更新。单位应根据上级单位、本单位制定的目标及管理方案、运行控制程序、教育培训计划、应急预案与响应程序及控制等的要求，组织实施风险管控措施；定期检查风险的管控工作是否有效、到位，每月向双重预防机制建设领导小组反馈风险管控情况。

（三）隐患排查治理

《安全生产法》规定，生产经营单位应当建立健全并落实生产安全事故隐患排查治理制度，采取技术、管理措施，及时发现并消除事故隐患。因此，各生产经营单位应以科学发展观为指导，坚持"安全第一、预防为主、综合治理"的安全生产方针，按照"全覆盖、零容忍、严执法、重实效"的总体要求，强化安全检查，狠抓隐患整改治理，建立"单位级、车间级、班组级、岗位级"四级安全检查和隐患排查治理体系，构建安全生产检查和隐患排查治理长效机制。

1. 四级隐患排查治理体系

（1）单位成立安全事故隐患排查督导小组，由分管负责人、相关部门、专业技术人员组成，负责本单位的每周综合检查、季节性检查、节假日检查、专项检查等。

（2）各部门要严格按照安全检查和隐患排查治理制度，成立组织，参照"一法三卡"（事故隐患和职业危害监控法、安全检查提示卡、有毒有害化学物质信息卡、危险源点警示卡）工作制度的要求，结合实际每周开展一次自查自纠工作，及时发现安全管理缺陷和漏洞，消除安全隐患，并将检查情况记录在案。

（3）班组应结合工作实际，做好日常巡检，消除潜在的安全隐患，及时落实整改，确保每周至少汇总一次，并将检查情况记录在案。

(4) 各岗位应按照"一岗双责"（对所在岗位的业务负责、对党风廉政建设负责）的要求，结合岗位实际，做好上岗前、在岗期间、离岗时的安全检查，发现隐患及时汇报和处理，保留检查记录。

2. 工作内容和要求

（1）各岗位、班组实行日检，具体检查内容如下：

1）现场操作过程中的安全隐患。

2）设备设施存在的安全隐患。

3）作业环境涉及的安全隐患。

4）与岗位相关的其他安全隐患。

（2）各部门实行周检，具体检查内容如下：

1）办公场所及区域存在的安全隐患。

2）设备设施运行过程中存在的安全隐患。

3）操作过程中存在的安全隐患。

4）劳动防护用品发放及使用中存在的安全隐患。

5）制度措施执行过程中存在的安全隐患。

6）法律法规、标准要求检查的内容。

（3）单位进行每周综合检查，具体检查内容如下：

1）各岗位、班组隐患排查过程记录。

2）单位主要负责人、安全管理人员、特种作业人员是否按规定持证上岗。

3）从业人员是否按规定参加安全教育培训。

4）警示标志、操作规程、危险告知及防范措施是否按规定悬挂和张贴。

5）各项安全管理制度、办法执行落实情况。

6）工作场所及区域的场地安全情况。

7）劳动防护用品配备及使用情况。

8）其他法律法规要求检查的内容。

3. 隐患治理

四级安全检查和隐患排查治理必须做好书面记录和台账管理，对查出的安全隐患，按照"三定三不推"的原则进行处理。"三定"是指定整改措施、定完成时间、定整改责任人。"三不推"是指在隐患整改中要做到"三不推",就单位而言,三不推是指班组能整改的不推部门、部门能整改的不推公司、今天能整改的不推到明天;就班组而言,三不推是指当班能整改的不推给下一班,今天能整改的不推到明天,本班能整改的不推给部门。

对上级检查指出或自查发现的一般安全隐患,能当场整改的必须立即整改;不能立即整改的,严格制定整改措施和方案,并组织整改到位。

(1) 安全检查时发现的重大安全隐患,应及时报告单位领导及相关部门,报告主要内容如下:

1) 事故隐患的现状及其产生原因。

2) 事故隐患的危害程度和整改难易程度分析。

3) 事故隐患的治理方案。

(2) 对检查过程中发现的重大安全隐患,应制定事故隐患整改的措施和应急方案。隐患治理方案包括以下内容:

1) 治理的目标和任务。

2) 采取的方法和措施。

3) 经费和物资的落实。

4) 负责治理的机构和人员。

5) 治理的时限和要求。

6) 安全措施和应急预案。

4. 报送要求

单位每月对安全检查和隐患排查治理情况进行汇总,填写"安全检查和隐患排查治理月度汇总表"并报上级安全管理部门。

四、双重预防机制常态化

构建双重预防机制是强化企业安全生产主体责任落实的有效措施和重要手段,双重预防机制建设,以安全风险辨识和分级管控为基础,以隐患排查治理为手段,从源头识别风险、控制风险,并通过隐患排查,及时查找出风险控制过程可能出现的缺失、漏洞及风险管控失效环节,把隐患消灭在萌芽状态,这有利于生产经营单位加强对安全风险分级分类管控,逐步实现由过去的被动防事故向主动防隐患转变，实现关口前移、预防为主，有效减少事故发生。

风险分级管控体系是隐患排查治理体系的"基础"。根据风险分级管控体系的要求，企业组织实施风险点识别、危险源辨识、风险评价、典型措施制定和风险分级，确定风险点、危险源为隐患排查的对象，即"排查点"。通过隐患排查，会发现新的风险点、危险源，可对风险点和危险源信息进行补充和完善。把安全风险管控挺在隐患前面，把隐患排查治理挺在事故前面，扎实构建事故应急救援最后一道防线。

安全风险分级管控控制的是潜在的各种风险，隐患排查治理的是现实的缺陷，企业安全风险分级管控体系和隐患排查治理体系不是两个平行的体系，更不是互相割裂的"两张皮"，两者着力点不同、目标一致，侧重点不同、方向一致，双重预防机制相互关联、相互支撑、相互促进。在构建双重预防机制过程中，要特别注意将风险分级管控体系和隐患排查治理体系有机融合，通过强化安全风险辨识和风险分级管控，从源头上避免和消除事故隐患，进而降低事故发生的可能性，通过隐患排查，针对反复多次出现的同类型隐患，分析其规律特点，相应查找风险辨识的遗漏与缺失，查找风险管控措施的薄弱环节，进而完善风险分级管控制度，强化重大隐患的治理，切实落实治理主体和责任，防范重大隐患演变为重大事故。

企业应采取多种手段，切实保障双重预防机制的常态化运行。

（一）信息化平台

企业应建设线上线下融合的双重预防信息化平台，包含管理端和移动端。管理端具备动态监控风险管控措施落实、隐患排查任务推送、隐患排查治理情况跟踪监督、机制运行效果评估、异常状态自动预警及考核奖惩等功能；移动端具备隐患排查任务和预警信息接收、现场隐患排查情况实时上报、隐患治理全程跟踪等功能。

企业通过信息化平台管理端进行隐患任务分配，明确具体岗位责任人、排查周期等，岗位责任人通过移动端接收隐患排查任务，并按照要求进行隐患排查，通过现场扫描二维码、随手拍或者人员定位等方式，现场上报发现的隐患并完成隐患治理的全流程管理。管理端接收移动端隐患排查任务完成情况、隐患整改闭环情况，进行跟踪监督、统计分析和积分考核，对异常状态进行自动预警并将预警信息发送到移动端。

企业应根据双重预防机制数据交换规范要求，确定双重预防信息化平台建设部署方式。已经建立信息化系统的企业，可对现有系统进行升级改造，实现数据标准统一；尚未建设信息化系统的企业，可自建或部署功能成熟的双重预防信息平台，最终实现与双重预防信息平台政府端数据互联互通。

（二）激励约束机制

企业应建立健全内部激励约束机制和绩效考核制度。将岗位双重预防绩效与员工工资薪酬（奖金）挂钩，明确积分制度、考核标准、频次、方式方法等。

企业应落实激励约束制度，定期兑现，建立奖惩记录台账，常态长效，不断调动和提高全员参与双重预防机制建设的积极性、主动性和创造性。

（三）持续改进提升

持续改进提升主要包括动态评估、更新完善、持续运行3部分。

1. 动态评估

企业应至少每年一次对双重预防机制运行效果进行评估，重点评估风险管控措施适宜性、隐患排查任务可操作性等内容，以确保其持续发展的适宜性、充分性和有效性。

当发生下列情形时，应及时开展评估：

（1）法律、法规、标准或其他要求进行了修订。

（2）操作条件或工艺发生变化。

（3）技术项目进行了改造。

（4）对事件、事故或其他信息有新的认识。

（5）组织机构发生大的调整。

2. 更新完善

根据评估结果，应剖析制度漏洞和管理缺陷，更新风险清单，补充完善风险控制措施，重新布置隐患排查任务，修订管理制度。同时应主动判断各岗位人员风险辨识和隐患排查治理的相关培训需求，并纳入企业培训计划，组织相关培训。企业应不断增强从业人员的安全意识和能力，使其熟悉、掌握风险辨识和隐患排查的方法，消除各类隐患，有效控制岗位风险，减少和杜绝生产安全事故发生，保障安全生产。

3. 持续运行

企业应对双重预防机制运行过程中发现的问题及时纠正，持续改进，并通过内部激励约束机制和绩效考核制度，调动和提高全员参与双重预防机制的积极主动性，不断提升安全管理绩效。

第四节　安全生产标准化建设及运行要求

一、安全生产标准化建设的必要性

企业安全生产标准化（以下简称标准化）是一套既与国际职业安全健康体系接轨，又具有中国特色的安全生产管理体系。推进标准化建设，是落实习近平总书记关于企业落实安全生产主体责任必须做到"安全投入到位、安全培训到位、基础管理到位、应急救援到位"的具体举措，是《安全生产法》和《中共中央　国务院关于推进安全生产领域改革发展的意见》的明确要求。

生产经营单位必须遵守《安全生产法》和其他有关安全生产的法律、法规，加强安全生产管理，建立健全全员安全生产责任制和安全生产规章制度，加大对安全生产资金、物资、技术、人员的投入保障力度，改善安全生产条件，加强安全生产标准化、信息化建设，构建安全风险分级管控和隐患排查治理双重预防机制，健全风险防范化解机制，提高安全生产水平，确保安全生产。生产经营单位的主要负责人应当建立健全并落实本单位全员安全生产责任制，加强安全生产标准化建设。

二、安全生产标准化的相关概念

（一）机械制造企业

机械制造企业是指依法设立，生产、经营、修理设备设施和零部件的企业，主要包括金属制品、通用设备制造、专用设备制造、汽车制造、铁路、船舶、航空航天和其他运输设备制造、电气机械和器材制造、计算机、通信和其他电子设备制造、仪器仪表制造、金属制品、机械和设备修理等企业。

（二）安全生产标准化

安全生产标准化是指建立安全生产责任制，制定安全生产管理制度和安全操作规程，排查治理隐患和监控重大危险源，建立预防机制，规范生产行为，使各生产环节符合有关安全生产法律法规和标准规范的要求，人、机、物、环处于良好的生产状态，并持续改进，不断加强企业安全生产规范化建设。

三、机械制造企业安全生产标准化的基本要求

机械制造企业安全生产标准化的基本要求主要包括基础管理、基础设施安全条件、作业环境与职业健康、绩效评审4个方面。其中，基础管理主要包括目标管理、危险源管理、安全生产责任制、安全生产规章制度、安全操作规程、机构与人员、职业安全健康培训、建设项目的安全和职业健康"三同时"管理、相关方安全管理、班组安全管理、劳动防护用品管理、应急管理、安全检查、事故管理等内容。

基础设施安全条件主要包括金属切削机床、冲剪压机械、起重机械、电梯、厂内机动车辆（含工程机械）、木工机械、注塑机、工业机器人、装配线、风动工具、砂轮机、射线探伤设备、自有专用机械设备、锻造机械、铸造机械、铸造熔炼炉、工业炉窑、酸碱油槽及电镀槽、职业病防护设施和环保设施、中央空调系统、炊事机械、输送机械、工业梯台、移动平台、锅炉与辅机、压力容器、工业气瓶、空压机（站、水冷却系统）、工业管道、油库及加油站、制气转供站、涂装作业、危险化学品库、变配电系统、固定电气线路、临时低压电气线路、动力（照明）配电箱（柜、板）、电网接地系统、雷电防护系统、电焊设备、手持电动工具、移动电气设备、电气试验站（台、室）等硬件方面的条件。

作业环境与职业健康主要包括厂区环境、工业建筑物、车间环境、仓库、作业场所职业性有害因素的管理和监测、职业健康监护、群众监督和告知、职业病

管理等内容。

绩效评审是指企业成立自评机构,按照评定标准的要求进行自评,形成自评报告。

四、安全生产标准化建设程序

企业安全生产标准化建设程序包括策划准备及制定目标、教育培训、现状梳理、管理文件编制和修订、实施运行及整改、企业自评、评审申请、外部评审等8个阶段。

(一)策划准备及制定目标

企业需成立安全生产标准化建设小组,并明确目标,全面保障安全生产标准化的建设落实。

(二)教育培训

安全生产标准化建设需要全员参与,教育培训要解决的就是领导层的认识以及执行层的理解。

(三)现状梳理

对企业安全生产管理情况、现场设备设施状况进行全面摸底,并根据企业自身情况及时调整目标,开展建设。

(四)管理文件编制和修订

结合现状摸底所发现的问题,准确判断管理文件亟待加强和改进的薄弱环节,并提出有关文件的编制和修订计划。

(五)实施运行及整改

企业要在日常工作中依据制定的管理文件进行实际运行,并根据运行情况及时进行整改及完善。

(六)企业自评

经过一段时间的运行,应依据评定标准,开展自评工作。并结合发现的问题进行整改,着手准备评审申请材料。

(七)评审申请

企业通过"安全生产标准化达标信息管理系统"完成评审申请工作,并与应急管理部门或评审组织单位联系。

（八）外部评审

接受外部评审单位的评审，针对问题，制订整改计划，及时进行整改，并配合评审单位上报有关评审材料。

第五节　危险源辨识及风险管控要求

一、机械制造企业危险源辨识

（一）危险源的定义

危险源是指可能导致伤害或疾病、财产损失或环境破坏的根源、状态或行为，或其组合。进一步描述，危险源是指一个系统中具有潜在能量和释放危险的，可造成人员伤害、财产损失或环境破坏的，在一定的触发因素作用下可转化为事故的部位、区域、场所、空间、设备及其位置、岗位、行为。

危险源的实质是具有潜在危险的源点或部位，是爆发事故的源头。危险源存在于确定的系统中，对不同的系统范围，危险源的区域也不同。危险源的形式与种类是多样性的，从地域来说，可以是某国家、地区及某个地点；对于行业来说，可以是某高危行业、某个单位（例如，某化工厂释放出有害气体）；对于单位来说，可以是某个岗位、某台设备甚至其中某个部件，或是人的不安全行为等管理缺陷。

（二）危险源的分类

危险源有多种分类方法，如果按照其在事故发生、发展过程中所起的作用，可以划分成以下两种类别：

1. 第一类危险源

根据能量意外释放理论，能量或危险物质的意外释放是事故发生的物理、生物或化学本质。这里把生产过程中存在的，可能发生意外释放的能量（能源或能量载体）或危险物质称为第一类危险源。

《危险货物品名表》（GB 12268—2012）根据危险货物的危险性将其分为9大类：①爆炸品；②气体；③易燃液体；④易燃固体、易于自燃的物质、遇水放出易燃气体的物质；⑤氧化剂和有机过氧化物；⑥毒性物质和感染性物质；⑦放射性物质；⑧腐蚀性物质；⑨杂项危险物质和物品，包括危害环境物质。

工业生产过程中可能涉及的第一类危险源有：①化学品类：毒害性、易燃易爆性、腐蚀性等危险物品；②辐射类：放射源、射线装置、电磁辐射装置等；③生物类：动物、植物、微生物（传染病病原体类等）等危害个体或群体生存的生物因子；④特种设备类：电梯、起重机械、锅炉、压力容器（含气瓶）、压力管道、客运索道、大型游乐设施、场（厂）内专用机动车辆；⑤电气类：高电压或高电流、高速运动、高温作业、高处作业等非常态、静态、稳态的装置或作业；⑥土木工程类：建筑工程、水利工程、矿山工程、铁路工程、公路工程等；⑦交通运输类：汽车、火车、飞机、轮船等。

为了防止第一类危险源导致事故，必须采取措施约束、限制能量或危险物质，控制危险源。

2. 第二类危险源

正常情况下，生产过程中的能量或危险物质受到约束或限制时不会发生意外释放，即不会发生事故。但是，一旦这些约束、限制能量或危险物质的措施受到破坏或失效（故障），则将发生事故。导致能量或危险物质的约束或限制措施破坏或失效的各种因素称为第二类危险源。

第二类危险源主要包括以下3种：人的失误（包括管理失误）、物的故障和环境因素。

（1）人的失误。人的失误是指人的行为结果偏离了被要求的标准，即没有完成规定功能的现象。人的不安全行为也属于人的失误。人的失误会造成能量或危险物质控制系统的故障，使屏蔽破坏或失效，从而导致事故发生。

《企业职工伤亡事故分类》(GB 6441—1986)中将人的不安全行为归纳为操作失误、忽视安全、忽视警告、造成安全装置失效、使用不安全设备、手代替工具操作、物体(指成品、半成品、材料、工具等)存放不当、贸然进入危险场所、攀、坐不安全位置、在起吊物下作业和停留、机器运转时加油、修理、检查、调整、焊接、清扫等工作、有分散注意力行为、在必须使用劳动防护用品的作业场所中忽视其使用、不安全着装、对易燃易爆危险品处理错误13大类48项。

(2) 物的故障。物的故障是指机械设备、装置、元部件等由于性能低下而不能实现预定功能的现象。从安全功能的角度看,物的不安全状态也是物的故障。物的故障可能是固有的,由设计、制造缺陷造成的;也可能是由维修、使用不当,或磨损、腐蚀、老化等原因造成的。《企业职工伤亡事故分类》(GB 6441—1986)将物的不安全状态归纳为防护、保险、信号等装置缺乏或有缺陷,设备、设施、工具、附件有缺陷,劳动防护用品缺少或有缺陷,以及生产场地不良4大类61项。

(3) 环境因素。人和物存在的环境,即生产作业环境中的温度、湿度、噪声、振动、照明或通风换气等方面的问题,会造成人的失误或物的故障发生。

事故的发生往往是两类危险源共同作用的结果。第一类危险源是伤亡事故发生的能量主体,决定事故后果的严重程度,是事故发生的内因。第二类危险源是第一类危险源造成事故的必要条件,决定事故发生的可能性,是事故发生的外因,两类危险源相互关联、相互依存。

(三) 危险源辨识

《职业健康安全管理体系 要求及使用指南》(GB/T 45001—2020)指出全面识别危险源、进行风险评价成为职业健康安全管理体系建立与保持的基础,并提出组织应建立、实施和保持用于持续和主动的危险源辨识的过程。

机械制造行业类别众多,设备品种繁杂,工种以及涉及的加工技术与机械力、热力、电力、光、化学、粉尘、有毒成分等众多因素相联系,这些因素危及作业人员或有关人员的安全和健康,主要有以下危险源:

1. 金属切削机床（车、铣、磨、刨、镗等）

（1）直线或旋转运动的危险。机械的往复或旋转运动或接近对人体造成伤害，如刨床、内外圆磨床的往复运动、铣床的升降运动等；机械的旋转部件将人体或衣服卷入造成伤害，如机床的主轴、卡盘、丝杆，磨削的砂轮，切削刀具、钻头、铣刀锯片等在运转时伤人。

（2）静止危险。人接触或与静止的设备产生相对运动，如被设备的尖锐部位或部件划伤、撞伤。

（3）飞出物击伤。包括刀具或机械部件，如未夹紧的刀具、工件、破碎的砂轮在高速旋转中飞出伤人；飞出的金属切屑，如飞出的切屑对人体造成伤害。

（4）机械加工中的烫伤。如高温物质对人体的烫伤。

（5）切屑对眼睛的伤害。如切屑高速飞入眼中造成伤害。

（6）机械加工中的电气伤害。

2. 钣金机械（冲、剪、压设备）

（1）冲、剪、压设备由于设备老化等原因造成运转失灵。

（2）冲、剪、压设备未配置安全防护装置或安全防护装置设计不合理。

（3）冲压设备对作业人员的伤害。冲压设备开合时，作业人员人体一部分进入模具之间，会造成伤害。

（4）冲压工件时产生的毛刺对操作者的伤害，如划伤作业人员。

（5）剪板机及其他设备的传动带、飞轮等运动部件将人体或衣服卷入，造成伤害。

（6）剪板机脚踏开关误操作。剪板机一般由两个人同时操作，脚踏开关易误操作对人体造成伤害。

（7）冲压，特别是高速冲压时产生的高分贝噪声对人体听力的伤害。

（8）冲、剪、压设备的电气伤害。

3. 铸造（造型、熔炼、落砂清理）

（1）造型中起重、运输的起重伤害、机械伤害。

（2）铸造设备对人体的伤害，包括撞伤、旋转部件将人体卷入（如混砂设备隔离罩电气联锁装置失灵或设计不合理）。

（3）铸造过程中的电气伤害。

（4）造型中粉尘伤害造成的尘肺病。

（5）造型中的噪声伤害。

（6）熔炼过程现场的金属、焦炭及其他辅助材料的运输、起重、堆放、破碎加工中造成的事故伤害。

（7）铸造熔炼过程中的有毒有害气体，如一氧化碳、二氧化碳、二氧化氮、二氧化硫及其他有毒有害气体和高温水蒸气等对人体的伤害。

（8）铸造熔炼过程中熔炉高温对炉前工的烫伤、热辐射造成的人体伤害。

（9）铸造熔炼过程中高温对浇铸工的烫伤、热辐射造成的人体伤害。

（10）落砂清理过程中的噪声对人体听力的伤害。

（11）落砂清理过程中的粉尘造成的尘肺病。

（12）落砂清理过程中，飞砂对人眼、皮肤的伤害等。

4. 锻造

（1）锻造设备的机械运动，如空气锤、模锻锤压力机、起重设备等对人体造成的伤害。

（2）锻造过程中锻件、料头、氧化皮等飞物打击、灼烫对人体造成的伤害。

（3）锻造过程中噪声对人体听力的伤害。

（4）锻造过程中锻炉、高温锻件等高温辐射热造成的灼伤、烫伤、高温导致中暑等危害。

（5）锻造过程中设备事故造成的伤害，如锤杆断裂、锤头下滑等。

（6）锻造过程中更换胎膜造成的烫伤、机械损伤。

5. 热处理

（1）热处理过程中工件加热产生的高温对人体造成的烫伤、灼伤、高温致病等危害。

（2）热处理过程中的工件搬运、起重过程中的机械伤害，高温工件对人体造成的烫伤、灼伤、高温导致中暑等危害。

（3）热处理过程中使用的强酸、强碱及其他危险化学品对人体的伤害和造成的职业病。

（4）热处理过程中加热、起重及其他设备用电时的电气伤害。

6. 焊接

（1）电焊操作中的电击伤害。

（2）电焊操作过程中的电弧对人体皮肤及眼睛的伤害。

（3）电焊过程中工件移动时的机械伤害。

（4）焊接过程中的高处坠落。

（5）气焊中的气瓶爆炸。

（6）气焊、气割的强光、火花对人体皮肤、眼睛的伤害。

（7）焊接引发火灾造成的人身伤害。

7. 电工

（1）高压电、非特低电压造成的触电事故。

（2）电工登高作业中的高处坠落造成的人身事故。

（3）跨步电压触电造成的人身事故。

（4）违反操作规程造成的触电事故。

（5）用电设备老化、损坏或接地不良等造成的触电事故。

（6）行灯、手持电动工具未使用特低电压造成的触电事故。

二、机械制造企业风险管控要求

（一）机械伤害

机械伤害主要包括划伤、撞伤、飞物击伤、高处坠落、旋转部件伤人等，主要的控制措施有以下几方面：

1. 穿戴劳动防护用品，如防护服、防护鞋、安全帽等。

2. 制定详尽的安全操作规程，操作时要求严格执行。

3. 高处作业时，在操作平台安装护栏，配置往复、旋转机械附近的隔离护栏。

4. 部分人身或肢体可能进入的设备，如冲床、剪板机、冲压机、混砂机等配备机电联锁安全装置，有时还须配置两道或多道机电联锁安全装置，以防止失灵。

（二）电气伤害

1. 制定严格的安全操作规程，操作时必须严格执行；非专业电工不得进行电工作业。

2. 电工作业应配置个体防护装备，包括绝缘手套、电绝缘鞋；工具应有必要的绝缘要求；登高作业要有登高防护装置。

3. 在作业场所采用特低电压，特别是使用行灯、手持电动工具时。

4. 电气线路中配置漏电保护器。

5. 电气设备应接地，防止漏电、静电和雷击。

6. 电气线路应设置短路保护、过载保护。

7. 定期检查电气线路，防止因线路老化发生事故。

8. 电气线路检修时不许带电作业，必须带电作业时，应经主管电气的工程技术人员批准，并采取可靠的安全措施，作业人员和监护人员应为经过特种作业人员培训并经考核通过的人员，持证上岗。

（三）高温、烫伤

1. 铸造的炉前工、浇铸工，热处理的炉前工，电焊工、气焊工、锻工等高温作业的工种，应配置必要的防护用具，发放防暑降温用品。

2. 建立必要的防护隔离。

3. 作业现场严格遵守安全操作规程，防止发生事故。

4. 熔炉、浇铸设备、热处理设备、煅烧炉、电焊机、气焊设备等要定期检查修理，防止因设备故障造成的事故。

（四）火灾

1. 机械加工现场不得有油料、棉纱等易燃物，防止易燃物被切屑的高温引燃。

2. 电焊、电切割现场周边不得有易燃物。

3. 气焊时，气瓶必须距离作业地点 10 m 以上，以防接触火花、热渣，否则必须设置耐火屏障。

4. 车间作业现场应配置灭火器、消火栓、黄沙等消防设施，并应配置自动报警装置。

5. 应制定火灾应急预案并定期演练。

（五）危险化学品

1. 机械制造行业生产过程中经常使用危险化学品，危险化学品必须储存在专用仓库、专用场地或专用的储存室，并有专人管理，出入库必须核查登记，并定期检查库存。

2. 危险化学品库应当符合国家标准对应急管理的要求，并设置安全标志，定期检查储存设备和安全装置。

3. 在储存或使用危险化学品的场所要张贴化学品安全技术说明书，标明规定的信息。

第六节 特种作业及特种设备管理

一、特种作业管理

《安全生产法》第三十条规定，生产经营单位的特种作业人员必须按照国家有关规定经专门的安全作业培训，取得相应资格，方可上岗作业。根据《工贸企业重大事故隐患判定标准》（应急管理部 10 号令）第三条的规定，"特种作业人员未按照规定经专门的安全作业培训并取得相应资格，上岗作业的"应当判定为重大事故隐患；第十三条规定，存在硫化氢、一氧化碳等中毒风险的有限空间作业的工贸企业有下列情形之一的，应当判定为重大事故隐患：（一）未对有限空间进行辨识、建立安全管理台账，并且未设置明显的安全警示标志的；（二）未落实有限空间作业审批，或者未执行"先通风、再检测、后作业"要求，或者作业现场未设置监护人员的。

根据《特种作业人员安全技术培训考核管理规定》的附件《特种作业范围》和《关于做好特种作业（电工）整合工作有关事项的通知》（安监总人事〔2018〕18号），特种作业包括11个种类：电工作业、焊接与热切割作业、高处作业、制冷与空调作业、煤矿安全作业、金属非金属矿山安全作业、石油天然气安全作业、冶金（有色）生产安全作业、危险化学品安全作业、烟花爆竹安全作业、应急管理部认定的其他作业。

应急管理部发布的《工贸企业有限空间作业安全管理与监督暂行规定》（应急管理部59号令），对工贸企业有限空间作业活动进行了规范管理。

《危险化学品企业特殊作业安全规范》（GB 30871—2022）规定了危险化学品生产单位生产过程中动火、进入受限空间、盲板抽堵、高处作业、吊装、临时用电、动土和断路等特殊作业的安全要求。

（一）危险作业审批与实施流程

1. 危险作业审批

实施危险作业前，企业要结合危险作业种类、作业环境、作业人数以及可能造成的事故类型、事故后果等因素进行综合研判，依法制定作业方案和应急措施，办理危险作业审批手续，向作业人员进行安全技术交底，制定作业现场应急预案。

2. 危险作业的实施

作业前，作业单位应依照作业内容和可能发生的事故，有针对性地对全体危险作业人员进行安全教育培训，落实安全措施。

危险作业使用的设备、设施必须符合国家标准和规定，危险作业所使用的工具、原材料和劳动防护用品必须符合国家标准。

危险作业现场必须符合安全生产现场管理要求。作业现场应整洁，道路畅通，应有明显的警示标志。

危险作业实施单位负责人应指定一名工作认真、责任心强，有安全意识和丰富实践经验者作为安全负责人，负责现场的安全监督检查。危险作业单位和作业负责人应对现场监督检查。

作业人员有权拒绝违章指挥。作业人员违章作业时安全员或安全负责人有权停止其作业。

危险作业完成后，应对现场进行整理。

（二）危险作业管理

1. 动火作业安全管理

（1）动火作业的概念。动火作业是指直接或间接产生明火的工艺设备以外的禁火区内可能产生火焰、火花或炽热表面的非常规作业，如使用电焊、气焊（割）、喷灯、电钻、砂轮、喷砂机等进行的作业。

（2）动火作业的安全要求

1）在禁火区内动火必须办理动火许可证，并执行动火安全管理制度。

2）动火许可证的审批

在固定的动火区外动火，作业人员应当严格执行作业审批程序。

固定动火区外的动火作业分为特级动火、一级动火和二级动火3个级别；遇节假日、公休日、夜间或其他特殊情况，动火作业应升级管理。

3）检测人员在动火前半小时内做好检测，并对检测数据的准确性负责。气体分析的检测点要有代表性，在较大设备内动火，应对上、中、下（左、中、右）各部位进行检测分析；在管道、储罐、塔器等设备外壁上动火，应在动火点10 m范围内进行气体分析，同时还应检测设备内气体含量；在设备及管道外环境动火，应在动火点10 m范围内进行气体分析；动火检测与动火作业间隔时间一般不超过30 min。作业中断时间超过30 min，应重新检测。

4）动火检测标准

①当被测气体或蒸气的爆炸下限大于或等于4%时，其被测浓度应不大于0.5%（体积分数）。

②当被测气体或蒸气的爆炸下限小于4%时，其被测浓度应不大于0.2%

（体积分数）。

5）动火人员在接到经审批的动火许可证后，才能按动火许可证上标明的时间、地点进行动火作业；未经审批的动火许可证或动火手续不符合安全要求，作业人员有权拒绝进行动火作业。

6）气焊（割）作业中，乙炔瓶应直立放置，氧气瓶与其之间距离不小于 5 m，氧气瓶、乙炔瓶和动火地点之间的距离应保持在 10 m 以上，氧气瓶禁止接触油类、高温，防止太阳暴晒。乙炔瓶不得放置于架空电线、电缆下面，应放在开阔的地点。

7）动火过程中如附近发生大量可燃气体泄漏等意外情况，应立即停止作业，以免引发火灾爆炸事故。

8）五级风及以上天气，禁止露天动火作业。如因生产需要确需动火，动火作业要升级管理。

9）动火作业除须执行动火管理制度外，还应执行单位有关安全生产管理制度。

10）作业完成后，应清理现场，确认无残留火种后方可离开。

2. 有限空间作业安全管理

（1）有限空间的定义及特点。根据应急管理部发布的《有限空间作业安全指导手册》，有限空间是指封闭或部分封闭、进出口受限但人员可以进入，未被设计为固定工作场所，通风不良，易造成有毒有害、易燃易爆物质积聚或氧含量不足的空间。有限空间一般具备以下特点：

1）空间有限，与外界相对隔离。有限空间是一个有形的，与外界相对隔离的空间。有限空间既可以是全部封闭的，如各种检查井、反应釜，也可以是部分封闭的，如敞口的污水池等。

2）进出口受限或进出不便，但人员能够进入开展有关工作。有限空间限于本身的体积、形状和构造，进出口一般与常规的人员进出通道不同，大多较为狭小，如直径 80 cm 的井口或直径 60 cm 的人孔；或进出口的设置不便于人员进出，如各种敞口池。虽然进出口受限或进出不便，但人员可以进入其中开展工作。如果开口尺寸或空间体积不足以让人进入，则不属于有限空间，如仅设有观察孔的储罐、安装在墙上的配电箱等。

3）未按固定工作场所设计，人员只是在必要时进入有限空间进行临时性工作。有限空间在设计上未按照固定工作场所的相应标准和规范，考虑采光、照明、通风和新风量等要求，建成后内部的气体环境不能确保符合安全要求，人员只是在必要时进入进行临时性工作。

4）通风不良，易造成有毒有害、易燃易爆物质积聚或氧含量不足。有限空间因封闭或部分封闭、进出口受限且未按固定工作场所设计，内部通风不良，容易造成有毒有害、易燃易爆物质积聚或氧含量不足，产生中毒、燃爆和缺氧风险。

（2）有限空间的分类。有限空间分为地下有限空间、地上有限空间和密闭设备3类。

1）地下有限空间，如地下室、地下仓库、地下工程、地下管沟、暗沟、隧道、涵洞、地坑、深基坑、废井、地窖、检查井室、沼气池、化粪池、污水处理池等。

2）地上有限空间，如酒糟池、发酵池、腌渍池、纸浆池、粮仓、料仓等。

3）密闭设备，如船舱、储（槽）罐、车载槽罐、反应塔（釜）、窑炉、炉膛、烟道、管道及锅炉等。

《工贸企业有限空间作业安全管理与监督暂行规定》第五条规定，存在有限空间作业的工贸企业应当建立下列安全生产制度和规程：（一）有限空间作业安全责任制度；（二）有限空间作业审批制度；（三）有限空间作业现场安全管理制度；（四）有限空间作业现场负责人、监护人员、作业人员、应急救援人员安全培训教育制度；（五）有限空间作业应急管理制度；（六）有限空间作业安全操作规程。第七条规定，工贸企业应当对本企业的有限空间进行辨识，确定有限空间的数量、位置以及危险有害因素等基本情况，建立有限空间管理台账，并及时更新。

（3）有限空间作业安全操作规程

1）按照先通风、再检测、后作业的原则，凡要进入有限空间危险作业场所作业，必须根据实际情况事先测定其氧气、有害气体、可燃性气体、粉尘的浓度，符合安全要求后，方可进入。在未准确测定氧气浓度、有害气体、可燃性气体、粉尘的浓度前，严禁进入该作业场所。

2）确保有限空间作业现场的空气质量。氧气体积分数应在19.5%~21%，在富氧环境下不应大于23.5%。其有害气体、可燃气体、粉尘容许浓度必须符合国家标准的要求。

3）作业过程中，应采取适当的方式对有限空间作业面进行实时监测。除实时监测外，作业过程中还应持续进行通风。当在有限空间内进行涂装作业、防水作业、防腐作业以及焊接等动火作业时，应持续进行机械通风。

4）作业时所用的一切电气设备，必须符合有关用电安全技术操作规程。照明应使用安全矿灯或36 V以下的安全灯，使用超过特低电压的手持电动工具，必须按规定配备漏电保护器。

5）发现可能存在有毒有害气体、可燃气体时，检测人员应同时使用有毒有害气体检测仪表、可燃气体测试仪等设备进行检测。

6）检测人员应佩戴隔离式呼吸器，严禁使用氧气呼吸器。

7）有可燃气体或可燃性粉尘存在的作业场所，所用的检测仪器、电动工具、照明灯具等，必须使用符合《爆炸危险环境电力装置设计规范》（GB 50058—2014）要求的防爆型产品。

8）对由于防爆、防氧化不能采用通风换气措施或受作业环境限制不易充分通风换气的场所，作业人员必须配备并使用空气呼吸器或软管面具等隔离式呼吸保护器具。

9）作业人员进入有限空间作业场所作业前和离开时应准确清点人数。

10）进入有限空间作业场所作业，作业人员与监护人员应事先规定明确的联络信号。

11）如果作业场所的缺氧危险可能影响附近作业场所人员的安全时，应及时通知这些作业场所的有关人员。

12）严禁无关人员进入有限空间作业场所，并应在醒目处设置警示标志。

13）在有限空间作业场所，必须配备防护用具，如呼吸防护用品、安全绳等，以便在发生事故时抢救作业人员。

14）在密闭容器内使用二氧化碳或氦气进行焊接作业时，必须在作业过程中通风换气，确保空气符合安全要求。

15）当作业人员在与输送管道连接的密闭设备（如储罐、锅炉等）内部作业时必须关闭阀门，装好盲板，并在醒目处设立禁止启动的警示标志。

16）当作业人员在密闭设备内作业时，一般应打开出入口的门或盖，如果设备与正在抽气或已经处于负压的管路相通时，严禁关闭出入口的门或盖。

17）在地下进行压气作业时，应防止有毒有害气体泄漏至作业场所，如与作业场所相通的设施中存在有毒有害气体，应直接排除，防止其进入作业场所。

18）作业人员不应携带与作业无关的物品进入有限空间；作业中不应抛掷材料、工器具等物品；在有毒、缺氧环境下不应摘下防护面具；不应向有限空间充氧气或富氧空气；离开有限空间时应将作业工具带出。

19）难度大、劳动强度大、时间长的有限空间作业应采取轮换作业方式。

20）作业结束后，有限空间所在车间和作业部门应共同检查有限空间内外情况，确认完好后方可封闭有限空间。

21）有限空间作业许可证有效期不得超过 24 h。

3. 高处作业安全管理

（1）高处作业概念及分级

高处作业是指在距坠落高度基准面 2 m 及 2 m 以上有可能坠落的高处进行的作业。

根据《高处作业分级》（GB/T 3608—2008），高处作业高度分为 2 m 至 5 m、5 m 以上至 15 m、15 m 以上至 30 m 及 30 m 以上 4 个区段。

《高处作业分级》（GB/T 3608—2008）将直接引起高处坠落的客观危险因素，分为以下 11 种：

1）阵风风力五级（风速 8.0 m/s）以上。

2）一定级别的高温作业。

3）平均气温等于或低于 5 ℃ 的作业环境。

4）接触冷水温度等于或低于 12 ℃ 的作业。

5）作业场地有冰、雪、霜、水、油等易滑物。

6）作业场所光线不足，能见度差。

7）作业活动范围与危险电压带电体的距离小于表2-4的规定。

表2-4　　　　　　作业活动范围与危险电压带电体的距离

危险电压带电体的电压等级/kV	距离/m
≤10	1.7
35	2.0
63~110	2.5
220	4.0
330	5.0
500	6.0

8）摆动，立足处不是平面或只有很小的平面，即任一边小于500 mm的矩形平面、直径小于500 mm的圆形平面或具有类似尺寸的其他形状的平面，致使作业者无法维持正常姿势。

9）一定级别的体力劳动强度。

10）存在有毒气体或空气中含氧量低于19.5%的作业环境。

11）可能会引起各种灾害事故的作业环境和抢救突然发生的各种灾害事故。

（2）高处作业安全操作规程

1）高处作业前，应系好安全带，穿好防滑软底鞋，扎紧袖口，衣着灵便；凡从事2 m以上高处作业人员，须定期进行体检，凡不适合高处作业者，均不得从事高处作业。

2）高处作业前，应检查作业点行走和站立处的脚手板、临空处的栏杆或安全网，上、下梯子，确认符合安全规定后，方可进行作业。

3）作业过程中，如遇需搭设脚手板时，应搭设好后再作业。如工作需要临时拆除已搭好的脚手板或安全网，完工后应及时恢复。

4）高处作业所用的料具，应用绳索捆扎牢靠，小型料具应装在工具袋内吊运，并摆放在牢靠处，以防坠落伤人，严禁抛掷。

5）安放移动式的梯子，梯子与地面宜成60°~70°，梯子底部应设防滑装置。使用移动式的人字梯中间应设有防止张开的装置。

6）搭设悬挂的梯子，其悬挂点和捆扎应牢固可靠，使用时应有人定期检查，发现异常及时处理。

7）如必须站在移动梯子上操作时，应离梯子顶端不少于 1 m，禁止站在梯子最高一层上作业，站立位置距离基准面应在 2 m 以下。

8）禁止在万能杆件构架上攀登，严禁利用吊机、提升爬斗等吊送人员。

9）严禁在尚未固定牢靠的脚手架和不稳定的结构上行走和作业以及在平联杆件和构架的平面杆件上行走，特殊情况下必须通过时，应以骑马式的方式向前通行。

10）安全带应拴挂在作业人员上方的牢靠处，流动作业时随摘随挂。

11）施工区域的风力达到五级（包括五级）以上时，应停止高处作业和起重作业。

12）在易断裂的工作面作业时，应先搭好脚手板，站在脚手板上作业，严禁直接踩在作业面上操作。

13）设专人进行监护，作业人员不可在作业处休息。

14）在彩钢板屋顶、石棉瓦等轻型材料上作业时，要铺设牢固的脚手架来进行固定，脚手架上要有防滑措施。

15）雨雪天作业时要采取可靠的防滑、防寒措施。

因作业必需，临时拆除或变动安全防护设施时，应经作业审批人员同意，并采取相应的防护措施，作业后要立即恢复。

与其他作业交叉进行时，应按指定的路线上下，不应上下垂直作业，如果需要垂直作业应采取可靠的隔离措施。

4. 临时用电

（1）临时用电是指正式运行的电源上所接的非永久性用电。

（2）临时用电安全操作规程

1）电气设备的设置、安装、防护、使用、维修必须符合《建筑与市政工程施工现场临时用电安全技术标准》（JGJ/T 46—2024）。

2）电工作业必须经专业安全技术培训，考试合格，持"特种作业操作证"方准上岗独立操作，非电工严禁进行电气作业。

3）电工作业时，必须穿绝缘鞋、戴绝缘手套，酒后不准操作。

4）所有绝缘、检测工具应妥善保管，严禁他用，并应定期检查、校验。

5）电气线路不得拴挂在金属脚手架、龙门架上，严禁乱拉、乱拖；各类移动电源及外部自备电源不可接入电网。灯具需要安装在金属脚手架、龙门架上时，线路和灯具必须用绝缘物与其隔离开，且距离工作面高度在 3 m 以上。

6）露天使用的电气设备，应有良好的防雨性能或有可靠的防雨设施。配电箱必须牢固、完整、严密。使用中的配电箱内禁止放置杂物。

7）电气设备的金属外壳必须接地或接零。保护零线必须通过零线端子板连接。

8）安装在建筑物或构筑物上的配电箱为固定式配电箱，其箱底距地面的垂直距离应大于 1.3 m、小于 1.5 m。移动式配电箱不得置于地面上随意拖拉，应固定在支架上，其箱底与地面的垂直距离应大于 0.6 m、小于 1.5 m。

9）每台用电设备应有各自专用的开关箱，必须实行"一机一箱一闸一漏"制，严禁同一个开关直接控制两台及两台以上用电设备。

10）逐级漏电保护。施工现场在总配电箱、分配电箱上安装的漏电保护开关的漏电动作电流应为 50~100 mA；开关箱安装漏电保护开关的漏电动作电流应为 30 mA 以下。

11）在开关上接引、拆除临时用电线路时，其上级开关应断电上锁并加挂安全警示标志。

12）临时用电线路及设备应有良好的绝缘，所有的临时用电线路应采用耐压等级不低于 500 V 的绝缘导线。

13）火灾爆炸危险场所应使用相应防爆等级的电源及电气元件，并采取相应的防爆安全措施。

14）临时用电架空线路应采用绝缘铜芯线，并应架设在专用电杆或支架上。

15）对于埋地敷设的电缆线路应设有走向标志及警示标志。电缆埋地深度应不小于 0.7 m，穿越道路时应架设防护套管。

16）临时用电时间一般不超过 15 天，特殊情况不应超过一个月。用电结束后，相关部门应及时拆除临时用电线路。

二、特种设备安全管理

(一) 特种设备的概念与分类

《特种设备安全法》规定,特种设备是指对人身和财产安全有较大危险性的锅炉、电梯、起重机械、压力容器(含气瓶)、压力管道、客运索道、大型游乐设施、场(厂)内专用机动车辆,以及法律、行政法规规定的其他特种设备。

特种设备包括其所用的材料、附属的安全附件、安全保护装置和与安全保护装置相关的设施。

特种设备依据其主要工作特点,分为承压类特种设备和机电类特种设备。承压类特种设备是指承载一定压力的密闭设备或管状设备,包括锅炉、压力容器和压力管道。机电类特种设备是指必须由电力牵引或驱动的设备,包括起重机械、电梯、客运索道、大型游乐设施和场(厂)内专用机动车辆。

1. 锅炉

锅炉是指利用各种燃料、电或者其他能源,将所盛装的液体加热到一定的参数,并对外输出热能的设备。参数范围:①设计正常水位容积大于或者等于 30 L,且额定蒸汽压力大于或者等于 0.1 MPa(表压)的承压蒸汽锅炉;②出口水压大于或者等于 0.1 MPa(表压),且额定功率大于或者等于 0.1 MW 的承压热水锅炉;③额定功率大于或者等于 0.1 MW 的有机热载体锅炉。

2. 电梯

电梯是指动力驱动,利用沿刚性导轨运行的箱体或者沿固定线路运行的梯级(踏步),进行升降或者平行运送人、货物的机电设备,包括载人(货)电梯、自动扶梯、自动人行道等。

3. 起重机械

起重机械是指用于垂直升降或者垂直升降并水平移动重物的机电设备,其范围规定为额定起重量大于或者等于 0.5 t 的升降机;额定起重量大于或者等于 3 t,且提升高度大于或者等于 2 m 的起重机和承重形式固定的电动葫芦等。

4. 压力容器

压力容器是指盛装气体或者液体，承载一定压力的密闭设备，其范围规定为最高工作压力大于或者等于 0.1 MPa（表压）的气体、液化气体和最高工作温度高于或者等于标准沸点的液体、容积大于或者等于 30 L 且内直径（非圆形截面指截面内边界最大几何尺寸）大于或者等于 150 mm 的固定式容器和移动式容器；盛装公称工作压力大于或者等于 0.2 MPa（表压），且压力与容积的乘积大于或者等于 1.0 MPa·L 的气体、液化气体和标准沸点等于或者低于 60 ℃ 液体的气瓶；氧舱。

5. 压力管道

压力管道是指利用一定的压力，用于输送气体或者液体的管状设备，其范围规定为最高工作压力大于或者等于 0.1 MPa（表压）的气体、液化气体、蒸汽或者可燃、易爆、有毒、有腐蚀性、最高工作温度高于或者等于标准沸点的液体，且公称直径大于或者等于 50 mm 的管道。

6. 客运索道

客运索道是指动力驱动，利用柔性绳索牵引箱体等运载工具运送人员的机电设备，包括客运架空索道、客运缆车、客运拖牵索道等。

7. 大型游乐设施

大型游乐设施是指用于经营目的，承载乘客游乐的设施，其范围规定为设计最大运行线速度大于或者等于 2 m/s，或者运行高度距地面高于或者等于 2 m 的载人大型游乐设施。

8. 场（厂）内机动车辆

场（厂）内机动车辆是指除道路交通、农用车辆以外仅在工厂厂区、旅游景区、游乐场所等特定区域使用的专用机动车辆。

特种设备作业人员：经相关部门培训考核合格，国家技术监督部门许可并取得"特种设备作业人员证"，从事特种设备操作或控制的劳动者。

（二）常见特种设备的日常检查及其安全要求

1. 锅炉

锅炉由锅和炉两大部分组成，盛水（或者导热油等介质）部分为锅，加热部分为炉，锅和炉的一体化设计称为锅炉。锅的原义是指在火上加热的盛水容器，锅主要包括锅筒（或锅壳）、水冷壁过热器、省煤器、对流管束及集箱等；炉是指燃烧燃料的场所，主要包括燃烧设备和炉墙等。

锅炉是一种能量转换设备，以燃料中的化学能、电能、高温烟气的热能等形式向锅炉输入能量，而经过锅炉转换，向外输出具有一定热能的蒸汽、高温水或有机热载体。

（1）锅炉的基本结构及附属元件

1）锅炉的基本结构。锅炉基本结构由空气预热器、省煤器、锅筒、水冷壁、过热器、对流管束、联箱等构成。

2）锅炉常见附件

①空气预热器。锅炉尾部烟道中的烟气通过内部的散热片将进入锅炉前的空气预热到一定温度，用于提高锅炉的热交换性能，降低能量消耗。

②压力表。压力表是显示容器内介质压力的仪表，是压力容器的重要安全装置。按结构和作用原理不同，压力表可分为液柱式、弹性元件式、活塞式和电量式四大类。活塞式压力表通常是作为校验用的标准仪表，液柱式压力表一般只用于测量较低的压力。压力容器广泛采用各种类型的弹性元件式压力表。

③水位计。水位计用于显示锅炉内水位的高低。水位计应安装合理，便于观察，且灵敏可靠。每台锅炉至少应装 2 只独立的水位计，额定蒸发量小于或者等于 0.2 t/h 的锅炉可只装 1 只。水位计应设置放水管并接至安全地点。玻璃管式水位计应有防护装置。

④温度计。温度计是用来测量物质冷热程度的仪表，可用来测量压力容器介质的温度。对于需要控制壁温的容器，还必须装设测量壁温的温度计。

⑤安全阀。安全阀又称为泄压阀，能根据系统的工作压力自动启闭，一般安装于封闭系统的设备或管路上保护系统安全。当设备或管道内压力超过安全阀设定压力时，即自动开启泄压，能够保证设备和管道内介质压力低于设定压力，防止发生意外。

⑥温度测量装置。温度是锅炉热力系统的重要参数之一，为了掌握锅炉的运

行状况，确保锅炉的安全、经济运行，在锅炉热力系统中，锅炉的给水、蒸汽、烟气等介质均需依靠温度测量装置进行测量及监视。

⑦省煤器。省煤器是布置在锅炉尾部烟道内加热给水的部件，其作用是吸收锅炉尾部烟气中的部分热量，降低排烟温度，以节省燃料。现代锅炉一般都装设省煤器。省煤器一词来源于燃煤锅炉，对于燃油、气和其他燃料的锅炉习惯上也称为省煤器。

⑧保护装置。锅炉压力容器的保护装置有以下几种：

a. 超温报警装置和联锁保护装置。超温报警装置安装在热水锅炉的出口处，当锅炉的水温超过规定的水温时可自动报警，提醒操作人员采取措施减弱燃烧。超温报警装置和联锁保护装置联锁后，还能在超温报警的同时自动切断燃料的供应并停止鼓引风，以防止热水锅炉因超温而导致损坏或爆炸。

b. 高低水位报警和低水位联锁保护装置。当锅炉内的水位高于最高安全水位或低于最低安全水位时，水位报警器会自动发出警报，提醒操作人员采取措施，防止事故的发生。

c. 锅炉熄火保护装置。当锅炉炉膛熄火时，锅炉熄火保护装置开始作用，切断燃料供应，并发出相应信号。

d. 排污阀或放水装置。排污阀或放水装置的作用是排放因锅水蒸发而残留的水垢、泥渣及其他有害物质，将锅水的水质控制在允许的范围内，使受热面保持清洁，以确保锅炉的安全、经济运行。

e. 防爆门。为防止炉膛和尾部烟道再次燃烧造成破坏，常采取在炉膛和烟道易爆处装设防爆门的措施。

f. 锅炉自动控制装置。通过工业自动化仪表对温度、压力、流量、物位、成分等参数进行测量和调节，达到监视、控制生产的目的，使锅炉在最安全、经济的条件下运行。

（2）锅炉的安全使用

1）购买。使用单位须购买具备锅炉制造资质企业制造并检验合格的产品。

2）安装。由锅炉制造企业或者有资质单位按照《锅炉房设计标准》（GB 50041—2020）的要求，完成锅炉房基础建设后，进行锅炉主体安装，待土建工程完成再安装锅炉附件。

3)调试使用。锅炉安装结束后,进行调试和生产试运行。

①启动

a. 检查准备。对新装、迁装和检修后的锅炉,启动前要进行全面检查。主要检查内容包括:检查受热面及承压部件的内部和外部,看其是否处于可投入运行的良好状态;检查燃烧系统各个环节是否处于完好状态;检查各类门孔、挡板是否正常,使之处于启动所要求的位置;检查安全附件和测量仪表是否齐全、完好,并使之达到启动的要求;检查锅炉架、楼梯平台等钢结构部分是否完好;检查各种辅机,特别是转动机械是否完好。

b. 上水。为防止产生过大热应力,上水温度最高不超过 90 ℃,水温与筒壁温差不超过 50 ℃。对水管锅炉,全部上水时间夏季不少于 1 h、冬季不少于 2 h,冷炉上水至最低安全水位时应停止上水,以防止受热膨胀后水位过高。

c. 烘炉。新装、迁装、大修或者长期停用的锅炉,其炉腔和烟道的墙壁非常潮湿。若骤然接触高温烟气,将会产生裂纹变形,甚至发生倒塌事故。为防止此类事故发生,锅炉在上水后启动前要进行烘炉。

d. 煮炉。对新装、迁装、大修或者长期停用的锅炉,在正式启动前必须煮炉。煮炉的目的是清除蒸发受热面中的铁锈、油污和其他污物,减少受热面腐蚀,提高锅水和蒸汽品质。

e. 点火升压。一般锅炉上水后即可点火升压。点火方法因燃烧方式和燃烧设备而异。层燃炉一般用木材引火,严禁用挥发性强的油类或者易燃物引火,以免发生爆炸事故。

f. 暖管与并汽。暖管,即用蒸汽慢慢加热管道、阀门、法兰等部件,使其温度缓慢上升,避免高温蒸汽突然进入冷态或者较低温度的管道,造成热应力过大而损坏管道阀门等部件的情况,同时也能将管道中的冷凝水驱出,防止在供汽时发生水击。并汽也称并炉、并列,即新投入运行的锅炉向共用的蒸汽母管供汽。并汽前应减弱燃烧,打开蒸汽管道上的所有疏水阀,充分疏水以防水击;冲洗水位表,并使水位维持在正常水位线以下;使锅炉的蒸汽压力稍低于蒸汽母管内气压,缓慢打开主汽阀及隔绝阀,使新投入运行的锅炉与蒸汽母管连通。

②点火升压阶段应注意的安全事项

a. 防止炉膛爆炸。点火前需清除炉膛中可能存在的残存可燃气体或者其他可燃物。

防止炉膛爆炸的措施包括：点火前开动风机给锅炉通风 5~10 min，没有风机时可以自然通风 10 min 以上，以清除炉腔及烟道中的可燃物质。点燃气、油、煤粉炉时，应先送风，之后投入点燃火炬，最后送入燃料。一次点火未成功需重新点燃火炬时，一定要在点火前给炉膛和烟道重新通风，待充分清除炉膛及烟道中可燃物之后再进行点火操作。

b. 控制升温升压速度。点火过程中应对各热承压部件的膨胀情况进行监控，发现有卡住现象应停止升压，待排除故障后再继续升压，发现膨胀不均匀时应采取相应措施消除。

c. 严密监视和调整压力表。在一定时间内压力表指针应离开原点，如果指针不动，则须将火力减弱或停火，校验压力表并清洗管道，待压力表恢复正常后方可继续升压。

d. 保证强制流动受热面的可靠冷却。对过热器的保护措施有：在升压过程中，开启过热器出口集箱疏水阀、对空排气阀，使一部分蒸汽流经过热器后被排出，从而使过热器足够冷却。

对省煤器的保护措施有：对钢管省煤器（再循环管），点火升压期间，将再循环管上的阀门打开，使省煤器中的水经锅筒、再循环管重回省煤器，进行循环流动。在上水时应将再循环管上的阀门关闭。

③锅炉正常运行使用

a. 水位的监控调节。操作人员应不间断地通过水位表监控锅炉内水位。锅炉水位应经常保持在正常水位线处，并允许在正常水位线上下 50 mm 内波动。锅炉在低负荷运行时，水位应稍高于正常水位，以防负荷增加时水位降得过低；锅炉在高负荷运行时，水位应稍低于正常水位，以防负荷降低时水位升得过高。

b. 汽压的监控调节。锅炉正常运行中，蒸汽压力应基本保持稳定。当蒸发量和负荷不相等时，汽压就会发生变动，若负荷小于蒸发量，汽压上升；负荷大于蒸发量，汽压下降。因此调节锅炉汽压就是调节其蒸发量，而蒸发量的调节是通过燃烧调节和给水调节来实现的。作业人员应根据负荷变化来相应增减锅炉的燃料量（增大或降低火力）、风量、给水量来改变锅炉蒸发量，使汽压保持相对稳定。

为了保持汽压稳定，对于间断上水的锅炉，应注意均匀上水，上水间隔的时间不宜过长，一次上水不宜过多。在燃烧减弱时不宜上水，需人工投放燃料的锅炉在投煤、扒渣时不宜上水。

c. 温度的调节。根据锅炉负荷、燃料和给水温度的改变调节温度。

d. 燃烧的监控调节。主要是使燃料燃烧供热适应负荷要求，维持汽压稳定；使燃烧完好正常，尽量减少未完全燃烧损失，减轻金属腐蚀和对大气的污染；对负压燃烧炉，应维持引风和鼓风的均衡，保持炉膛一定的负压，以保障操作安全和减少排烟损失。

e. 排污和吹灰。排污是为了保持受热面内部清洁，避免锅水发生汽水沸腾及蒸汽品质恶化而进行的操作。

吹灰主要是为了清除烟气流经蒸发受热面过热器、省煤器及空气预热器时沉积的微粒。如果不定期清理，积尘会影响导热、蒸汽温度，降低锅炉效率。

排污和吹灰主要针对燃煤锅炉。

④停炉及停炉保养

a. 停炉。停炉分为正常停炉和紧急停炉。

正常停炉是预定计划内的停炉。停炉次序为停止燃料供应，停止送风，减少引风，同时逐渐降低锅炉负荷，相应地减少锅炉上水（应维持锅炉水位稍高于正常水位）。对于燃气锅炉、燃油锅炉，炉膛停火后，引风机至少要继续引风 5 min 以上。锅炉停止供汽后，应隔断与蒸汽母管的连接，排气降压。为保护过热器，防止金属超温，应打开过热器出口集箱疏水阀适当放气。降压过程中，作业人员应连续监视锅炉，待锅炉内无气压时，开启空气阀，避免锅内因温度降低形成真空。

停炉时应打开省煤器旁通烟道，关闭省煤器烟道挡板，但锅炉进水仍需经过省煤器。对于钢管省煤器，锅炉停止进水后，宜开启省煤器再循环管。对无旁通烟道的可分式省煤器，应密切监视其出水口水温，并连续经省煤器上水、放水至水箱中，使省煤器出水口水温低于锅筒压力下饱和温度20 ℃。

正常停炉4~6 h，应紧闭炉门和烟道挡板，然后打开烟道板。缓慢加强通风，适当放水。停炉18~24 h，在锅水温度降至70 ℃以下时方可全部放水。

出现以下情况时需紧急停炉：锅炉水位低于水位表的下部可见边缘；不断加大向锅炉进水及采取其他措施，但水位仍继续下降；锅炉水位超过最高可见水位（满水），经放水仍不能见到水位；给水泵全部失效或给水系统故障，不能向锅炉进水；水位表或安全阀全部失效；设置在蒸汽空间的压力表全部失效；锅炉零部件损坏，危及作业人员安全；燃烧设备损坏、炉墙倒塌、锅炉构件被烧红及其他异常情况等严重威胁锅炉安全运行的状况。

紧急停炉要按照以下操作次序进行：立即停止添加燃料和送风，减弱引风；同时设法熄灭炉膛内的燃料，对于一般层燃炉可以用沙土或湿灰灭火，链条炉可以开快挡使炉排快速运转，把红火送入灰坑；灭火后将炉门、灰门及烟道挡板打开，以加强通风冷却，锅内可以较快降压并更换锅水，锅水冷却至70 ℃允许排水。因缺水紧急停炉时，严禁给锅炉上水，并不得开启空气阀及安全阀快速降压。

紧急停炉是为了防止事故扩大不得不采用的非正常停炉方式，有缺陷的锅炉应尽量避免紧急停炉。

b. 停炉保养。停炉保养是为避免或减轻汽水系统对锅炉的腐蚀而采取的防护保养。

保养方式有压力保养、湿法保养、干法保养和充气保养，具体保养方法参照锅炉制造企业出具的作业指导书或者操作规程执行。

⑤维护保养。锅炉定期保养由有资质的单位及有资质的维护保养人员进行操作，并出具相应的维护保养资料，使用单位需对相应资料进行存档。

⑥其他事项。禁止在任何情况下改变锅炉使用功能；锅炉报废需向相应政府职能部门申请，并由其登记建档；燃气锅炉需选用防爆型电气设备，具体选型参照爆炸性环境设备相关标准进行选用。

2. 压力容器

（1）压力容器的安全要求

1）压力容器登记。压力容器在投入使用前或者投入使用后30日内，使用单位应当向当地市场监督管理部门登记。

登记所需材料如下：

①压力容器（氧舱）特种设备注册登记表、登记卡，附工商营业执照。

②安全技术规范要求的设计文件（含图样）、产品质量合格证明、安装及使用维修说明、制造、安装过程监督检验证明。

③进口锅炉压力容器安全性能监督检验报告。

④安全阀、压力表、爆破片和紧急切断阀等安全附件的质量证明材料和校验报告。

⑤压力容器安装质量证明书。

⑥压力容器使用安全管理的有关规章制度。

⑦操作人员的"特种设备作业人员资格证"。

2）压力容器迁移、过户手续

①填写"特种设备变更注销申请表"，双方加盖公章。

②原产权单位应当持拟转让设备的"特种设备注册登记表"及有关牌照和证书，到原注册登记机构办理注销变更手续。

③原产权单位应将特种设备及其部件的出厂随机文件、办理注销变更手续后的原"特种设备注册登记表"、历次检查报告、维修保养和改造记录等有关资料及其有关牌照和证书，移交给该设备的产权接收单位。

④易地重新安装的特种设备，新的使用单位应当按照有关规定，分别申请备案、验收检验和注册登记的顺序，其"安全检验合格"标志的有效期限重新计算。

⑤不需要易地重新安装的，该设备的产权接收单位或使用单位，应当重新填写"特种设备注册登记表"并到原注册登记机构重新进行注册登记（设备编号不变），设备定期检验的期限不变。

3）设备停用。当设备由于某种原因决定停止使用时，向当地市场监督管理部门申报停用手续，填写"压力容器报停备案表"，加盖单位公章。

设备停用期间应该自行封停，并标注停用标识。

4）重新启用。当停用设备启用时，持加盖公章的申请报告，到当地特种设

5）设备报废。当设备因隐患或其他原因报废时，需填写"压力容器报废报告表"，加盖单位公章，送至当地市场监督管理部门。

报废设备不能出售，禁止使用。

6）压力容器定期检验。特种设备使用单位应当按照安全技术规范的定期检验要求，在安全检验合格有效期届满前1个月向特种设备检验检测机构提出定期检验要求。

未经定期检验或者检验不合格的特种设备，不得继续使用。

年度检验是指压力容器运行中的定期在线检验，每年至少一次。

全面检验是指压力容器停机时的检验。安全状况等级为1级、2级的每6年至少一次；安全状况等级为3级的每3年至少一次。

耐压试验是指压力容器全面检验后所进行的超过最高工作压力的液压试验或气压试验。每两次全面检验期间内，至少进行一次耐压试验。

7）安全技术档案。压力容器的使用单位，必须建立压力容器技术档案并由管理部门统一保管。技术档案应包括以下内容：

①压力容器档案卡。

②安全技术规范规定的压力容器设计文件。

③安全技术规范规定的压力容器制造、安装技术文件和资料。

④检验检测记录，以及有关检验的技术文件和资料。

⑤修理方案，实际修理情况记录，以及有关技术文件和资料。

⑥压力容器技术改造的方案、图样、材料质量证明书、施工质量检验技术文件和资料。

⑦安全附件校验、修理和更换记录。

⑧有关事故的记录资料和处理报告。

8）压力容器使用单位的安全管理。压力容器使用单位的安全管理工作主要包括以下内容：

①贯彻执行国家主管部门颁布的压力容器安全规程、规定和有关的压力容器安全技术规范。

②制定压力容器的安全管理规章制度。

③参加压力容器订购、设备进厂、安装验收及试车。

④检查压力容器的运行、维修和安全附件校验情况。

⑤压力容器的检验、修理、改造和报废等技术审查。

⑥编制压力容器的年度定期检验计划,并负责组织实施。

⑦向主管部门和当地安全监察机构报送当年压力容器数量和变动情况的统计报表,压力容器定期检验计划的实施情况,存在的主要问题及处理情况等。

⑧压力容器事故的抢救、报告、协助调查和善后处理。

⑨检验、焊接和作业人员的安全技术培训管理。

⑩压力容器使用登记及技术资料的管理。

9)操作规程。压力容器的使用单位,应在安全操作规程中,明确提出压力容器操作要求,其内容至少应包括:

①压力容器的操作工艺指标(含最高工作压力、最高或最低工作温度)。

②压力容器的岗位操作方法(含开、停车的操作程序和注意事项)。

③压力容器运行中应重点检查的项目和部位,运行中可能出现的异常现象和防护措施,以及紧急情况的处置和报告程序。

10)作业人员管理。压力容器作业人员应持证上岗。压力容器使用单位应对压力容器作业人员定期进行专业培训与安全教育培训,培训考核工作由地、市级市场监督管理部门或授权的使用单位负责。

压力容器作业人员应履行以下职责:

①按照安全操作规程的规定,正确操作使用压力容器。

②认真填写操作记录。

③做好压力容器的维护保养工作,使压力容器经常保持良好的状态。

④经常对压力容器的运行情况进行检查,发现操作条件不正常时及时进行调整,遇紧急情况应按规定采取紧急处理措施并及时向上级报告。

⑤对违章指挥,应拒绝执行。

⑥努力学习业务知识,不断提高操作技能。

(2)压力容器的运行管理。正确、合理地操作使用压力容器,是保障安全运行的重要措施，因为即使是容器的设计完全符合要求，制造、安装质量优良，如果操作不当，同样会造成压力容器事故。

1）压力容器作为生产工艺过程中的主要设备，要保障其安全运行，必须做到以下几点：

①平稳操作。压力容器在操作过程中，压力的频繁变化和大幅度波动，不利于容器的抗疲劳破坏，应尽可能使操作压力保持平稳。同时，压力容器在运行期间，也应避免壳体温度的突然变化而产生过大的温度应力。压力容器加载（升压、升温）和卸载（降压、降温）时，速度不宜过快，要防止压力或温度在短时间内急剧变化对容器产生不良影响。

②防止超载。防止压力容器超载，主要是防止超压。反应容器要严格控制进料量、反应温度，防止反应失控而使容器超压，储存容器充装进料时，要严格计量，杜绝超装，防止物料受热膨胀使压力容器超压。

③状态监控。压力容器作业人员在压力容器运行期间要不断监控其工作状况，及时发现运行中出现的异常情况，并采取相应措施，保障安全运行。

2）压力容器运行状态的监控主要从工艺条件、设备状况、安全装置等方面进行。

①工艺条件。主要检查操作压力、温度、液位等是否在操作规程规定的范围之内，压力容器内工作介质的化学成分是否符合要求等。

②设备状况。主要检查容器本体及与之直接连接的部位，如人孔、阀门、法兰及各个仪表接管等处有无变形、裂纹、泄漏、腐蚀等缺陷或可疑现象；压力容器及与其连接的管道等设备有无震动、磨损；设备保温（保冷）是否完好等情况。

③安全装置。主要检查各安全附件、计量仪表的完好状况，如各仪表有无失准、堵塞；联锁装置、报警装置是否可靠，是否在使用有效期内，室外设备冬季有无冻结等。

3）安全操作规程至少应包括以下内容：

①压力容器的操作工艺控制指标，包括最高工作压力、最高或最低工作温度、压力及温度波动幅度的控制值、介质成分特别是有腐蚀性的成分控制值等。

②压力容器的岗位操作方法，开机、停机的操作程序和注意事项。

③压力容器运行中日常检查的部位和内容要求。

④压力容器运行中可能出现的异常现象的处置方法以及防范措施。

⑤压力容器的防腐措施和停用时的维护保养方法。

4）压力容器的紧急停运。压力容器发生下列异常现象之一时，操作人员应立即采取紧急措施，并按规定的报告程序，及时向有关部门报告。

①压力容器工作压力、介质温度或壁温超过规定值，采取措施仍不能得到有效控制。

②压力容器的主要受压元件发生裂缝、鼓包、变形、泄漏等危及安全的现象。

③安全附件失效。

④接管、紧固件损坏，难以保障安全运行。

⑤发生火灾等直接威胁到压力容器安全运行的情况。

⑥过量充装。

⑦压力容器液位超过规定，采取措施仍不能得到有效控制。

⑧压力容器与管道发生严重振动，危及安全运行。

⑨其他异常情况。

5）压力容器设备完好的标准

①运行正常，效能良好。其具体标志为：

a. 容器的各项操作性能指标符合设计要求，能满足生产的需要。

b. 操作过程中运转正常，易于平稳地控制操作参数。

c. 密封性能良好，无泄漏现象。

d. 带搅拌装置的容器，其搅拌装置运转正常，无异常的振动和杂音。

e. 带夹套的容器，加热或冷却其内部介质的功能良好。

f. 换热器无严重结垢。列管式换热器的胀口、焊口，板式换热器的板间，各类换热器的法兰连接处均能密封良好，无泄漏及渗漏。

②装备完整，质量良好。其包括以下各项要求：

a. 零部件、安全装置、附属装置、仪器仪表完整、质量符合设计要求。

b. 容器本体整洁，尤其需注意保温层完整，无严重锈蚀和机械损伤。

c. 有衬里的容器，衬里完好，无渗漏及鼓包。

d. 阀门及各类可拆连接部位无跑、冒、滴、漏现象。

e. 基础牢固，支座无严重锈蚀，外管道情况正常。

f. 各类技术资料齐备、准确，有完整的技术档案。

g. 容器在规定期限内进行了定期检验，安全性能良好，并已办理使用登记证。

h. 安全附件已经过检定、校验和更换。

（3）对充装、使用、运输气瓶的安全要求

1）气瓶充装。气瓶充装的安全要求应包括以下几点：

①在充气前要对气瓶进行严格检查。检查的内容包括：气瓶的漆色是否完好，是否与所充装气体规定的漆色一致；气瓶内是否按规定留有余气，气瓶原装气体是否与将要充装的气体一致，辨别不清时应取样化验；气瓶的安全附件是否齐全、完好，气瓶是否有鼓包、凹陷变形等缺陷；氧气瓶及强氧化剂气瓶瓶体及瓶阀处是否沾有油污；气瓶进气口的螺纹是否符合规定（可燃气体气瓶的螺纹应左旋，非可燃气体气瓶应右旋）等。

②采取有效措施，防止充装超量。这些措施应包括：充装压缩气体时要具体规定充装温度、充装压力，以保证在最高温度下，气瓶内气压不超过其设计压力；充装液化气体时，严禁超量充装；为防止测量误差造成超装，压力表、称重设备等应按规定的适用范围选用，并定期进行校验；没有原始质量数据和标注不清的气瓶不予充装，充装量应包括气瓶内原有的余气（液），且不得用储罐减量法（即储罐充装气瓶前后的质量差）确定气瓶的充装量。

2）气瓶的使用。气瓶使用应注意以下几点：

①防止气瓶受热升温。主要是气瓶不要在烈日下暴晒；不要靠近高温热源或火源，更不得用高压蒸汽直接喷射气瓶；瓶阀冻结时，应把气瓶移到较暖处，用温水解冻，禁止用明火烘烤。

②正确操作，合理使用。开瓶阀动作要慢，以防加压过快产生高温，对盛装可燃气体的气瓶更要注意；禁止用钢制工具敲击气瓶阀，以防产生火花；氧气瓶

要注意不能沾染油脂;氧气瓶和可燃气瓶的减压阀不能互用;瓶阀或减压阀泄漏时不得继续使用;气瓶用到最后应留有余气,防止空气或其他气体进入气瓶引起事故。

一般压缩气体应存留剩余气体的压力为 0.2~0.3 MPa,液化气体应留有 0.05~0.1 MPa。乙炔的剩余压力应不小于表 2-5 的规定。

表 2-5　　　　　　　　　　乙炔的剩余压力

环境温度/℃	<0	0~15	15~25	25~40
剩余压力/MPa	0.05	0.1	0.2	0.3

③气瓶外表面的涂料作为气瓶标志和保护层,要保持完好;如因水压试验或其他原因,气瓶内进入水分,在装气前应进行干燥,防止腐蚀;气瓶一般不应改装其他气体,如需改装时,必须由有关单位负责放气、置换、清洗、改变漆色等。

3)气瓶的运输。气瓶运输时应做到以下几点:

①防止震动或撞击。戴好防震圈和瓶帽,固定好位置,防止运输中震动滚落。禁止装卸中使用抛装、滑放、滚动等方法,做到轻装轻卸。

②防止受压或着火。气瓶运输中不得长时间在日光下暴晒,氧气瓶不得与可燃气体气瓶、其他易燃物质及油脂同车运输,随车人员不得在车上吸烟。

(4)气瓶的储存保管。存放气瓶的仓库必须符合安全防火有关规定。首先是与其他建筑物的安全距离、与明火作业以及散发易燃气体作业场所的安全距离,都必须符合防火设计规范;气瓶库不要建在高压线附近,易燃气体气瓶仓库的电气设施须装设防爆装置和避雷装置;为便于气瓶装卸,仓库应设计装卸平台;仓库应是轻质屋顶的单层建筑,门窗应向外开,地面应平整、防滑(可燃气瓶、仓库的地面可用水泥建造);盛装有毒气体气瓶或介质相互抵触气瓶的仓库应分室加锁储存,储量不宜过多,有通风换气设施,并在仓库附近放置防毒面具和消防器材,温度不应超过 35 ℃;冬季取暖不准用火炉。为了加强管理,应建立出入库安全管理制度,张贴"严禁烟火"警示标志,控制无关人员入内等。

除以上措施外,气瓶仓库还必须遵守《气瓶安全技术规程》的有关规定。

1）气瓶储存一定要按照气体性质和气瓶设计压力分类。每个气瓶都要有防震圈，瓶阀出气管端要装上帽盖，并拧上瓶帽。有底座的气瓶，应将气瓶直立于气瓶的栅栏内，并用小铁链扣住。无底座气瓶，可水平横放在带有衬垫的槽木上，以防气瓶滚动，气瓶均朝向一方。如果需要堆放，层数不得超过5层，高度不得超过1 m，应距离取暖设备1 m以上。气瓶存放整齐，要留有通道，宽度不小于1 m，便于检查与搬运。

2）为了使先入库或定期技术检验临近的气瓶预先发出使用，应尽量将这些气瓶集中在一起，并在栅栏的牌子上注明。对于盛装易于起聚合反应、规定储存期限的气瓶应注明储存期限，及时发出使用。

3）在炎热的夏季，要随时注意仓库内温度，加强通风，保持室温在39 ℃以下。存放有毒气体或易燃气体气瓶的仓库，要经常检查有无渗漏，发现有渗漏的气瓶，应采取措施或送气瓶制造厂处理。

4）加强气瓶入库和发放管理工作，认真填写入库和发放气瓶登记表，以备查。

5）对临时存放充满气体的气瓶，一定要注意数量不应超过5瓶，不能受日光暴晒，周围10 m内严禁堆放易燃物质和使用明火作业。

3. 压力管道

（1）压力管道的登记注册。压力管道在投入使用前应向当地市场监督管理部门登记。

1）压力管道注册登记前先办理压力管道注册登记审核手续。注册登记审核所需材料如下：

①压力管道监督检验报告。

②压力管道使用注册登记表。

③压力管道安全管理制度和应急预案。

④压力管道安全管理人员、操作人员和在线检验员名单。

2）注册登记所需材料如下：

①压力管道使用登记申请书和压力管道使用注册登记汇总表，附工商营业执照复印件。

②压力管道安装质量证明书、压力管道安装竣工图（单线图）。

③监督检验机构出具的"压力管道安装安全质量监督检验报告"。

④压力管道使用单位安全管理制度，应急预案，管理人员和操作人员名单。

⑤重要压力管道使用注册登记表。

（2）压力管道定期检验。压力管道使用单位应当按照安全技术规范的定期检验要求，在安全检验合格有效期届满前1个月向特种设备检验检测机构提出定期检验要求。未经定期检验或者检验不合格的压力管道，不得继续使用。

1）工业管道

①在线检验是使用单位在运行条件下进行的检验，使用单位根据具体情况制定检验计划和方案，每年至少检验1次。

②全面检验。安全状况等级为1级和2级的一般不超过6年；安全状况等级为3级的，检验周期一般不超过3年。安全状况等级为4级的，应判废。

2）公用管道主要包括城镇燃气管道和热力管道。检验周期一般不超过6年。

3）长输管道外部检查，每年至少1次。全面检验，每5年1次。

（3）现场检查。现场检查包括设计与施工漏项、未完工程和施工质量3个方面的检查。

1）设计与施工漏项的检查。设计与施工漏项可能发生在各个环节，出现频率较高的问题有以下几个方面：

①阀门跨线、高点排气及低点排液等遗漏。

②操作及测量指示点太高以至于无法操作或观察，尤其是仪表现场指示元件。

③缺少梯子或梯子设置较少，巡回检查不方便；支架、吊架偏少，以至于管道挠度超出标准要求或管道不稳定。

④管道或构筑物的梁柱等影响操作通道的畅通。

⑤设备、机泵、特殊仪表元件（如热电偶、仪表箱、流量计）和阀门等缺少必要的操作及检修场地，或空间太小，操作及检修不方便。

2）未完工程的检查。适用于中间检查或分期、分批投入开车的装置检查。对于本次开车所涉及的工程，必须确认其已完成，并不影响正常开车。对于分期、分批投入开车的装置,未列入本次开车的部分,应进行隔离,并确认它们之间相互不影响。

3)施工质量的检查。施工质量问题可能发生在各个方面,应全面检查。

可着重从管道及其元件方面,支架、吊架方面,焊接方面,隔热、防腐方面进行检查。

(4)运行中的检查和监测。运行中的检查和监测包括运行初期检查、巡线检查及在线监测、末期检查及寿命评估3个部分。

1)运行初期检查。当管道初期升温和升压后,在设计、制造、施工等方面存在的问题都会暴露出来。

此时,作业人员应会同设计施工等技术人员,对运行的管道进行全面系统的检查,以便及时发现问题,及时解决。在对管道进行全面系统检查的过程中,应着重从管道的位移、振动、支撑、阀门及法兰的严密性等方面进行检查。

2)巡线检查及在线监测。在装置运行过程中,由于操作波动等因素的影响,或压力管道及其附件在使用一段时间后因腐蚀、磨损、疲劳、蠕变,压力管道随时都可能受到损害,故对在用压力管道应进行定期或不定期的巡检,及时发现事故隐患,并采取措施,以免造成危害。

压力管道的巡线检查内容除全面进行检查外,还可着重从管道的位移、振动、支撑、阀门及法兰的严密性等方面进行检查。

除了进行巡线检查外,对于重要管道或管道的重点部位还可利用现代检测技术进行在线监测,即利用可视系统、声发射检漏技术、红外线成像技术等对在线管道的运行状态、裂纹扩展动态、泄漏等进行不间断监测,并判断管道的稳定性和可靠性,从而保障压力管道的安全运行。

3)末期检查及寿命评估。压力管道经过长期运行,由于遭受介质腐蚀、磨损、疲劳、老化、蠕变等的影响,一些管道已处于不稳定状态或临近寿命终点,因此更应加强在线监测,并制定好应急救援预案,随时准备应急处置。在做好在线监测和应急处置的同时,还应加强在役压力管道的寿命评估,从而变被动安全管理为主动安全管理。压力管道寿命的评估应根据压力管道的损伤情况和检测数据进行。总体来说,主要是针对管道材料已发生的蠕变、疲劳、相变、均匀腐蚀和裂纹等几方面进行评估。

4. 起重机械

（1）起重机械的工作特点。从安全技术的角度分析，起重机械的工作特点可概括如下：

1）起重机械通常具有庞大的结构和比较复杂的机构，能完成1次起升运动、1次或多次水平运动。

2）所吊运的重物多种多样，载荷处于变化状态。

3）大多数起重机械需要在较大的范围内运行，活动空间较大。

4）有些起重机械需要直接载运人员在导轨、平台或钢丝绳搭载的轿厢里做升降运动（如电梯、升降平台等），其可靠性直接影响人身安全。

5）暴露的、活动的零部件较多，且常与吊运作业人员直接接触（如吊钩、钢丝绳等），隐藏着许多偶发的危险因素。

6）作业环境复杂。

7）作业中常常需要多人配合，共同完成一项操作。

上述诸多危险因素的存在，造成了起重伤害事故较多。

（2）起重机械安全、正常工作的条件。为了保障起重机械安全、正常地工作，其设计时应满足下列3个基本条件：

1）金属结构和机械零部件应具有足够的强度、刚度和抗屈服能力。

2）整机必须具有必要的抗倾覆稳定性。

3）原动机具有满足作业性能要求的功率，制动装置应能提供必需的制动力矩。

（3）起重机械的安全装置

1）位置限制与调整装置

①上升极限位置限制器。《起重机械安全规程》（GB/T 6067）系列标准规定，凡是动力驱动的起重机，其起升机构（包括主、副起升机构）均应装设上升极限位置限制器。

②运行极限位置限制器。凡是动力驱动的起重机，其运行极限位置都应装设运行极限位置限制器。

③偏斜调整和显示装置。《起重机械安全规程》（GB/T 6067）系列标准规定，跨度等于或超过 40 m 的装卸桥和门式起重机应装偏斜调整和显示装置。

④缓冲器。《起重机械安全规程》（GB/T 6067）系列标准规定，桥式、门式起重机和装卸桥，以及门式起重机或升降机等都要装设缓冲器。

2) 防风防爬装置。《起重机械安全规程》（GB/T 6067）系列标准规定，露天工作于轨道上的起重机，如门式起重机、桥式起重机、塔式起重机，均应装设防风防爬装置。

此外，在露天工作的桥式或门式起重机，因地形因素的影响可能出现地形风。它持续时间较短，但风力很强，足以吹动起重机做较长距离的滑行，并可能撞毁轨道端部阻挡，造成脱轨或跌落。所以《起重机械安全规程》（GB/T 6067）系列标准规定，在露天工作的桥式起重机也应装设防风防爬装置。

起重机防风防爬装置主要有夹轨器、锚定装置和铁鞋 3 类。按照防风装置的作用方式不同，可分为自动作用与非自动作用两类。

3) 安全钩、防后倾装置和回转锁定装置

①安全钩。单主梁起重机起吊重物是在主梁的一侧进行的，重物会对小车产生一个倾翻力矩，由垂直反轨轮或水平反轨轮产生的抗倾翻力矩能使小车保持平衡，不会倾翻。但是，只靠这种方式不能保障在风灾、意外冲击、车轮破碎检修等情况时的安全。因此，这种类型的起重机应安装安全钩。安全钩根据小车和轨轮形式的不同，也设计成不同的结构。

②防后倾装置。用柔性钢丝绳牵引吊臂进行变幅的起重机械，当遇到突然卸载等情况时，会产生使吊臂后倾的力，发生吊臂后倾的事故，因此，这类起重机应安装防后倾装置。吊臂后倾主要由以下几种原因造成：起升用的吊具索具或起升用钢丝绳存在缺陷，在起吊过程中突然断裂，使重物突然坠落；由于起重机司机拴挂不当，起吊过程中重物散落、脱钩。这些情况都会形成突然卸载，造成吊臂反弹后倾事故。为了防止这类事故，《起重机械安全规程》（GB/T 6067）系列标准明确规定，流动式起重机和动臂式塔式起重机上应安装防后倾装置（液压变幅除外）。

③回旋锁定装置。回旋锁定装置是指在臂架起重机处于运输、行驶或非工作

状态时，锁住回转部分，使之不能转动的装置。

回转锁定装置的常见形式有机械锁定器和液压锁定器两种。机械锁定器的结构比较简单，通常采用锁销插入方式、压板顶压方式或螺栓紧定方式等。液压锁定器通常用双作用活塞式油缸对转台进行锁定。

4）超载保护装置。超载保护装置包括起重量限制器和力矩限制器。超载保护装置按其功能的不同可分为自动停止型和综合型两种，按结构形式可分为电气型和机械型两种。超载保护装置应具有动载抑制功能、自动工作功能和自动保险功能。

①起重量限制器。主要用于桥架型起重机，其主导产品是电气型起重量限制器，一般由载荷传感器和二次仪表两部分组成。载荷传感器使用电阻应变式或压磁式传感器，根据安装位置配置专用安装附件。传感器的结构形式主要有压式、拉式和剪切梁式3种。

②起重力矩限制器。动臂变幅的塔式起重机一般使用机械型力矩限制器。小车变幅式起重机一般使用起重量限制器和起重力矩限制器来共同实施超载保护。流动式起重机一般使用起重力矩限制器进行超载保护。

5）防碰装置。防碰装置的结构形式主要有：

①反射型。由发射器、接收器、控制器和反射板组成。

②直射型。检测波不经过反射板反射的产品统称为直射型。

6）危险电压报警器。臂架型起重机在输电线附近作业时，由于操作不当，臂架钢丝绳等过于接近甚至碰触电线，都会造成感电或触电事故。

5. 电梯

（1）电梯安全装置。电梯在运行中，由于机械或电气设备故障会引发失控、平层越位、终端失控、超速、危险运行、非正常停车、关门受阻等事故。为了能够对运载对象及电梯本身起到保护作用，电梯必须设置安全装置。

1）限速器与安全钳。限速器与安全钳一起构成轿厢的快速掣停装置，限速器是该装置的发送机构。当轿厢运行速度超过额定速度的115%时，限速器动作，切断电梯控制回路，制动器启动，电梯停止运动。如果制动器失灵，或因其他因素，电梯轿厢仍然在下降，这时安全钳动作，最终将电梯制动在导轨上。

2) 缓冲器。缓冲器是吸收轿厢动能的装置,是电梯安全运行的最后一道保护装置,一般轿厢应装两个缓冲器,对重装一个缓冲器。

电梯额定速度 $v \leqslant 1$ m/s,一般采用弹簧缓冲器;额定速度 $v > 1$ m/s 的电梯一般采用液压缓冲器。弹簧缓冲器在轿厢载荷为 110% 的额定载重量,以限速器动作速度与缓冲器相撞击时,轿厢所产生的瞬时减速度不应超过 2.5 g（24.5 m/s^2）,并能承受相应的冲击力。对液压缓冲器,轿厢负额定载重量,以 115% 的额定速度与液压缓冲器相撞击时,轿厢平均减速度应在（1~2.5）g 范围内,其持续时间应不超过 0.04 s。

3) 超载限制装置。超载限制装置的功能是防止轿厢超载运行,一般电梯超载时能发出声光信号,载重量达到 110% 时,可切断电梯控制电路,使电梯停止运行。对于集选控制电梯,当载重达到额定载重量的 80%~90% 时,还能接通直驶电路,运行中电梯不应答厅外信号。

4) 安全开关

①终端限位开关是防止轿厢越位而设置的。在上、下极限位置分别装设减速开关、终端限位开关、终端极限开关。

当电梯轿厢失控时,减速开关首先使其减速。终端限位开关迫使电梯轿厢停止运动,当终端限位开关动作时,电梯还能向反方向运动。终端极限开关安装在限位开关之后,如终端限位开关动作时,电梯还可以下行,极限开关动作,切断电梯总电源,防止电梯冲顶或冲底。

②在电梯上还装有轿内急停开关（JTK）、轿顶急停开关（DTK）、抵抗急停开关（AQK）等安全开关。

运行中,轿厢内的电梯噪声不应超过 55 dB,开关门时,不应超过 65 dB。

电梯应注意防火。当机房温度达到 40 ℃,层门外侧或滑轮间温度达 70 ℃ 时,操纵电梯存在火灾隐患。

(2) 电梯安全操作规程

1) 电梯投入运营前须进行试运行,以检查各部位是否正常。

2) 搞好轿厢、厅门口的清洁卫生,清理地坎槽内杂物,以免影响轿厢门的正常开闭。

3）严禁电梯超载运行，电梯操作人员应严格掌握所乘人数及所搭载的货物质量。

4）载物电梯应注意所载货物在轿厢内须均匀分布。

5）对质量判断不明或不符合安全条件的物品谢绝运送，客梯禁止作为货梯使用。

6）运送超长物件不允许开启轿厢安全窗、安全门。

7）严禁在厅、轿厢门开启的情况下，用检修速度做正常行驶。

8）不允许使用检修开关、急停开关或电源开关做正常运行的销号。电梯检修时，司机应听从维修人员指挥。

9）电梯运行中，不得使用厅门钥匙开启厅门。

10）电梯运行中发生"平层不开门"、"关门不走车"、安全钳误动作、运行速度异常、有不正常声响或焦煳味等现象应立即按动"急停开关"。用通信装置通知维修或管理人员，并安抚好轿厢内人员。

11）电梯操作人员应掌握所用电梯的各项性能，熟知安全操作规程，定期参加培训，持资格证上岗操作。

（3）安全管理工程控制措施

1）在电梯出入口小于 0.5 m 距离内设置急停开关，且高度不得低于 1.5 m。

2）有条件的扶梯或平梯在梯中间设置 2~3 个急停开关，高度不得低于 1.5 m。

3）急停开关一定要有"急停"标识。

（4）厢式电梯安全管理

1）电梯投入使用前，必须做好动力电源和照明电源的供电工作。一天工作结束后，应将电梯行驶到最底层，用专用钥匙断开开关，使电梯安全回路切断，同时电梯门关闭，电梯不能运行，直至重新使用时接通开关。无司机状态下使用电梯时，由乘客按下操纵箱上的楼层按钮，电梯自动运行到目的楼层。

2）对电梯紧急状态的处置。电梯因某种原因失去控制或发生超速情况而无法控制，虽然已按下急停按钮也无法制动时，电梯操作人员和乘客应保持镇静，切勿盲目打开轿厢，应借助各种安全装置使轿厢停止。电梯在行驶中发生停车故障时，轿厢内的人员应先用警铃、电话等通知维修人员，由维修人员在机房设法移动轿厢至附近楼层门口，再由专职人员打开层门，使人员撤离轿厢；如果轿厢因超速行驶或突然中途停驶，而必须在机房内用人力驱动飞轮转动曳引机，使轿厢做短程升降时，必须先将电动机的电源开关断开，同时在转动曳引机时，应使制动器处于张开状态。

3）安全使用。轻按电梯按键，至指示灯亮即可，禁止长时间按电梯按键；禁止人或物阻挡电梯门的关闭；禁止在电梯轿厢内嬉戏打闹或来回走动；禁止超重运行；其他事项须遵守安全操作准则。

6. 场（厂）内专用机动车辆

（1）驾驶作业前的安全准备工作

1）做好严格、细致的交接班，特别要交接好车辆安全装置技术状况。

2）作业前要穿戴好劳动保护用品，严禁赤脚和穿拖鞋操作。

3）女驾驶员的发辫必须卷在安全帽内，以确保安全。

4）身体过于疲劳、睡眠严重不足和饮酒后严禁驾驶作业。

5）有权拒绝违章指挥，发现车辆存在安全隐患或零部件损坏时，应及时维修后再作业。严禁开"带病"车。

（2）出车前检查

1）检查转向装置各部件的连接是否牢固可靠。

2）检查车辆的灯光、仪表、信号装置、反射器、喇叭等是否完好，各种开关是否灵活，车厢板、车门、门锁等装置是否牢固可靠。

3）检查轮胎、车轴、传动轴、钢板弹簧等处的螺栓、螺母是否牢固，轮胎气压是否符合规定，牵引装置是否连接可靠。

4）检查蓄电池电解液是否充足，连接是否牢固。

5）对内燃机车辆，检查机油、燃油、冷却水是否充足，发动机等动力装置的表面附属件是否齐全有效。

6）检查物品装载是否合理、安全、可靠。

（3）行车中的注意事项

1）起步前须先检查车旁和车下有无人、畜和障碍物，观察车辆周围情况，确认安全后，关好车门，鸣笛起步；起步时应采用低速挡；起步后应先检验制动器和转向部件是否良好。

2）前、后换向应在车辆完全停稳后进行。

3）下陡坡时，应采取低速挡，同时断续轻踩制动踏板，不得紧急制动，以免车辆向前倾翻；上坡时，也应及时转换为低速挡。转弯时应提前减速，急转弯时应先转换为低速挡。

4）行驶中，除紧急情况外，一般不要使用紧急制动，应采取预判制动，或利用减速滑行降低车速。

5）在厂区行驶时应遵守厂区限速规定，不得超速驾驶，并遵守厂区交通规则。

6）同方向行驶的车辆车速不得超过 20 km/h，前后车距不得小于 10 m。

（4）作业安全要求

1）按指挥信号和指挥人员的指挥作业。

2）发现车辆有异常时，应立即停止作业，查明原因，不得带病作业或行驶。

3）因天气、场地和货物影响安全操作时，不得强行作业、行驶。

4）不得超载作业。

5）在作业过程中，车辆的任何部位不准搭乘站立人员。

6）不准在操作时吸烟、闲谈、打瞌睡、饮食或做其他妨碍安全的活动。

7）不准擅自把车辆交给他人驾驶或驾驶与有关证照不符的车辆。

8）不准将货物悬吊在空中停留而离开驾驶室或进行检修及长距离行驶等。

9）汽油机在运转时，不准添加油料。

10）夏天洗刷车辆时，不准用冷水冲洗热发动机或电气元件。

11）在车站、码头或土方施工时，不准背靠坡边、火车线路、站台、堤岸边沿作业。

（5）停放要求

机动车辆不准在下列地点停放：

1）距消防设施 20 m 以内。

2）仓库进出口、交叉路口、铁道口、厂房门口等危险地段。

3）距离地磅 15 m 以内及妨碍交通、影响作业的地段。

4）在通过架空线路或在架空线路下作业时，车辆各部与架空线路的距离不得小于规定数值。

5）尽量避开斜坡停放，停放时确保制动器启用。

（6）行驶后的检查

1）停车后应拔下钥匙，切断电路，拉紧手制动器，并把变速杆放在低速挡。

2）对车辆进行清扫和保养。

3）检查各类仪表，熄火后查看有无漏电现象。

4）检查照明、信号是否正常。

5）检查有无漏油现象。

6）检查传动带松紧度，必要时进行调整。

7）清洁蓄电池外部，检查电解液面和极柱的连接情况。

8）检查轮胎气压及外观，检查轮胎螺母、半轴螺母是否松动。

9）检查钢板弹簧是否折断，骑马螺栓是否松动。

10）检查液压制动总泵液面高度。

11）发现故障及时汇报并排除。

12）低温时放出冷却水，冬季做好防冻工作。

（7）新车或大修车的磨合。新车或大修车虽经磨合，但零件的加工表面较粗糙，加工后的形状和位置也存在一定的偏差，因此必须有一段初驶的磨合期。其目的在于改善表面质量，使之达到良好配合，以延长使用寿命。磨合期应注意以下事项：

1）在磨合前必须仔细检查各部位及燃油、润滑油、冷却水等。

2）磨合期必须限速行驶，车速不得超过 15 km/h。

3）磨合期不能猛轰油门，怠速运转 2～3 min 后才能行驶，并按规定质量搭载物料。

4）磨合期不要在恶劣的路面上行驶。

5）应检查各系统，紧固各个螺栓，并进行必要的调整。

6）磨合期结束后，应更换润滑油，再投入正常使用。

（8）机动车辆驾驶员操作要求

1）驾驶车辆时，必须携带"特种设备安全管理和作业人员证"。严禁转借、涂改、伪造。若有丢失立即声明，按规定补办。驾驶无顶驾驶室车辆在现场作业，应戴好安全帽等必要的劳动防护用品。

2）行车时，须关好车门、车厢。

3）严禁酒后驾驶车辆。

4）不准在身体过度疲劳或患病等影响安全行车的情况下驾驶车辆。

5）不准驾驶安全设备不全、机件失灵或违章装载的车辆。

6）严格遵守安全标志，试车时须悬挂试车牌照，不得在非指定路段试车。

7）须自觉接受市场监管部门、车辆管理部门、应急管理部门有关人员的监督、检查、安全指挥和违章处理。

8）机动车辆驾驶人员负有监督装卸的责任。

（三）特种设备危险有害因素与事故类型

1. 锅炉

锅炉常见事故分为锅炉爆炸事故和锅炉重大事故两大类。

（1）锅炉爆炸事故。由于意外或某些原因导致锅炉承压负荷过大造成的瞬间能量释放现象，如锅炉缺水、水垢过多、压力过大等情况都会造成锅炉爆炸，一旦发生锅炉爆炸事故，人身和财产会受到极大损失。锅炉爆炸事故分为炉膛爆炸事故、水蒸气爆炸事故、超压爆炸事故、缺陷导致爆炸事故、严重缺水导致爆炸事故。

1）炉膛爆炸事故。炉膛爆炸事故是指炉膛内积存的可燃性混合物瞬间同时爆燃，从而使炉膛烟气侧压力突然升高，超过了设计允许值而造成水冷壁、刚性梁及炉顶、炉墙破坏爆炸的现象，即正压爆炸。此外还有负压爆炸，即在送风机突然停转时，引风机继续运转，烟气侧压力急降，造成炉膛、刚性梁及炉墙破坏爆炸的现象。

2）水蒸气爆炸事故。锅炉中容纳水及水蒸气较多的大型部件，如锅炉及水冷壁集箱等，在正常工作时，处于汽水共存的饱和状态，或者充满了饱和水，容器内侧的压力等于或接近于锅炉的工作压力，水的温度则是该压力对应的饱和温度。一旦该容器破裂，容器内液面上的压力瞬间下降为大气压，与大气压相对应的水的饱和温度是 100 ℃，原工作压力高于 100 ℃ 的饱和水在此时成为极不稳定，在大气压下难以存在的"过饱和水"，其中的一部分瞬时汽化、体积骤然膨胀，造成爆炸。

3）超压爆炸事故。超压爆炸事故是指由于安全阀、压力表不齐全、损坏或安装错误，操作人员擅离岗位或不负责任，关闭或者关小出气通道，将无承压能力的生活锅炉改装成承压蒸汽锅炉等原因，致使锅炉主要承压部件，如筒体、封头、管板、炉胆等承受的压力超过其承载能力而造成的爆炸事故。

4）缺陷导致爆炸事故。缺陷导致爆炸事故是指锅炉承受的压力并未超过额定压力，但因锅炉主要承压部件出现裂纹、严重变形腐蚀、组织变化等情况，导致主要承压部件丧失承载能力，突然大面积破裂导致爆炸。

5）严重缺水导致爆炸事故。锅炉严重缺水时，锅炉的锅筒、封头、管板、炉胆等直接受到火焰加热，金属温度急剧上升至烧红，丧失承压能力，如果此时上水，会立即引起爆炸。

（2）锅炉重大事故

1）锅炉缺水事故

①造成的危害。当锅炉水位低于水位表最低安全水位刻度线时，即会造成锅炉缺水事故。锅炉缺水时，水位表往往看不到水位，表内发白、发亮。锅炉缺水后，低水位警报器开始动作并发出警报，过热蒸汽温度升高，给水流量不正常地小于蒸汽流量。锅炉缺水是锅炉运行中最常见的事故之一，会造成严重后果。严重缺水会使锅炉蒸发受热面管子过热变形甚至烧塌，胀口渗漏，胀管脱落，受热面钢材过热或过烧，降低或丧失承载能力，管子爆破，炉墙损坏。如果锅炉缺水处理不当，甚至会导致锅炉爆炸事故。

②原因。作业人员疏忽大意或者擅离职守，未对水位表及其他仪表进行监控；水位表故障造成假水位，而作业人员未及时发现；水位报警器或给水自动调节器失灵，未及时发现；给水设备或给水管路故障，无法给水或水量不足；作业人员排污后忘记关闭排污阀或者排污阀泄漏；水冷壁、对流管束或省煤器管破裂

漏水。

③处置。发现锅炉缺水时。应首先判断是轻微缺水还是严重缺水，然后酌情给予不同的处理。通常判断缺水程度的方法是"叫水"。"叫水"的操作方法为：打开水位表的放水旋塞冲洗汽连管及水连管，关闭水位表的汽连管旋塞，关闭放水旋塞。如果此时水位表中有水位出现，则为轻微缺水。如果通过"叫水"，水位表内仍无水位出现，说明水位已降到水连管以下甚至更严重，属于严重缺水。

轻微缺水时，可以立即向锅炉上水，使水位恢复正常。如果上水后水位仍不能恢复正常，应立即停炉检查。严重缺水时，必须紧急停炉。在未判定缺水程度或者已判定属于严重缺水的情况下，严禁给锅炉上水，以免造成锅炉爆炸事故。

"叫水"操作一般只适用于相对容水量较大的小型锅炉，不适用于相对容水量很小的锅炉。对相对容水量小的电锅炉或其他锅炉，以及最高水界在水连管以上的锅壳锅炉一旦发现缺水，应立即停炉。

2）锅炉满水事故

①造成的危害。锅炉水位高于水位表最高安全水位刻度线的现象称为锅炉满水。锅炉满水时，水位表内往往看不到水位，但表内发暗，这是满水与缺水的重要区别。

锅炉满水后，高水位报警器开始动作并发出警报，过热器温度降低，给水流量不正常地大于蒸汽流量。严重满水时，锅水可进入蒸汽管道和过热器，造成水击及过热器结垢。因而满水的主要危害是降低蒸汽品质，使过热器损坏。

②原因。运行人员疏忽大意或者擅离职守，未对水位表及其他仪表进行监视；水位表故障造成假水位，而作业人员未及时发现；水位报警器及给水自动调节器失灵，未能及时发现等。

③处置。发现锅炉满水后，应冲洗水位表，检查水位表有无故障；一旦确认满水，应立即关闭给水阀停止向锅炉上水，启用省煤器再循环管路，减弱燃烧，开启排污阀及过热器、蒸汽管道上的疏水阀；待水位恢复正常后，关闭排污阀及各疏水阀；查清事故原因并予以消除，恢复正常运行。如果满水时出现水浸，在恢复正常水位后，还须检查蒸汽管道、附件、支架等，确定无异常情况后才可恢

复正常运行。

3）锅炉汽水共腾

①造成的危害。锅炉蒸发表面（水面）汽水同时升起，产生大量泡沫并上下波动、翻腾的现象叫汽水共腾。发生汽水共腾时，水位表内也出现泡沫，水位急剧波动，汽水界线难以分清；过热蒸汽温度急剧下降；严重时，蒸汽管道内发生水击现象。汽水共腾与满水一样，会使蒸汽带水，降低蒸汽品质，造成过热器结垢后水击振动，损坏过热器，影响设备的安全运行。

②原因

a. 锅水品质太差。由于给水品质差或排污不当等原因，造成锅水中悬浮物或含盐量太高，碱度过高。汽水分离会使锅水表面层附近含盐浓度更高，锅水黏度大，气泡上升阻力增大。在负荷增加、汽化加剧时，大量气泡被黏阻在锅水表面层附近来不及分离出去，形成大量泡沫，使锅水表面上下翻腾。

b. 负荷增加及压力降低过快。当水位高、负荷增加过快及压力急剧降低时，会使水面汽化加剧，造成水面波动及蒸汽带水。

③处置。发现汽水共腾时，应减弱燃烧力度，降低负荷，关小主汽阀；加强蒸汽管道和过热器的疏水；将连续排污阀打开，并打开定期排污阀放水，同时上水，以改善锅水品质；待水质改善，可逐渐恢复正常运行。

4）锅炉爆管

①造成的危害。锅炉爆管（炉管爆破）是指锅炉蒸发受热面管子在运行中爆破，包括水冷壁、对流管束管子爆破及烟管爆破。炉管爆破时，往往能听到爆破声，随之水位降低，蒸汽及给水压力下降，炉膛或烟道中有汽水喷出的声响，负压减小，燃烧不稳定，给水流量明显大于蒸汽流量，有时还有其他比较明显的状况。

②原因。水质不良、管子结垢并超温引起爆破；水循环故障；严重缺水；制造、运输、安装中管内落入异物；因烟气磨损导致管壁减薄；运行中或停炉后，管壁因腐蚀而变薄；管子膨胀受阻，由于热应力造成裂纹；吹灰不当造成管壁变薄；管路缺陷或焊接缺陷在运行过程中扩大。

③处置。锅炉爆管时，通常必须紧急停炉进行修理。

导致锅炉爆管的原因很多，往往是几方面的因素共同影响而造成的，因而防止锅炉爆管必须从锅炉设计、制造、安装、运行管理、检验等各个环节入手。

5）省煤器损坏

①造成的危害。省煤器损坏是指由于省煤器管子破裂或省煤器其他零件损坏所造成的事故。省煤器损坏时，给水流量不正常地大于蒸汽流量，严重时，锅炉水位下降，过热蒸汽温度上升。省煤器烟道内会有异常声响，烟道潮湿或漏水，排烟温度下降，烟气阻力增大，引风机电流增大。省煤器损坏会造成锅炉缺水而被迫停炉。

②原因。烟速过高或烟气含灰量过大，飞灰磨损严重；给水品质不符合要求，特别是未进行除氧，管子水侧被严重腐蚀；省煤器出口烟气温度低于其酸露点，在省煤器出口段烟气侧产生酸性腐蚀；材质缺陷或制造、安装时的缺陷导致破裂；因水击或炉膛、烟道爆炸而使省煤器剧烈振动并损坏等。

③处置。省煤器损坏时，如能经上水管给锅炉上水，并使烟气经旁通烟道流出，则可不停炉进行省煤器的修理，否则必须停炉进行修理。

6）过热器损坏

①受到的危害。过热器损坏主要指过热器爆管。事故发生后，蒸汽流量明显下降，且不正常地小于给水流量；过热蒸汽温度上升，压力下降；过热器附近有明显的声响，炉膛负压减小，过热器后的烟气温度降低。

②原因。锅炉满水、汽水共腾或汽水分离效果差而造成过热器内进水结垢，导致过热器爆管；受热偏差或流量偏差使个别过热器管子超温而爆管；启动、停炉时对过热器保护不当而导致过热器爆管；工况变化（负荷变化、给水温度变化、燃料变化等）使过热蒸汽温度上升，造成金属超温爆管；材质有缺陷或材质使用不当（在需要用合金钢的过热器上错用了碳素钢）；制造或安装时的质量问题，特别是焊接缺陷；管内异物堵塞；被烟气中的飞灰严重磨损；吹灰不当，损坏管壁等。

锅炉受热面中过热器的使用温度最高，致使过热蒸汽温度变化的因素很多，相应造成过热器超温的因素也很多。因此，过热器损坏的因素比较复杂，往往与温度工况有关，在分析事故原因时需要综合各方面的因素考虑。

③处理。过热器损坏通常需要停炉进行修理。

7）水击事故

①造成的危害。水在管道中流动时，因速度变化而导致压力突然变化，形成压力波并在管道中传播的现象叫做水击。发生水击时管道承受的压力骤然升高，会出现猛烈振动并发出巨大声响的状况，常常造成管道、法兰、阀门等的损坏。

②原因。锅炉中易产生水击的部位有给水管道、省煤器、过热器、锅筒等。

给水管道的水击常常是由于管道阀门关闭或开启过快造成的，例如，阀门突然关闭，高速流动的水突然受阻，其动压在瞬间转变为静压，造成对阀门、管道的强烈冲击。

省煤器管道的水击分为两种情况：一种是省煤器内部分水变成了蒸汽，蒸汽与温度较低的（未饱和）水相遇时，水将蒸汽冷凝，原蒸汽区压力降低，使水流速度突然发生变化并造成水击；另一种则与给水管道的水击相同，是由阀门的突然开闭造成的。

过热器管道的水击常发生在锅炉满水或汽水共腾事故中，在暖管时也可能出现。造成水击的原因是水进入蒸汽管道中，使部分蒸汽降温甚至冷凝，形成压力降低区，蒸汽携水向压力降低区流动，水速突然变化而形成水击现象。

锅筒的水击也有两种情况：一是上锅筒内水位低于给水管出口，而给水温度又较低时，大量低温进水造成蒸汽凝结，使压力降低而导致水击；二是下锅筒内采用蒸汽加热时，进汽速度太快，蒸汽迅速冷凝形成低压区，造成水击。

③预防与处置。为了预防水击事故，给水管道和省煤器管道的阀门启闭不要过于频繁，速度要缓慢；对可分式省煤器的出口水温要严格控制，使之低于同压力下的饱和温度40 ℃；暖管之前应彻底疏水；上锅筒应缓慢进水，下锅筒进汽速度也应缓慢。发生水击时，除立即采取措施使之消除外，还应认真检查管道、阀门、法兰、支撑物等，如无异常情况，才可使锅炉继续运行。

8）尾部烟道二次燃烧

①造成的危害。尾部烟道二次燃烧主要发生在燃油锅炉上。当锅炉运行中燃烧不完全时，部分可燃物随烟气进入尾部烟道，积存于烟道内或黏附在尾部受热面上，在一定条件下，这些可燃物会自行着火燃烧。尾部烟道二次燃烧会损坏空气预热器、省煤器。

②原因。尾部烟道二次燃烧易在停炉之后不久发生。造成尾部烟道二次燃烧有以下3个条件：

a. 可燃物在尾部烟道积存。锅炉启动或停炉时燃烧不稳定、不安全，可燃物随烟气进入尾部烟道，积存在尾部烟道；燃油雾化不良，来不及在炉膛完全燃烧而随烟气进入尾部烟道；鼓风机停转后炉膛内负压过大，引风机有可能将尚未燃烧的可燃物吸到尾部烟道上。

b. 可燃物着火的温度条件。刚停炉时尾部烟道上尚有烟气存在，烟气流速很低甚至不流动，受热面上因沉积可燃物，传热系数低，难以向周围散热；在温度较高的情况下，可燃物自氧化加剧并放出一定能量，从而使温度进一步上升。

c. 有一定空气量。尾部烟道门孔和挡板关闭不严密；空气预热器密封不严，空气泄漏。

③预防。为防止产生尾部烟道二次燃烧，要提高燃烧效率，尽可能减少不完全燃烧损失，减少锅炉的启停次数；加强尾部受热面的吹灰；保证烟道各种门孔及烟气挡板的密封良好；应在燃油锅炉的尾部烟道上装设灭火装置。

9）锅炉结渣

①造成的危害。锅炉结渣是指灰渣在高温下黏结于受热面、炉墙、炉排之上并逐渐增多的现象。燃煤锅炉结渣是普遍性的问题，层燃炉、沸腾炉、煤粉炉也有可能结渣。煤粉炉炉膛温度较高，煤粉燃烧后呈飞腾状态，更易在受热面上结渣。结渣会造成以下的危害：使受热面的吸热能力减弱，降低锅炉的效率；局部水冷壁管结渣会影响和破坏水循环，甚至造成水循环故障；造成过热蒸汽温度变化，使过热器金属超温；严重的结渣会妨碍燃烧设备的正常运行，甚至被迫停炉。综上所述，结渣对锅炉的经济性和安全性都有不利影响。

②原因。产生结渣的原因主要是煤的灰渣熔点低、燃烧设备设计不合理、运行操作不当等。

③预防。预防锅炉结渣的主要措施如下：

a. 在设计上要控制炉膛燃烧热负荷，在炉膛中布置足够的受热面，控制炉膛出口温度，使之不超过灰渣变形温度；合理设计炉膛形状，正确设置燃烧器，在燃烧器结构性能设计中充分考虑结渣问题；控制水冷壁间距不要太大，要把炉膛出口处受热面管间距拉开；在炉排两侧装设防焦集箱等。

b. 避免超负荷运行；控制火焰中心位置，避免火焰偏斜和火焰冲墙；合理控制过量空气系数并减少漏风。

c. 对沸腾炉和层燃炉，要控制送煤量，均匀送煤，及时调整燃料层和煤层厚度。

d. 发现锅炉结渣要及时清除。清渣应在负荷较低、燃烧稳定时进行，操作人员应注意防护，保障安全。

2. 压力容器

（1）压力容器事故率高的原因。影响压力容器事故率的因素较多，也十分复杂。在相同的条件下，压力容器的事故率要高于其他机械设备。压力容器大多数本是承受静止而比较稳定的载荷，并不像一般转动机械容易因过度磨损而失效，也不像高速发动机因承受高周期反复载荷而发生疲劳失效，事故率高的原因，主要有以下几方面：

1）技术条件

①使用条件比较苛刻。压力容器不但承受着大小不同的压力载荷（在一般情况下还是脉动载荷）和其他载荷，而且有的还是在高温或深冷的条件下运行，工作介质又往往具有腐蚀性，工况环境比较恶劣。

②容易超负荷。容器内的压力常常会因操作失误或发生异常反应而迅速升高，而且往往在尚未发现的情况下，容器即已破裂。

③局部应力比较复杂。例如，在容器开孔周围及其他结构不连续处，常会因过高的局部应力和反复的加载卸载而造成疲劳破裂。

④常隐藏有严重缺陷。焊接或锻制的容器，常会在制造时留下微小裂纹等严重缺陷，这些缺陷若在运行中不断扩大，或在适当的条件（如使用温度、工作介质等）下都会使容器突然破裂。

2）管理、使用

①非法使用。购买没有压力容器制造资质的企业生产的设备作为承压设备，并非法作为压力容器使用，以避开报装、使用注册登记和检验等安全监察管理。

②管理、操作不符合要求。企业没有配备或缺乏了解压力容器有关法规、标

准及专业知识管理技术人员。压力容器作业人员未经专业培训和考核，无证上岗。

③压力容器管理处于"四无"状态。"四无"即一无安全操作规程，二无压力容器技术档案，三无压力容器持证上岗人员和相关管理人员，四无定期检验管理，使压力容器和安全附件处于盲目使用、盲目管理的失控状态。

④擅自改变使用条件。经营者无视压力容器安全，为了适应某种工艺的需要而随意改变压力容器的用途和使用条件，甚至带"病"操作，违规超负荷超压生产等造成严重后果。

⑤相关监管部门管理不到位。市场监督管理部门和相关行政执法部门的工作未能适应经济的发展和变化，特别是规模小、分布广的民营和私营企业的激增，使压力容器的监督管理不到位，助长了压力容器的违规使用和违规管理。

（2）气瓶充装与使用不当造成事故。气瓶的正确充装是保障气瓶安全使用的关键环节。气瓶由于充装不当而发生爆炸事故，多数是氧气与可燃气体混装和充装过量造成的。

1）氧气与可燃气体混装。原来盛装可燃气体（如氢、甲烷等）的气瓶，在未经过置换、清洗等处理，瓶内还有余气的情况下，又用来盛装氧气，或者将原来装氧气的气瓶用来充装可燃气体，使可燃气体与氧气在瓶内发生化学反应，造成瓶内压力急剧升高，气瓶破裂爆炸。这种由于化学反应而发生爆炸的能量，往往要比气瓶能承受的大几倍至几十倍，会使气瓶炸成许多碎片。如某厂将一个氧气瓶临时充装氢气，但未经改装，仍保留氧气瓶的漆色，氢气用完后又充装氧气，结果在使用中发生爆炸。气瓶全部炸成碎片，碎片最大的只有 150 mm × 100 mm，且全部飞离现场，最远的飞出千余米。值得注意的是，这种气体混装的气瓶有时并不一定在充装过程中发生爆炸，而是在使用时发生爆炸。因为混合气体的爆炸需要具备一定的条件，而且这种气体在焊接时常有"回火"现象。

2）充装过量（特别是盛装低压液化气体的气瓶）也是气体爆炸的常见原因。因为液化气体充装温度一般都比较低，如果在这种温度下充装过量的液化气体，受周围环境温度的影响，瓶内液化气体温度升高，迅速膨胀，产生很大压力，造成气瓶破裂爆炸。

3）气瓶使用和维护不当会直接或间接造成爆炸事故、火灾事故或中毒事故。在使用中将气瓶置于烈日下长时间暴晒或气瓶靠近高温热源，是气瓶爆炸的常见原因，特别是盛装低压液化气体的气瓶。如果充装过量，再加上日光暴晒，极易发生爆炸。如北京某电机厂充装过的液氨气瓶，在太阳下暴晒，两天后发生爆炸。气瓶腾空飞起，落到 120 m 以外的房顶上。爆炸后氨气弥漫，扩散到附近操作室内，并在室内发生闪爆，烧伤一名值班人员。有时候，气瓶只局部受热，虽不至于发生爆炸，但会使气瓶上的安全泄压装置开启泄放，使瓶内可燃气体或有毒气体喷出，造成火灾或中毒事故。

4）气瓶操作不当会发生着火或烧坏气瓶附件等事故。例如，打开气瓶的瓶阀时，因开得太快，使减压器或管道中的压力迅速提高，温度也会大大升高，严重时会使橡胶垫圈等附件烧毁。

此外，盛装可燃气体气瓶的瓶阀泄漏，氧气瓶瓶阀或其他附件沾有油脂等也常常会引起火灾事故。

气瓶在运输（或搬动）过程中容易受到震动或冲击，如果气瓶原来存在缺陷，就容易发生事故。有时还会把瓶阀撞坏或碰断，发生使气瓶飞离或喷出的可燃气体着火等事故。

（3）压力容器事故综合分析。压力容器破裂爆炸事故，在经过事故现场的观察检查和测量，对事故发生过程和容器设计、制造、投产后运行情况的调查了解，以及必要的技术检验、鉴定和计算之后，应对事故原因进行综合分析，确定其直接原因和主要原因。由于压力容器种类繁多，每一起事故均应具体情况具体分析。

1）爆炸事故性质及过程的判断。压力容器的破裂，有的是在工作压力下发生的，有的是在超压的情况下发生的，其中有的属于物理性爆炸，有的属于化学性爆炸，要具体分析事故原因，正确判断爆炸的性质以及容器破裂压力等。一般容器破裂及其由此引起的气体爆炸，有以下几种情况：

①工作压力下破裂的容器。当安全泄压装置正确、可靠，容器在破裂前没有开启泄放、压力表无异常，事故后检查无失效、失灵，操作和工艺条件也属正常，无超压迹象，可判断为在工作压力下的破裂。

工作压力下破裂的容器，一般是由于容器粗制滥造造成的，即壁厚不够、焊缝有严重缺陷、容器长期不做技术检验、年久失修和器壁严重腐蚀而普遍减薄的容器。工作压力下器壁上的应力超过材料屈服极限的比较少见。

②超工作压力下破裂的容器。容器内压力较多地超过工作压力而发生爆炸，一般是由于操作人员违章作业造成的。超过工作压力，而容器本身的安全泄压装置不全或失灵、失效，其壁上的应力超过材料的强度极限而发生破裂，一般都有一段增压过程，故破裂一般都属于韧性破裂。

③化学性爆炸的容器。容器内化学性爆炸是指发生不正常的化学反应，使气体体积增加或温度急剧增高导致的容器破裂。

发生化学性爆炸的容器，其安全阀可能有排放过的迹象，但一般来不及全量排放。爆炸后检查压力表可发现指针撞弯、不能返回零位以及其内有燃烧的痕迹或残留物等异常现象。

④容器破裂后的二次空间爆炸。一般盛装易燃介质的容器，在其破裂后，器内溢出的易燃介质与空气混合后，在爆炸极限范围内又发生的第二次爆炸，这种爆炸一般会导致灾害性事故。容器破裂后的二次空间爆炸，其特征是可以看到闪光及两次响声，并常有燃烧痕迹或残留物等。

2）容器破裂形式鉴别

①韧性破裂。韧性破裂的容器一般都有明显的塑性变形，破裂后其最大圆周伸长率常达10%以上，容器增大率在10%~20%。其破断口呈暗灰色纤维状，没有闪烁的金属光泽，断口不平齐。由于材料有较好的塑性和韧性，所以容器破裂后，一般不是形成碎片，而是裂开一个口子。

②脆性破裂。脆性破裂的容器，在破裂形状、断口形貌等方面具有一些与韧性破裂相反的特征，既没有明显的伸长变形，容器的壁厚一般也无减薄。裂口平齐，断口呈闪烁金属光泽的结晶状，厚壁容器的断口上，还常可找到人字形纹路（辐射状）。由于脆性破裂往往在一瞬间发生，器内压力无法通过一个裂口释放，因此脆性破裂的容器常裂成碎块飞出。金属的脆性断裂是由于裂纹引起的，所以破裂时实际应力较低。在运行中因温度突变而发生脆断的也比较多见。

③疲劳破裂。疲劳破裂是在交变载荷作用下出现的金属疲劳破坏。一般的疲

劳破裂有如下特征。

a. 由裂纹的产生和扩展所造成的，它与脆性破裂一样，一般无明显的塑性变形。

b. 破裂断口存在两个区域，一个是疲劳裂纹产生及扩展区，另一个是最后断裂区。两个区域的颜色有明显的不同。

c. 疲劳与脆性破裂的另一个不同点是只有一个裂口发生泄漏，基本不产生碎片。容器在交变载荷作用下，由裂纹的产生发展到断裂泄漏，比脆性破裂要慢得多。

④腐蚀破裂。常见的压力容器腐蚀破裂的形式有均匀腐蚀、点腐蚀、应力腐蚀和疲劳腐蚀等，其中最危险的是应力腐蚀破裂。常见的应力腐蚀形式及其特征如下：

a. 钢制容器的氢脆。在容器发生氢脆后，通过断口微观分析，可看到钢的脱碳铁索体组织及脱碳层的深度。破坏的形式是沿晶界扩展的腐蚀裂纹。

b. 钢制容器的碱脆。碱脆是钢在热碱溶液和拉伸应力的共同作用下产生应力腐蚀的一种破坏形式。断裂经常发生在应力集中的地方，断口微观分析可发现有沿着晶界分枝型裂纹，断口上还黏附有磁性氧化铁。

c. 氯离子引起的奥氏体不锈钢制容器的应力腐蚀裂纹。腐蚀裂纹的特征是穿晶型，多数是分枝型裂纹，且多数发生在有残余应力的焊缝及其热影响区。

d. 疲劳腐蚀，或称腐蚀疲劳，是金属材料在腐蚀和应力的共同作用下引起的一种破坏形式。具有与疲劳破坏相同的断口，即断口常有两个明显不同的区域，一个是腐蚀疲劳裂纹产生的扩展区，另一个是最后断裂区。疲劳腐蚀裂纹多为穿晶分布的。

一般压力容器的破坏事故，是涉及设计、制造、检查和使用等各个环节的复杂问题。设计制造部门必须合理设计、正确选材、精心制造、严格检验，使其达到规范标准的要求。但在长期使用中，即使达到制造质量标准的设备，由于压力、温度、腐蚀介质及各种复杂因素的联合作用，实际上缺陷还在形成、扩展。因此，在使用中加强压力容器的维护保养，建立健全规章制度，对于防止事故的发生非常重要。

(4) 压力容器事故的预防。为防止压力容器发生爆炸，应采取下列措施：

1) 在设计上，应采用合理的结构，如采用全焊透结构，能自由膨胀等，避免应力集中、几何突变。针对设备使用工况，选用塑性、韧性较好的材料。强度计算及安全阀排量计算应符合标准。

2) 制造、修理、安装、改造时，应加强焊接质量，并按规范要求进行热处理和探伤。加强材料管理，避免使用有缺陷的材料或错误使用钢材和焊接材料。

3) 在压力容器的使用过程中加强管理，避免操作失误，超温、超压、超负荷运行，失检、失修及安全装置失灵等。

4) 加强检验工作，及时发现缺陷并采取有效措施。

3. 压力管道

压力管道事故常见原因及防范措施：

（1）设计问题。设计无资质，特别是中小厂的技术改造项目设计往往自行设计，设计方案未经有关部门备案。

（2）焊缝缺陷。无证焊工施焊，焊接不开坡口、焊缝未焊透、焊缝严重错边或其他超标缺陷造成焊缝强度低下，焊后未进行检验或者无损检测查出超标焊接缺陷。

（3）材料缺陷。材料选择或替换错误，材料质量差、有重皮等缺陷。

（4）阀体和法兰缺陷。阀门失效、磨损，阀体、法兰材质不合要求，阀门公称压力、适用范围选择不当。

（5）安全距离不足。压力管道与其他设施距离不合规范，压力管道与生活设施安全距离不足。

（6）安全意识和安全知识缺乏。对压力管道的安全意识淡薄，对压力管道有关介质（如液化石油气）的安全知识贫乏。

（7）违章操作。无安全操作规程或不严格执行。

（8）腐蚀。压力管道超期服役造成腐蚀，未进行在用检验评定安全状况。

（9）防范措施

1) 大力加强压力管道的安全文化建设。压力管道作为危险性较大的特种设备正式列入安全管理与监察时间不长，许多人对压力管道安全意识淡薄。就事故预防而言，我们还不能简单地就事故论事故，而必须给予文化高度的思考，即在观念上确立文化意识，在工作中大力加强压力管道的安全文化建设，通过安全培训，安全教育，安全宣传，规范化的安全管理与监察，不断增强人们的安全意识，提高职工与大众安全文化素质，这样才能体现"安全第一，预防为主，综合治理"的安全生产方针，才能以崭新的姿态开展新时期的安全工作。

2）严格新建、改建、扩建的压力管道竣工验收和使用登记制度。新建、改建、扩建的压力管道竣工验收必须有市场监督管理部门人员参加，验收合格后，在使用前必须进行使用登记，这样可以从源头严守压力管道安全质量关，新投入运行的压力管道必须经过检验单位的检验，安全质量符合规范要求，消除安全隐患。

3）新建、改建、扩建的压力管道实施规范化的监督检验。监督检验就是检验单位作为第三方监督安装单位，安装施工的压力管道工程的安全质量必须符合设计图样及有关规范标准的要求。压力管道安装安全质量的监督检验是一项综合性技术要求很高的检验。监督检验人员既要熟悉有关设计、安装、检验的技术标准，又要了解安装设备的特点、工艺流程。这样才能在监督检验中正确执行有关标准规程规定，保障压力管道的安全质量。

监督检验控制有两方面内容：安装单位的质量管理体系和压力管道安装安全质量。其中，安装安全质量主要控制点需包括以下内容：

①安装单位资质。

②设计图样、施工方案。

③原材料、焊接材料和零部件质量证明书及其检验试验。

④焊接工艺评定、焊工及焊接控制。

⑤表面检查，安装装配质量检查。

⑥无损检测工艺与无损检测结果。

⑦安全附件。

⑧耐压、气密、泄漏量试验。

实施规范化的监督检验是安全文化在压力管道领域的具体体现。

4. 起重机械

（1）起重伤害的事故形式

1）重物坠落。吊具或吊装容器损坏、物件捆绑不牢、挂钩不当、电磁吸盘突然失电、起升机构的零件故障（特别是制动器失灵或钢丝绳断裂）等都会造成重物坠落。

2）起重机失稳。起重机失稳有两种类型：一是由于操作不当（如超载、臂架变幅或旋转过快等）、支腿未找齐或地基沉陷等原因使倾翻力矩增大，导致起重机倾翻；二是由于坡度或风力作用，使起重机沿路面或轨道滑动，导致脱轨翻倒。

3）挤压。挤压是指起重机轨道两侧缺乏良好的安全通道，或与建筑结构之间缺乏足够的安全距离，使运行或回转的金属结构机体对人员造成夹挤伤害；运行机构的操作失误或制动器失灵引起溜车，造成碾压伤害等。

4）高处坠落。高处坠落是指人员在离地面高于 2 m 的高度进行起重机的安装、拆卸、检查、维修或操作等作业时，从高处跌落造成的伤害。

5）触电。起重机在输电线附近作业时，其任何组成部分或吊物与高压带电体距离过近，感应带电或触碰带电物体，都可以引发触电伤害。

6）其他伤害。其他伤害包括人体与运动零部件接触引起的绞、戳等伤害；液压起重机的液压元件破坏造成高压液体的喷射伤害；飞出物体的打击伤害；装卸高温液体金属以及易燃、易爆、有毒、腐蚀等危险品时，由于坠落或包装捆绑不牢、破损引起的伤害等。

（2）起重事故类型

1）重物失落事故。起重机械重物失落事故是指起重作业中，吊载、吊具等重物从空中坠落所造成的人身伤亡和设备毁坏的事故，简称失落事故。有以下几种类型：

①脱绳事故。是指重物从捆绑的吊装绳索中脱落、溃散而发生的伤亡毁坏事故。

造成脱绳事故的主要原因有重物的捆绑方法不当，造成重物滑脱；吊装重心选择不当，造成偏载起吊或吊装重心不稳，使重物脱落；吊载遭到碰撞、冲击而摇摆不定，造成重物失落等。

②脱钩事故。是指重物吊装绳或专用吊具从吊钩口脱出而引起的重物失落事故。

造成脱钩事故的主要原因有吊钩缺少护钩装置；护钩装置机能失效；吊装方法不当、吊钩钩口变形引起开口过大等。

③断绳事故。是指起升绳和吊装绳破断造成的重物失落事故。

造成起升绳破断的主要原因有超载起吊拉断钢丝绳；起升限位开关失灵造成过卷拉断钢丝绳；斜吊、斜拉造成乱绳挤伤切断钢丝绳；钢丝绳因长期使用又缺乏维护与保养，造成疲劳变形、磨损损伤；钢丝绳达到或超过报废标准仍然使用等。

造成吊装绳破断的主要原因有吊钩上吊装绳夹角太大（>120°），使吊装绳上的拉力超过极限值而被拉断；吊装钢丝绳品种规格选择不当，或仍使用已达到报废标准的钢丝绳捆绑吊装重物，造成吊装绳破断；吊装绳与重物接触处无垫片等保护措施，造成棱角而割断钢丝绳。

④吊钩断裂事故。是指吊钩断裂造成的重物失落事故。

造成吊钩断裂事故的原因有吊钩材质有缺陷；吊钩因长期磨损而使断面减少；吊钩已达到报废极限标准却仍然使用或经常超载使用，造成疲劳断裂。

起重机机械失落事故主要发生在起升机构取物缠绕系统中，如脱绳、脱钩、断绳和断钩等。每根起升钢丝绳两端的固定也十分重要，如钢丝绳在卷筒上的极限安全圈是否能保证在两圈以上，是否有下降限位保护，钢丝绳在卷筒装置上的压板固定及楔块固定是否安全、可靠。另外，钢丝绳脱槽（脱离卷筒绳槽）或脱轮（脱离滑轮）也会造成失落事故。

失落事故是起重机械事故中最常见的，也是较为严重的。

2）挤伤事故。挤伤事故是指在起重作业中，作业人员被挤压在两个物体之间，造成挤伤、压伤击伤等人身伤亡事故。

造成此类事故的主要原因是起重作业现场缺少安全监督指挥管理人员，现场从事吊装作业和其他作业的人员缺乏安全意识和自我保护措施，野蛮操作等。挤伤事故多发生在吊装作业人员和检修维护人员身上。挤伤事故主要有以下几种：

①吊具或吊载物与地面物体间的挤伤事故。在车间、仓库等室内场所，地面作业人员处于大型吊具或吊载物与机器设备、土建墙壁牛腿立柱等障碍物之间的狭窄地带，在进行吊装指挥、操作或从事其他作业时，由于指挥失误或误操作，作业人员躲闪不及被挤压在大型吊具（吊载）与各种障碍物之间，造成挤伤事故；或者由于吊装不合理，造成吊载物剧烈摆动，冲撞作业人员致伤。

②升降设备的挤伤事故。电梯、升降货梯、建筑升降机的维修人员或操作人员，不遵守操作规程，被挤压在轿厢、吊笼与井壁、井架之间而造成挤伤的事故也时有发生。

③机体与建筑物间的挤伤事故。多发生在高空从事桥式起重机维护及检修的人员中。人员被挤在起重机端梁与支撑承轨梁的立柱或墙壁之间，或在高空承轨梁侧通道通过时被运行的起重机击伤。

④机体回转挤伤事故。多发生在野外作业的汽车、轮胎和履带起重机作业中，往往是此类作业的起重机回转时配重部分将吊装、指挥和其他作业人员撞伤，或把上述人员挤压在起重机械配重与建筑物之间致伤。

⑤翻转作业中的挤伤事故。从事吊装、翻转、倒挂作业时，由于吊装办法不合理，装卡不牢，吊具选择不当，重物倾斜下坠，吊装选位不佳，指挥及操作人员站位不好，造成吊载失稳、吊载摆动冲击以及翻转作业中的砸、撞碰、挤、压等各种伤亡事故。这种类型的事故在挤压事故中尤为突出。

5. 电梯

电梯可能发生的危险一般有：人员被挤压、撞击和发生坠落、剪切；人员被电击，轿厢超越极限行程发生撞击；轿厢超速或因断绳造成坠落；由于材料失效而造成结构破坏等。

保证电梯的安全性，除了充分考虑结构的合理性、可靠性，电气控制和拖动的可靠性等因素外，还应针对各种可能发生的危险设置专门的安全装置。

（1）防超越行程的保护。为防止电梯由于控制方面的故障而使轿厢超越顶层或底层端站继续运行，必须设置保护装置以避免发生严重的后果或使结构损坏。

防止越程的保护装置一般由设在井道内上、下端站附近的强迫换速开关、限位开关和极限开关组成。这些开关或碰轮都安装在固定于导轨的支架上，由安装在轿厢上的打板（撞杆）触动而动作。

（2）防电梯超速和断绳的保护。电梯由于控制失灵，曳引力不足，制动器失灵或制动力不足，以及超载拖动绳断裂等原因，都会造成轿厢超速和坠落。

防超速和断绳的保护装置是安全钳——限速器系统。安全钳是一种使轿厢（或对重）停止向下运动的机械装置，凡是由钢丝绳或链条悬挂的电梯轿厢均应设置安全钳。当地坑下有人能进入的空间时，对重也可设安全钳。安全钳一般都安装在轿架的底梁上，成对的同时作用在导轨上。

限速器是限制电梯运行速度的装置，一般安装在机房。当轿厢上行或下行超速时，通过电气触点使电梯停止运行。当下行超速时，电气触点动作仍不能使电梯停止，速度达到一定值后，限速器机械动作，拉动安全钳夹住导轨将轿厢制停；当由于断绳造成轿厢（或对重）坠落时，也由限速器的机械动作拉动安全钳，使轿厢制停在导轨上。安全钳和限速器动作后，必须将轿厢（或对重）提起，并经专业人员调整后方能恢复使用。

（3）防人员剪切和坠落的保护。在电梯事故中，人员被运动的轿厢剪切或坠入井道的事故所占的比例较大，而且这些事故的后果都十分严重，所以防止人员剪切和坠落的保护十分重要。防止人员剪切和坠落的保护主要由门、门锁和门的电气安全触点联合承担。

（4）缓冲装置。电梯由于控制失灵、曳引力不足或制动失灵等发生轿厢或对重落地时，缓冲器将吸引轿厢或对重的动能，提供最后的保护，以保障人员和电梯的安全。

缓冲器分为蓄能型缓冲器和耗能型缓冲器。前者主要以弹簧和聚氨酯材料等为缓冲元件，后者主要是油压缓冲器。

（5）报警和救援装置。当人员被困在轿厢内时，通过电梯内的报警或通信装置应能将情况及时通知管理人员，通过救援装置将人员安全救出轿厢。

1）报警装置。电梯必须安装应急照明和报警装置，并由应急电源供电。

2）救援装置。电梯困人的救援以往主要采用自救的方法，即轿厢内的操纵人员从上部安全窗爬上轿顶将层门打开。

（6）停止开关和检修运行装置

1）停止开关一般称急停开关，按要求安装在轿顶。底坑和滑轮间必须装设停止开关。停止开关应符合电气安全触点的要求，应是双稳态非自动复位的，误动作不能使其释放。停止开关要求是红色的，并标有停止和运行的位置，若是刀闸式或拨杆式开关，应以把手或拨杆朝下为停止位置。

2）检修运行是为便于检修和维护而设置的运行状态，由安装在轿顶或其他地方的检修运行装置进行控制。检修运行装置包括一个运行状态转换开关、操纵运行的方向按钮和停止开关。该装置也可以与能防止误动作的特殊开关一起从轿顶控制门机构的动作。

（7）消防功能。发生火灾时井道往往是烟气和火焰蔓延的通道，而且一般层门温度在70 ℃以上时不能正常工作。

（8）机械伤害的防护。当人接近电梯的运动部分时会发生撞击、挤压、绞碾等事故，在工作场地由于地面的高低差也可能会产生摔跌等危险，所以必须采取防护措施。

人在操作、维护中可能接近的旋转部件，尤其是传动轴上突出的锁销和螺钉、钢带、链条传动带、齿轮、链轮、电动机的外伸轴、甩球式限速器等，必须有安全网罩或栅栏，以防止人无意中触及曳引轮、盘车手轮、飞轮等光滑圆形部件可不加防护，但应部分或全部涂成黄色以警示。

轿顶和对重的反绳轮必须安装防护罩。防护罩要能防止人员的肢体或衣服被绞入，还要能防止异物落入和钢丝绳脱出。

在底坑中对重运行的区域和装有多台电梯的井道中不同电梯的运动部件之间均应设隔障。

机房地面高差大于0.5 m时，在高处应安设栏杆和梯子。

在轿顶边缘与井道壁水平距离超过0.3 m时，应在轿顶设置护栏，护栏的设置应不影响人员安全和方便地通过入口进入轿顶。

(9) 电气安全保护。对电梯的电气装置和线路必须采取安全保护措施,以防止发生人员触电和设备损毁事故。按照电梯制造与安装安全规范的要求,电梯应采取以下安全保护措施:

1) 直接触电防护。绝缘是防止发生直接触电和电气短路的基本措施。

2) 间接触电防护。在电源中性点直接接地的供电系统中,防止间接触电最常用的防护措施是将故障时可能带电的电气设备外露可导致部分与供电变压器的中性点进行电气连接。

3) 电气故障防护。按规定,交流电梯应有电源相序保护。当电源断相或错相时,应停止电梯运行。在变频调速电梯中,由于变频装置是先将交流电整流成直流电再进行变频调制的,所以错相对其不会产生影响。

直接与电源相连的电动机和照明电路应有短路保护,短路保护一般采用自动空气断路器或熔断器,与电源直接相连的电动机还应有直接过载保护。

4) 电气安全装置。包括直接切断驱动主机电源接触器或中间继电器的安全触点,不直接切断上述接触器或中间继电器的安全触点和不满足安全触点要求的触点。但当电梯电气设备出现故障,如无电压或低电压、导线中断绝缘损坏、元件短路或断路、继电器和接触器不释放或不吸合、触点不断开或不闭合、断相或错相等时,电气安全装置应能防止电梯出现事故。

(10) 急停保护。厢式、扶式、平梯等电梯,应在离地 1.5 m 以上设置急停开关。

资料方面:电梯安全管理制度、电梯安全岗位职责、电梯安全操作规程、事故应急救援预案等。

6. 场(厂)内专用机动车辆

(1) 场(厂)内专用机动车辆危险有害因素辨识

1) 机动车相关合法性资料查阅。购买是否为有资质生产厂家特种设备,使用过程中是否按国家相关规定进行了年检,操作人员是否持有相关机动车有效证件,机动车日常保养记录是否完整连续。

2）安全隐患动态管理。查机动车制动系统是否完好有效，查操作人员是否按规定操作行驶，查机动车是否按规定保养检修。

(2) 场（厂）内机动车辆危险有害因素治理方法

1）资料建立健全。建立健全场（厂）内机动车辆安全管理制度、场（厂）内机动车安全岗位职责、场（厂）内机动车安全操作规程、事故应急救援专项预案等。

2）安全管理制度完善

①企业应加强对场（厂）内专用机动车辆的安全管理，保证场（厂）内专用机动车辆的安全运行。

②企业应建立健全场（厂）内专用机动车辆安全管理规章制度，并认真执行。

③场（厂）内专用机动车辆的制造改造单位，应当经国务院市场监督管理部门许可，方可从事相应的活动。

④场（厂）内专用机动车辆应逐台建立特种设备安全技术档案，其内容包括设计文件、制造单位、产品质量合格证明、使用维护说明等文件以及安装技术文件和资料；定期检验和定期自行检查的记录；日常使用状况记录；设备及其安全附件、安全保护装置、测量调控装置及有关附属仪器仪表的日常维护保养记录；运行故障和事故记录。

⑤在用新增及改装的场（厂）内专用机动车辆应由用车单位到所在直辖市或者设区的市的市场监督管理部门登记。登记标志应当置于或者附着于该特种设备的显著位置。

⑥场（厂）内专用机动车辆遇有过户、改装、报废等情况时应及时到所在地区市场监督管理部门办理登记手续。

⑦场（厂）内专用机动车辆驾驶人员属特种作业人员，应当按照国家有关规定经市场监督管理部门考核合格，取得国家统一格式的特种作业人员证书，方可从事相应的作业或者管理工作。

第七节 变更管理要求

变更管理是指对机构、人员、管理、工艺、技术、设备设施、作业环境等永久性或暂时性的变化进行有计划的控制,以避免或减轻对安全生产的影响。

《冶金等工贸企业安全生产标准化基本规范评分细则》把工贸企业变更管理作为重要的评分项,该细则要求:企业应执行变更管理制度,对机构、人员、工艺、技术、设备设施、作业过程及环境等永久性或暂时性的变化进行有计划地控制。变更的实施应履行审批及验收程序,并对变更过程及变更所产生的隐患进行分析和控制。

一、设备设施拆除、报废

企业应建立设备设施报废管理制度。设备设施的报废应办理审批手续,在报废设备设施拆除前应制定方案,并在现场设置明显的报废设备设施标志。报废、拆除涉及许可作业的,应严格按照作业安全要求执行,并在作业前对相关作业人员进行培训和安全技术交底。报废、拆除应按方案和许可内容组织落实。

二、安全设施"三同时"制度

《劳动法》第五十三条规定,劳动安全卫生设施必须符合国家规定的标准。新建、改建、扩建工程的劳动安全卫生设施必须与主体工程同时设计、同时施工、同时投入生产和使用。《安全生产法》第三十一条规定,生产经营单位新建、改建、扩建工程项目的安全设施,必须与主体工程同时设计、同时施工、同时投入生产和使用。安全设施投资应当纳入建设项目概算。维护职工劳动安全是工会的职责,《工会法》第二十三条规定,工会依照国家规定对新建、扩建企业和技术改造工程中的劳动条件和安全卫生设施与主体工程同时设计、同时施工、同时投产使用进行监督。

第八节　安全生产教育和培训的要求

一、教育培训管理

企业应建立健全安全教育培训制度，按照有关规定进行培训。培训大纲、内容、时间应满足有关标准的规定。

企业应明确安全教育培训主管部门，定期识别安全教育培训需求，制定、实施安全教育培训计划，并保证必要的安全教育培训资源。

企业应如实记录全体从业人员的安全教育和培训情况，建立安全教育培训档案和从业人员个人安全教育培训档案，并对培训效果进行评估和改进。

二、人员教育培训

（一）主要负责人和安全管理人员

企业的主要负责人和安全生产管理人员应具备与本企业所从事的生产经营活动相适应的安全生产和职业卫生知识与能力。

企业应对各级管理人员进行教育培训，确保其具备正确履行岗位安全生产职责的知识与能力。

法律法规要求考核其安全生产知识与能力的人员，应按照有关规定经考核合格，并按期进行再培训。

（二）从业人员

企业应对从业人员进行安全生产教育培训，保证从业人员具备满足岗位要求的安全生产知识，熟悉有关的安全生产法律法规、规章制度、操作规程，掌握本岗位的安全操作技能和职业危害防护技能、安全风险辨识和管控方法，了解事故现场应急处置措施，并根据实际需要，定期进行复训考核。

根据《安全生产培训管理办法》第十九条规定，除主要负责人、安全生产管理人员、特种作业人员以外的生产经营单位的从业人员的安全培训，由生产经营单位负责。

未经安全教育培训合格的从业人员，不应上岗作业。

煤矿、非煤矿山、危险化学品、烟花爆竹、金属冶炼等企业应对新上岗的临时工、合同工、劳务工、轮换工、协议工等进行强制性安全培训，保证其具备本岗位安全操作、自救互救以及应急处置所需的知识和技能后，方能安排上岗作业。

企业的新入厂（矿）从业人员上岗前应经过厂（矿）、车间（工段、区队）班组三级安全培训教育，岗前安全教育培训学时和内容应符合国家和行业的有关规定，培训时间不得少于24学时。

在新工艺、新技术、新材料、新设备设施投入使用前，企业应对有关从业人员进行专门的安全生产和职业卫生教育培训，确保其具备相应的安全操作、事故预防和应急处置能力。

从业人员在企业内部调整工作岗位或离岗一年以上重新上岗时，应重新进行车间（工段、区、队）和班组级的安全教育培训。

从事特种作业、特种设备作业的人员应按照有关规定，经专门安全作业培训，考核合格，取得相应资格后，方可上岗作业，并定期接受复审。

企业专职应急救援人员应按照有关规定，经专门应急救援培训，考核合格后，方可上岗，并定期参加复训。

其他从业人员每年应接受再培训，再培训时间和内容应符合国家和地方政府的有关规定。

（三）其他人员

企业应对进入企业从事服务和作业活动的承包商、供应商的从业人员和接收的中等职业学校、高等学校实习生，进行入厂（矿）安全教育培训，并保存记录。外来人员进入作业现场前，应由作业现场所在单位对其进行安全教育培训，并保存记录。主要内容包括：外来人员入厂（矿）有关安全规定、可能接触到的危害因素、所从事作业的安全要求、作业安全风险分析及安全控制措施、职业病危害防护措施、应急知识等。

企业应对进入企业检查、参观、学习等外来人员进行安全教育，主要内容包括：安全规定、可能接触到的危险有害因素、职业病危害防护措施、应急知识等。

第三章 安全生产技术

第一节 机械安全技术

一、机械安全设计、机械本质安全要求

(一) 机械安全设计

机械安全设计是指在设计时尽量采用当代最先进的机械安全技术,事先对机械系统内部可能发生的安全隐患及危险进行识别、分析和评价,然后再根据其评价结果来进行具体结构的设计。这种设计力图保障所设计的机械能在全生命周期安全地使用。

机械安全设计的总体目标是使机械产品达到本质安全,也就是在机械产品的全生命周期内,即从制造、运输、安装、调试、设定、示教、编程、过程转换、运行、清理、查找故障、停止使用、拆卸及处理的各个阶段内都是充分安全的。一般来说,凡是能够通过设计解决的安全措施绝不能留给用户解决;当确实是设计无法解决时,也要通过其他方式将风险告知用户。除了对机械正常使用采取的安全措施外,还要考虑合理预见到的各种误用情况下的安全性。另外,无论采取任何安全措施,均以不影响机械正常的使用功能为前提。

(二) 机械设备本质安全技术

本质安全技术是指利用该技术进行机器预定功能的设计和制造,不需要采用

其他安全防护措施，就可以在预定条件下执行机械设备的预定功能，满足其自身安全的要求。

1. 合理的结构形式

结构合理可以从设备本身消除危险有害因素，避免由于设计的缺陷而导致发生任何可预见的与机械设备的结构设计不合理相关的危害。为此，机械的结构、零部件或软件的设计应该与机械设备的预定功能相匹配。

2. 限制机械应力以保证足够的抗破坏能力

组成机械的所有零件，应通过优化结构设计来达到防止由于应力过大破坏或失效、过度变形或失稳坍塌造成故障或引发事故。

3. 采用本质安全工艺过程和动力源

本质安全工艺过程和本质安全动力源，是指这种工艺过程和动力源自身是安全的，它包括爆炸环境中的动力源安全、采用安全的电源、防止与能量形式相关的潜在危险。

4. 控制系统的安全设计

机械设备控制系统设计应与所有电子设备的电磁兼容性相关标准一致，防止潜在的危险工况发生，例如，不合理的设计或控制系统逻辑的恶化、控制系统的元件由于缺陷而失效、动力源的突变或失效等原因导致意外启动或制动、速度或运动方向失控等。

5. 材料和物质的安全性

生产过程各个环节所涉及的各类材料，只要在人员作业的场所，其毒害成分、浓度应低于安全健康标准的规定，不得危及人员的安全健康，不得对环境造成污染。此外，还必须满足下列要求：

（1）材料的力学性能和承载能力。抗拉强度、抗剪强度、冲击韧性、屈服点等，应能满足承受预定功能的载荷（如冲击、振动、交变载荷等）作用的要求。

（2）对环境的适应性。材料应具有良好的对环境的适应性，在预定的环境条件下工作时，应考虑温度、湿度、日晒、风化、腐蚀等环境影响，材料物质应有抗腐蚀、耐老化、抗磨损的能力，不致因物理性、化学性、生物性的影响而失效。

（3）材料的均匀性。保证材料的均匀性，防止由于工艺设计不合理，使材料的金相组织不均匀而产生残余应力，或由于内部缺陷（如夹渣、气孔、异物、裂纹等）给安全埋下隐患。

（4）避免材料的毒性和火灾爆炸造成的危害。在设计和制造选材时，优先采用无毒和低毒的材料或物质；防止机械自身或在使用过程中产生的气体、液体、粉尘、蒸气或其他物质造成的火灾和爆炸风险；在液压装置和润滑系统中，使用阻燃液体（特别是高温环境中的机械）和无毒介质（特别是食品加工机械）。

（5）对易燃易爆的液体、气体材料，应采用使其在填充、使用、回收或排放时减小风险或无危险的设计。对不可避免的毒害物（如粉尘、有毒物、辐射物、放射物、腐蚀物等），应在设计时考虑采取密闭、排放（或吸收）、隔离、净化等措施。

6. 机械的可靠性设计

机械各组成部分的可靠性都直接与安全有关，机械零件与构件的失效最终必将导致机械设备的故障。关键机件的失效会造成设备事故和人身伤亡事故。提高机械的可靠性可以降低故障率，减少查找故障和检修的次数，不因失效使机械产生危险的误动作，从而可以减少作业人员面临危险的概率。

二、机械安全防护、机械安全技术要求

（一）机械安全防护

机械安全防护是通过采用安全装置、防护装置或其他手段，对危险进行预防的安全技术措施，目的是防止机械设备在运行时产生各种对作业人员的伤害。安全装置和防护装置统称为安全防护装置。

安全防护是从人的安全需要出发，针对危险性较大机械设备的危险有害因素进行预防的安全技术措施。安全防护的重点是机械的传动部分、作业区、高处作业区、其他运动部分以及某些机械由于特殊危险形式需要的特殊防护等。

要确保安全，凡人员易接触的可动零部件，应尽可能封闭或隔离。对于作业人员在设备运行时可能触及的可动零部件，必须配置必要的安全防护装置。对于运动过程中可能超出极限位置的设备或零部件，应配置可靠的限位装置。若可动零部件所具有的动载荷或势能会引起危险时，则必须配置限速、防坠落或防逆转装置。根据《机械安全 防护装置 固定式和活动式防护装置的设计与制造一般要求》（GB/T 8196—2018）的规定，所有传动带、转轴、传动链、联轴器、带轮、飞轮、链轮、电锯等外露危险零部件及危险部位，都必须设置安全防护装置。

1. 安全防护装置的分类与基本要求

（1）安全防护装置的分类。安全防护常常采用安全装置、防护装置及其他安全措施。安全装置是指用于消除或减少机械伤害风险的单一装置或与防护装置联用的保护装置。常见的有联锁装置、双手操作式装置、自动停机装置、限位装置等。防护装置是指通过设置物体障碍的方式将人与危险隔离的专门安全防护的装置。常见的防护装置有用金属铸造或金属板焊接的防护箱罩，一般用于齿轮传动或传输距离较近的传动装置的防护；金属骨架和金属网制成的防护网，常用于带传动装置的防护；栅栏式防护适用于防护范围比较大的工作场所，或作为移动机械移动范围内临时作业的现场防护，或用于坠落风险的高处临边作业的防护等。

（2）安全防护装置的基本要求。在人与设备之间，安全防护装置构成安全防护屏障，在减轻作业人员精神压力的同时，也会使其形成心理依赖。一旦安全防护装置失效，会对作业人员增加危及安全健康的风险。因此，安全防护装置必须满足与其防护功能相适应的安全技术要求。其基本要求如下：

1）结构简单、布局合理，不得有锐利的边缘和凸缘。不影响机械设备的正常使用功能，且要使用方便；具有切实的防护功能，确保人体不会受到伤害。

2）具有足够的可靠性，在规定的全生命周期内有足够的强度、刚度、稳定性、耐腐蚀性、抗疲劳性，以确保安全。在设计安全防护装置时，必须保证装置的可靠性，其功能除了能防止机械危险外，还应能防止由机械产生的其他各种非机械危害；安全防护装置应与机械的工作环境相适应而不易损坏。

3）应与设备运转联锁，保证安全防护装置闭锁时，设备不能运转；安全防护罩、屏、栏的材料及其运转部件的距离，应符合《机械安全　防护装置　固定式和活动式防护装置的设计与制造一般要求》（GB/T 8196—2018）的规定。

4）设备运行中，不能绕过或避开安全防护装置，不应出现漏保护区。

5）应满足安全距离要求，使人体各部位（特别是手和脚）无法接触危险。对人的视线障碍要达到最小限度。

6）光电式、感应式等安全防护装置应具有自检功能，应设置自身出现故障的报警装置。

7）紧急停车开关应保证瞬时动作时，能终止设备的一切运动；对有惯性运动的设备，必须采取可靠的缓冲装置，紧急停车开关应与制动器或离合器联锁，以保证其迅速终止运行；紧急停车开关的形状应区别于一般开关，颜色为红色；紧急停车开关的设置应保证作业人员易于触及，不发生危险；设备由紧急停车开关停止运行后，必须按启动程序重新启动才能重新运转。

8）便于经常性的检查和维修。

2. 安全装置

安全装置是指通过自身的结构功能限制或防止机械的某种危险或限制运动速度、压力等危险因素设置的装置。常见的有以下安全装置：

（1）联锁安全装置。联锁安全装置是只有安全装置闭合时，机器才能运转；而只有机器的危险部件停止运动时，安全装置才能开启。在设计该装置时，必须使其在发生任何故障时，都不使人员暴露在危险之中。其装置可采取机械、电气、液压、气动或组合的形式。如冲床中的光电传感器，当人手进入冲压危险区，其冲压动作立即停止。

（2）控制安全装置。为使机器能迅速地停止运动，可以使用控制装置。控制装置的原理是只有控制装置完全闭合时，机器才能开动。当操作人员接通控制装置后，机器的运行程序才开始工作；如果控制装置断开，机器的运动就会迅速停止或者反转。

（3）自动安全装置。自动安全装置的原理是把暴露在危险中的人体移出危险区域，只能使用在有足够的时间来完成这样的动作而不会导致伤害的环境下，仅限于在低速运动的机器上采用。

（4）隔离安全装置。隔离安全装置是一种阻止身体的任何部分靠近危险区域的设施，如固定的栅栏等。

（5）可调安全装置。在无法实现对危险区域进行隔离的情况下，可以使用部分可调的安全装置。只要准确使用、正确调节以及合理维护，即能起到保护操作者的作用。

（6）自动调节安全装置。自动调节安全装置由于工件的运动而自动开启，当操作完毕后又回到关闭的状态。

（7）双手控制安全装置。这种装置迫使作业人员应用两手同时对机器进行操作，这时机器才能运转，这种装置能对操作者提供保护作用。

3. 防护装置

常见的防护装置有防护罩、防护挡板、防护栏杆和防护网等，按使用方式分为固定式和活动式两种。

（1）防护装置的基本要求

1）固定防护装置应该用永久固定（通过焊接等）方式或借助紧固件（螺栓、螺母等）固定方式，将其固定在所需的地方，若不用工具就不能使其移动或打开。

2）进出料的防护装置，其开口部分应尽可能小，满足安全距离要求，使人不能从开口处接触危险。

3）活动式防护装置或防护装置的活动体打开时，应尽可能地与被防护的机械借助铰链或导链保持连接，防止移开的防护装置或活动体丢失或难以复原。

4）活动式防护装置出现丧失安全功能的故障时，被其控制的危险机械的功能应不能执行或停止执行；联锁装置失效不得导致意外启动。

5）防护装置应是进入危险区的唯一通道。

6）防护装置结构体应有足够的强度和刚度，应能有效防止飞出物的危险。避免产生不应有的变形。

（2）对机械设备安全防护罩的安全技术要求

1）只要作业人员可能触及的传动部件，在防护罩未闭合前，传动部件不能运转。

2）采用固定防护罩时，作业人员触及不到运转中的活动部件。

3）防护罩与活动部件有足够的间隙，避免防护罩和活动部件之间的任何接触。

4）防护罩应牢固地固定在设备或基础上，拆卸、调节时必须使用工具。

5）开启式防护罩打开时或一部分失灵时，应使活动部件不能运转或运转中的部件停止运动。

6）使用的防护罩不允许给作业场所带来新的危险。

7）不影响操作，在正常操作或维护保养时不需拆卸防护罩。

8）防护罩必须坚固可靠，以避免与活动部件接触造成损坏和工件飞脱造成的伤害。

9）防护罩一般不准脚踏和站立，必须做平台或阶梯时，平台或阶梯应能承受 1 500 N 的垂直力，并采取防滑措施。

（3）对机械设备安全防护网的安全技术要求。防护罩应尽量采用封闭结构，当现场要采用网状结构时，应满足对不同网眼开口尺寸的安全距离间的直线距离的规定。

4. 安全防护装置的设置原则

（1）以作业人员所站立的平面为基准，凡高度在 2 m 以内的各种运动零部件应设置防护装置。

（2）以作业人员所站立的平面为基准，凡高度在 2 m 以上的物料传输装置、皮带传动装置以及有施工机械施工处的下方，应设置防护装置。

（3）以作业人员所站立的平面为基准，凡在坠落高度的基准面 2 m 以上的作业位置，必须设置防护装置。

（4）为避免挤压和剪切伤害，直线运动部件之间或直线运动部件与静止部件之间的距离应符合安全距离的要求。

（5）运动部件有行程距离要求的，应设置可靠的限位装置，防止因超越行程运动而造成伤害。

（6）对于可能因超负荷发生部件损坏而造成伤害的机械，应设置负荷限制装置。

（7）对于惯性冲撞运动部件，必须采取可靠的缓冲装置，防止因惯性而造成伤害事故。

（8）对于运动中可能松脱的零部件，必须采取有效措施加以紧固，防止由于启动、制动、冲击、振动而引起松动。

5. 安全防护装置的选择原则

选择安全防护装置的形式应考虑所涉及的机械危险和其他非机械危险，根据机械零部件运动的性质和人员进入危险区的需要来决定。对特定机械的安全防护，应根据对该机械的安全评价结果进行选择。

（1）对于机械正常运行期间作业人员不需要进入危险区的情况下，优先考虑选用固定式防护装置，包括进料、取料装置，辅助工作台，适当高度的栅栏，通道防护装置等。

（2）对于机械正常运转时，需要作业人员进入危险区的场合，当需要进入危险区的次数较多，经常开启固定防护装置会带来不便时，可考虑采用联锁装置、自动停机装置、可调防护装置、自动关闭防护装置、双手操纵装置和可控防护装置等。

（3）对于非运行状态的其他作业期间，需作业人员进入危险区的场合，如机械的设定、示教、过程转换、查找故障、清理或维修等作业，需要移开或拆除防护装置，或人为使安全装置功能受到抑制，可采用手动控制模式、制动操纵装置或双手操纵装置、点动—有限的运动操纵装置等。有些情况下，可能需要多个安全防护装置联合使用。

（二）机械安全技术

欧盟工业机械产品的机械指令规定，起重运输机械、交通运输机械和承压类设备外的工业机械分为一般机械和危险机械。加工木材及类似材料的锯机、手工送料的刨木机，人工上下料的金属冷加工用冲压床（包括折床、弯板机）等均列入危险机械目录。根据我国的实际，参考欧盟机械指令的规定，结合机械制造企业特点，此处重点探讨磨削机械和压力加工机械的安全技术。

1. 磨削机械安全技术

磨削加工是借助磨具的切削作用，除去工件表面的多余层，使工件表面质量达到预定要求的加工方法。进行磨削加工的机床称为磨床。磨削加工应用范围很广，通常作为零件（特别是淬硬零件）的精加工工序，可以获得很高的加工精度和表面质量，也可用于粗加工、切割加工等。

从安全角度看，磨削加工有运转速度高、结构不均质、高热现象、自砺现象的特点。由于磨具的特殊结构和磨削的特殊加工方式，存在的危险有害因素危及作业人员的安全健康。主要表现在机械伤害、噪声危害、粉尘危害、磨削液危害、火灾危险等。

磨削机械安全操作规程与安全管理，主要是围绕保证砂轮的安全进行。从砂轮运输、存储，使用前的检查，砂轮的安装、修整，到磨削机械的操作，其中任一环节的疏忽都会给磨削机械埋下安全隐患。

磨削作业的安全操作规程如下：

（1）除内圆磨削用砂轮、手提砂轮机上直径不大于 50 mm 的砂轮以及金属壳体的金刚石和立方氮化硼砂轮外，一切砂轮必须装设防护罩方可使用。

（2）在任何情况下都不允许超过砂轮允许的最高工作速度，安装砂轮前必须核对砂轮主轴的转速，在更换新砂轮时应进行必要的验算。

（3）根据砂轮结合剂种类正确选择磨削液。树脂结合剂不能使用含碱性物质大于 15% 的磨削液，橡胶结合剂不能使用油基磨削液；湿式磨削需设防溅挡板。

（4）用圆周表面作工作面的砂轮，不宜使用侧面进行磨削，以免砂轮破碎。

（5）无论是正常磨削作业、空转试验还是修整砂轮，作业人员都应站在侧方安全位置，不得站在砂轮正前面或切线方向，以防意外。禁止多人共用一台砂轮机同时操作。

（6）发生砂轮破坏事故后，必须检查砂轮防护是否有损伤，砂轮卡盘有无变形或不平衡，砂轮主轴端部螺纹和压紧螺母是否破损，均合格后方可使用。

（7）磨削机械的除尘装置应定期检查和维修，以保持其除尘能力。磨削镁合金容易引起火灾，必须保持有效的通风，及时清除通风装置管道里的粉尘，采取严格的安全防护措施。

（8）加强磨削加工的个人安全卫生防护。在手工磨削操作中，可采用眼镜或护目镜固定防护屏等有效地保护眼睛；磨削加工操作间应配置有效的局部通风除尘装置，防止手工磨削粉尘危害；金属研磨工应特别注意防止铅化合物等重金属污染，配备防护服、完善的卫生洗涤设备和必要的医疗措施。

2. 压力加工机械安全技术

压力加工是利用压力机和模具，使金属及其他材料在局部或整体上产生永久变形。压力加工涉及的范围包括弯曲、胀形、拉伸等成形加工，挤压、穿孔、锻造等体积成形加工，冲裁、剪切等分离加工，以及成形结合锻造和压接等组合加工等。压力加工是一种少切削或无切削的加工工艺。由于效率高、质量好、成本低，广泛应用在汽车、电子电气和航空航天等领域。压力机（包括剪切机）是危险性较大的机械，被称为"老虎机"，发生作业人员手指被切断事故的数字是惊人的。压力加工的人身安全防护，是安全生产工作比较突出的问题。

压力机按传动方式不同，可分为机械传动式、液压传动式、电磁及气动式压力机；按机身结构不同，可分为开式和闭式机身压力机；根据产生压力的方式不同，又可分为摩擦压力机和曲柄压力机，其中以中小吨位开式曲柄压力机的数量和品种最多，多有手工操作，事故率高。

从安全健康的角度看，压力加工的危险因素主要是噪声、振动和机械危险，其中以冲压事故危险性最大。

防止冲压事故是一个复杂、综合性的工作，应从多方面、多层次给予重视。压力机本质安全和采用安全装置是压力加工作业安全的基础和前提，使用与管理是安全的保障，包括制定严格的安全操作规程、创造良好的环境和舒适的工作条件，采用辅助安全措施等。否则压力机及其安全防护装置再好，若得不到正确的使用和维护，甚至遭到人为损坏或拆除，事故仍可能发生。

（1）良好的工作环境和操作位置。冲压作业单调、重复，容易引起作业人员疲劳；噪声和振动使操作时安全意识下降，这也是导致事故的重要原因之一。如果作业人员的姿势不正确，会加速疲劳，增加危险性，所以对于操作位置和姿势，以及周围环境诸因素都应给予充分注意。

1）操作位置和姿势应符合安全人机工程学的要求。尽量为作业人员提供舒适安全的作业条件，以便更有效地发挥人的作用，提高生产率。

2）提供良好的工作环境。工作环境的温度、通风、照明、噪声和振动等均应符合安全健康的要求。如果达不到要求，应采取措施加以改造。

3）配备劳动防护用品。在环境治理改造前或改造期间，应配备必要的劳动防护用品，如耳塞（耳罩）、操作手套等，以加强对人员的保护。

（2）压力机安全操作注意事项。根据压力机的不同种类和加工要求，制定有针对性、切实可行的安全操作规程，并进行必要的岗位培训和安全教育。使用单位和作业人员必须严格遵守设计制造单位提供的安全使用说明的规定和操作规程，正确地使用、检修。

压力机一般安全操作要求如下：

1）启动设备前，要检查压力机的操纵部分、离合器和制动器是否处于有效状态，安全防护装置是否正常，曲柄滑块机构各部件有无异常。发现异常应立即采取必要措施，不得带病运转。严禁拆卸和损坏安全防护装置。

2）正式作业前须经空转试车，确认各部分正常后方可工作。开机前应清理工作台上一切不必要的物品，防止开车震落将人击伤或撞击开关引起滑块突然启动。

3）操作时必须使用适当的工具，严禁用手直接伸进模口取物，手用工具不得放在模具上。

4）在模口区调整工件位置或揭取卡在模内的工件时，脚必须离开脚踏板。

5）多人操作同一台压力机应有专人统一指挥，信号清晰，待其他人员做出明确应答，并确认其离开危险区再进行操作。

6）突然停电或操作完毕应关闭电源，并将操纵器恢复到离合器空挡，制动器处于制动状态。

7) 对压力机进行检修、调整以及在安装、拆卸模具时，应在机床断开能源（如电气、液）、机床停止运转的情况下进行，并在滑块下加放垫块可靠支护。机床启动开关处挂牌通告警示。

(3) 压力机的安全管理

1) 企业的安全技术部门和设备主管部门必须参加压力机（包括剪切机）安装大修后试运转的验收工作，以及在用设备的安全定期检验工作，验收合格后方可使用。

2) 对每台设备建立完整的设备档案。档案应包括：制造厂名称、安装单位及检修情况、改造中所提供的质量证明文件和技术资料，使用中发生设备、人身事故等情况。

3) 建立交接班制度、岗位责任制度、维护保养制度、定期检验与维修制度、事故登记与报告制度等，并严格执行。

4) 作业人员必须年满18周岁并经过企业的专门培训，熟悉设备性能和维护保养知识，经安全考试合格后方可凭证上岗操作。

5) 对于陈旧或失效、发现异常、缺乏安全防护装置的压力机，经技术改造仍达不到安全标准要求的，由主管部门及安全技术部门认真鉴定后，禁止使用。确认无改造价值的应报废，严禁转卖。

压力机的安全在技术上已经得到较深入的研究，只要坚持使用合格的压力机，并实施对压力机从设计到使用各个环节的安全监管，对使用者进行安全培训，冲压事故就能够得到有效控制。但值得注意的是，由于近些年经济的发展，大量的中小企业参与生产制造中小吨位压力机，又得不到有效的监督，致使不合格和缺乏安全装置的压力机流入市场，其中多数流向以缺乏必要培训的进城务工人员为生产力的中小企业。使本已经得到控制的冲压事故又出现新一轮高峰，压力机安全还有一段路要走。

3. 起重机械安全技术

起重机械是以间歇、重复工作方式，通过起重吊钩或其他吊具起升、下降，或升降与运移重物的机械设备。其广泛应用于国民经济各领域，能够起到减轻体力劳动、节省人力、提高劳动生产率和促进生产过程机械化的作用。其范围为：

①额定起重量大于或者等于0.5 t的升降机。

②额定起重量大于或者等于3 t，且提升高度大于或者等于2 m的起重机；层数大于或等于2层的机械式停车设备。

起重机械属于特种设备。从安全角度看，与一人一机在较小范围内的固定作业方式不同，起重机械的功能是将重物提升起来进行装卸吊运。为满足作业需要，起重机械具有特殊的机构和结构形式，使起重机械和起重作业方式本身存在着诸多危险因素。

(1) 起重作业危险因素辨识

1) 吊物具有很高的势能。被搬运的物料体积和质量较大（一般物料为十几或几十立方米均达数吨重）、种类繁多、形态各异（包括成件、散料、液体、固液混合等物料），起重搬运过程是重物在高空中的悬吊运动。

2) 起重作业是多种运动的组合。四大机构组成多维运动，体形高大金属结构的整体移动，大量结构复杂、形状不一、运动各异、速度多变的可动零部件，形成了起重机械的危险点多且分散的特点，增加了安全防护的难度。

3) 作业范围大。起重机械横跨车间或作业场地，在其他设备设施和施工人群的上方起重机负载后可以部分或整体在较大范围内移动运行，使危险的影响范围加大。

4) 多人配合的群体作业。起重作业的程序是地面司索工捆绑吊物、挂钩；起重机司机操纵起重机将物料吊起，按地面指挥，通过空中将吊物运到指定位置摘钩、卸料。每一次吊运循环，都必须由多人合作完成，无论哪个环节出现差错，都可能发生意外。

5) 作业条件复杂多变。在车间内，地面设备多，人员集中；在室外，受气候、气象条件和场地的影响，特别是流动式起重机还受到地形和周围环境等诸多因素的影响。总之，重物在空中的吊运、起重机的多机构组合运动、庞大金属结构整机移动，以及大范围、多环节的群体运作，使起重作业的安全问题尤显突出。

（2）起重机械分类。起重机械可以按照以下方式进行分类：

1）按构造分为桥架型起重机、缆索式起重机、臂架型起重机。

2）按取物装置和用途分为吊钩起重机、抓斗起重机、电磁起重机、冶金起重机、堆垛起重机、集装箱起重机、建筑安装用浮式起重机和救援起重机。

3）按移动方式分为固定式起重机、行走式起重机、汽车式起重机、缆索式起重机、爬升式起重机、便携式起重机及辐射式门式起重机等。

4）按工作机构驱动方式分为手动起重机、电动起重机、液压起重机、内燃浮式起重机和蒸汽浮式起重机等。

（3）起重机械安全操作技术与安全管理

1）起重机安全操作的基本要求

①起重作业人员班前、班中严禁饮酒，操作时必须精神饱满、精力集中，不准有不安全的行为。

②起重作业人员接班时，应进行例行检查，发现装置和零部件不正常时，必须在作业前排除。

③开车前，必须鸣铃或报警；作业中起重机接近人时，也应给以断续铃声或报警。

④应按指挥信号进行作业，对紧急停车信号，无论何人发出，都应立即执行。

⑤非起重机司机不准随便进入起重机司机室，检修人员得到起重机司机许可后，方可进入司机室。

⑥当确认起重机上或其周围无人时，才可以闭合主电源，如电源断路装置锁闭或有警示标志时，应由相关人员解除后才可以闭合主电源。

⑦闭合主电源前，应将所有的控制器手柄置于零位。

⑧起重机上有两人工作时，若事先没有互相联系和通知，起重机司机不得擅自启动或脱离起重机。

⑨驾驶起重机时应使用手柄操作，起重机停止时不要用安全装置关机，不许用人体其他部位去转动控制器，以防在异常工作时来不及采取紧急安全措施。

⑩工作中遇到突然停电时，应将所有的控制器手柄置于零位，在重新工作前应检查起重机动作是否正常；因停电，重物悬挂半空时，起重作业人员应通知地面人员紧急避让，并立即将危险区域进行隔离，不准任何人进入危险区。

2）起重机停止作业时的安全操作要求

①起重机停止作业时应将重物稳妥地放置于地面。

②多人作业时，起重机司机应服从指挥人员的指挥；吊运中发生紧急情况时，任何人都可以发出停止作业的信号，起重机司机应紧急停车。

③起重机起吊重物时，一定要进行试吊，试吊高度 $H<0.5$ m，经试吊发现无危险时方可起吊。

④在任何情况下，吊运重物不准从人的上方通过，吊臂下方不得有人。

⑤在吊运过程中，重物一般距离人员头顶 0.5 m 以上，吊物下方严禁站人，在旋转起重机作业区域，人员应站在起重机动臂旋转范围之外。

⑥当作业结束时，在轨道上露天作业的起重机，应将起重机锚定。

⑦起重作业人员进行维护保养时，应切断主电源并挂上警示标志或加锁，如有未消除的故障应通知接班人员。

⑧控制器应逐步启动，不要将控制器手柄从顺转位置直接猛转到反转位置（特殊情况下除外），而应先将控制器转到零位，再转到反方向，否则吊起的重物容易晃动摇摆或因销、轴等受力过大而发生事故。

⑨起重机作业时不得进行检查和维修，不得在有载荷的情况下调整起升变幅机构的制动器。

⑩不准利用极限位置限制器停车，无下降极限位置限制器的起重机吊钩在最低作业位置时，卷筒上的钢丝绳必须保证符合《起重机设计规范》（GB/T 3811—2008）所规定的安全圈数。

3）起重机作业时的安全操作要求

①起重机作业时臂架、吊具、索具、辅具、缆风绳及重物等与输电线的最小距离必须符合有关规定。

②自行式起重机，作业前应按使用说明书的要求平整停车场地，牢固可靠地打好支腿。

③对无反接制动性能的起重机，除紧急情况外，不准利用打反车进行制动。

④用两台或多台起重机吊运同一重物时，钢丝绳应保持垂直；各台起重机的升降、运行应保持同步；各台起重机所承受的载荷均不得超过各自的额定起重量。如达不到上述要求，应将起重量降低至额定起重量的80%；吊装细高件时，每台起重机的起重量应降至额定起重量的75%。

⑤有主副两套起升机构的起重机，主副钩不应同时开动（对于设计允许同时使用的专用起重机除外）。

4）起重操作"十不吊"

①指挥信号不明或违章指挥不吊。

②物体质量不清或超负荷不吊。

③斜拉物体不吊。

④重物上站人或有浮置物不吊。

⑤作业场所昏暗，无法看清被吊物及指挥信号不吊。

⑥工件埋在地下不吊。

⑦工件捆绑不牢不吊。

⑧重物棱角处与吊绳之间未加垫衬不吊。

⑨吊具、索具达到报废标准或安全装置失灵不吊。

⑩重物从人员头顶越过不吊。

5）安全操作的特殊要求

起重作业人员除了执行起重作业一般要求及安全操作规程外，还要执行安全操作特殊要求。起重作业安全操作特殊要求主要包括：

①接受吊装任务时，必须编制起重吊装技术方案，作业前应进行技术交底，强调安全操作技术，全面落实安全措施。

②对使用的起重机械、机具、工具、吊具和索具进行检查，确认符合安全要求后方可使用，必要时要经过验证或试验认可。

③起重作业人员在作业中要登高作业前，必须办理登高作业安全许可证，并采取可靠的安全措施后方可进行作业。

④两人以上进行起重作业时，必须有一人担任起重指挥，现场其他起重作业人员或辅助人员必须听从其统一指挥，但在发生紧急危险情况时，任何人都可以发出符合要求的停止信号和避让信号。

⑤起重作业时，起重吊具、索具、辅具等一律不准与电气线路交叉接触。

⑥运输吊运大型、重型设备时，事先要测量道路是否安全无阻，对道路上空和两侧的输电线、架空管道、地下设施、道路两侧的建筑物必须采取有效的安全措施。

⑦严禁将钢丝绳和缆风绳拴挂在易燃易爆、有毒害品的管道，化工受压容器，电气设备，电线杆等物体上。

⑧吊起的重物在空中运行时不准碰撞任何其他设备或物体，禁止物体冲击式落地，吊物不得长时间在空中停留。

⑨运输的重物要在道路中央停放时，停放位置不能堵塞交通，夜间要设置红灯信号；重物要通过铁道道口时，事先要与相关部门和值守人员取得联系并得到许可后，方可在规定时间通过。

⑩运输重物上、下坡时，要有防滑措施；运输板材、管材或超长物体时，要有安全标志和防惯性伤害的安全措施；搬运易碎物品应使用专用工具，小心轻放；装运易燃易爆物品时严禁吸烟和动用明火，不得穿带有铁钉的鞋；装卸货物必须轻装、轻卸，不得猛烈撞击，不得乱抛乱扔；在石油化工作业场所进行起重作业，必须遵守厂区内的其他各项安全规定；认真穿戴劳动防护用品，作业前必须戴好安全帽。

第二节 电气安全技术

一、电气危害的特点与类型

电能被广泛应用于人们的生产和生活之中,工业越发达其对电能的需求越突出,电气设备的广泛使用,使电气安全技术的重要性越来越高。人们用电知识不足、违章操作、用电设备维护不良、电气设备选型不当等因素成为工业企业发生触电事故、电气火灾事故的重要原因。机械制造企业中,触电事故尤为突出。

(一) 电气危害的特点

1. 非直观性

由于电能看不见、听不到、闻不着,很难通过人类感官被直接识别,因此电能具有潜在的危险性,这给事故的发生创造了条件。

2. 途径广

由于供配电系统所处环境复杂,电气危害产生和传递的途径也极为多样,这对电气危害的防护变得十分困难和复杂。

3. 能量范围广

能量大者如雷电,雷电流量值可达数百千安培,且高频和直流成分大;能量小者如电击电流以工频电流为主,仅为毫安级。对于大能量的危害,合理控制能量的泄放是主要防护手段,因此,泄放能量的大小是保护设施安全的重要指标;对小能量的危害,能否灵敏地感知是防护的关键,因此保护设施的灵敏性成了重要的技术指标。

(二) 电气危害的类型

电气危害根据产生的源头可以分为自然因素和人为因素。自然因素有雷电、静电等，人为因素主要指电气系统或者设备发生的诸如电击、电弧灼伤、电气火灾等危害。按照电气危害发生的特征分类，可将电气危害分为电气事故和电磁污染。电气事故具有偶然性与突发性的特征，而电磁污染具有必然性和持续性的特征。电气危害的类型及原因见表 3-1。

表 3-1　　　　　　　　　　电气危害的类型及原因

类型		原因及举例说明
电气事故	故障型 电击和电伤	1. 绝缘损坏，造成非导电部分带电； 2. 爬电距离或电气间隙被导电物短接，造成非带电部分带电； 3. 机械性原因，如线路断落、带电部件滑出等； 4. 雷击； 5. 各种因素造成的系统中性点电位升高，使 PE 线或 PEN 线带高电位
	故障型 电气火灾和电气引爆	1. 过电流产生高温引燃； 2. 非正常电火花、电弧引燃、引爆； 3. 雷电引燃、引爆
	故障型 设备损坏	1. 过载或缺相运行； 2. 电解或电蚀作用； 3. 静电或雷击； 4. 过电压或电涌
	非故障型 电击和电伤	1. 直接事故原因：误入带电区、人为超越安全屏障、携带过长金属工具等； 2. 间接事故原因：因触碰感应电或低压电等非致命带电体引起的惊吓、坠落或摔倒
	非故障型 电气火灾	高温、溶液、熔渣的滴落、流淌、积聚使附近的物体燃烧、爆炸
	非故障型 设备损坏和质量事故	1. 长期电蚀作用使设备、线路受损； 2. 工业静电引起的吸附作用、影响产品质量
电磁污染	电磁干扰	作业产生的电磁场对其他设备或系统产生的干扰等
	职业病	强电磁场对人体器官的损伤，或使人体某一部分功能失调等

二、电气设备安全技术、电气线路安全技术

（一）电气设备安全技术

1. 电气设备安全一般要求

电气设备必须按《国家电气设备安全技术规范》（GB 19517—2023）制造，在全生命周期内保障安全，不应发生危险。电气设备采用的安全技术按直接安全

技术、间接安全技术、提示性安全技术的顺序实现。

电气设备的设计制造应保障产品有最大可能的安全性，按电击防护的方法，可设计制造成0类电气设备、Ⅰ类电气设备、Ⅱ类电气设备、Ⅲ类电气设备。

电气设备在使用时可采用专门的、与电气设备的特性和功能无关的安全技术措施。如果对使用者或第三者都能达到必要的安全性，则允许个别措施与《国家电气设备安全技术规范》（GB 19517—2023）的规定有所不同。

电气设备在按设计用途使用时遇到特殊环境或运行条件，也必须符合《国家电气设备安全技术规范》（GB 19517—2023）要求。

电气设备必须承受预见会出现的诸如静态或动态负载、液体或气体作用、热或特殊气候等引起危险的物理和化学作用，不造成危险。

电气设备必须防止静电积聚，采取专门安全技术手段使其不会造成危害。

电气设备使用的燃料和工作介质，设计时必须使其使用的燃料量不会造成危害。

制造电气设备时使用的材料，应能够承受如老化、腐蚀、气体、辐射等的影响。

电气设备的设计应符合人机工程学的结构，减轻劳动强度和便于使用，使之能预防危险。

2. 电气设备电击危险防护

可以采用绝缘保护技术、直接接触保护技术、间接接触保护技术等对电气设备由于电能直接作用而造成的危险提供安全防护。

电气设备必须有足够的绝缘电阻、介质强度、耐热能力、防潮、防污、阻燃性、抗漏电起痕性等电气绝缘性能，防止由于电流的直接作用造成的危险。

电气设备的基本绝缘和附加绝缘是电气安全的重要组成部分。基本绝缘是用于防止人员触电的直接绝缘，而附加绝缘在基本绝缘损坏时，应能够单独承受预期的电压，防止人员触电。

为防止意外接触带电部分，可以采用用于防护电气设备的结构与外壳，或将其安装在封闭的电气作业场所等直接接触保护技术。外壳等用作直接接触保护的部件只允许用工具拆卸或打开。由安全特低电压供电的电气设备，并且直接接触时只有一个频率（50 Hz），以确保在故障条件下也不会导致严重伤害。

电气设备必须保证基本绝缘发生故障或出现电弧时，故障接触电压不产生危害。电气设备必须有接地保护，或双重绝缘结构，或安全特低电压供电的防护措施。双重绝缘结构和安全特低电压供电的防护措施不允许有保护接地装置。

所有由于工作电压、故障电流、泄漏电流或类似作用而会产生危害的部位，必须留有足够的电气间隙和爬电距离。

应采取适当的措施，防止电气设备自身或附近设备产生的高温、电弧、辐射、气体、噪声、振动等间接作用所造成的危险。

应采取适当的措施，防止电气设备由于过载、冲击、压力、潮湿、异物等外界因素而造成的危险。

3. 电气连接和机械连接

电气设备必须设置电源连接装置。电源线应选用橡胶绝缘软线或软电缆，或聚氯乙烯绝缘软电缆。电源线中的绿/黄组合绝缘线芯只能与专门的接地端子连接。电源线应采用螺钉、螺母或等效件进行连接，并由专门固定装置定位连接电源的耦合器、连接器或插头插座应在切断保护接地连接之前切断供电导体，在接通供电导体之前接通保护接地连接。

凡因失效而可能使设备受到损坏的紧固件，应能承受正常的机械应力。用金属材料制造的螺纹连接件不允许采用易蠕变的金属材料，传递接触压力的电气连接螺钉应旋入金属中。

绝缘材料制成的螺纹件不能应用于任何电气连接。因为使用金属材料制造的螺纹连接件可确保在传递接触压力时保持稳定，而绝缘材料螺钉则无法满足这一要求，用绝缘材料制成的螺钉如果被金属螺钉替代会损害电气绝缘，螺纹件也不能用绝缘材料制造。

日常维修时更换电气设备的外部螺钉，如果被替换的螺钉能用长螺钉替代，则不应对电击防护造成危害。

电气设备的电气连接、机械连接和既是电气连接又是机械连接的连接件，装置、连接器、端子、导体等必须可靠锁定。使用中发热、松动、位移或其他变动应保持在允许的范围内，并能承受电、热、机械的应力。

4. 电气设备运行危险防护

电气设备运行时，可采用防护罩、防护窗或排屑装置等专门技术手段防止工件、刃具或部件以及作业时的金属屑、粉尘等飞溅。

应采用平衡、减振、隔声、消声、导声等技术，降低电气设备噪声和振动，使其控制值尽可能低。

应采取适当措施避免电气设备灼热或低温，防止危险热辐射。使用液体介质的电气设备，液体介质不应溢出或飞溅。

电气设备在作业中有时会使用有害粉尘、蒸气或气体，并且在作业中会产生这类物质，这种情况下，必须将其可靠地密封或排放，不能造成危险。

5. 电源控制及其危险防护

电气设备的电源必须能通、断或控制，保证其最大限度的安全性。控制装置和联锁机构必须具有危险防护功能。

下列情况下，电气设备必须装设应急断电装置：

（1）开关遇危险情况不能快速、安全地切断。

（2）存在多个会造成危险的运动部件，且不能通过一个共同的快速、安全的开关来切断。

（3）切断某个部件会出现附加危险。

（4）从控制台上不能全面监控的电气设备。对应在安装、维修、检验和保养时有查看维修区域或人体部分（例如手）有伸进维修区域要求的电气设备必须能够保证防止误动作。

手持式电气设备必须保证作业人员在不松开器具的手柄时能切断电源，或松开手柄时自动断开。

6. 安全标志

安全标志是电气设备必要的组成部分，基本特性、接线，符合标准必须明示。安全标志必须使用中文，并清晰、持久地标记在产品上。如不能标记在产品上，应在包装箱上标记或在使用说明书中说明。电气设备的制造商名称或商标、产地应清楚地标记在产品上，如不能标记，则应在最小包装箱上标记。

(二) 电气线路安全技术

1. IT 系统

IT 系统即保护接地系统。字母 I 表示配电网不接地或经高阻抗接地，字母 T 表示电气设备外壳接地。所谓接地，就是将设备的某一部位经接地装置与大地紧密连接起来。保护接地的做法是将电气设备在出现故障时可能带电的金属部位经接地线、接地体同大地紧密地连接起来。其安全原理是：把故障电压限制在安全范围以内，以保证电气设备，如变压器、电机和配电装置在运行、维护和检修时，不因设备的绝缘损坏而导致伤害事故。

保护接地适用于各种不接地配电网。在这类配电网中，凡由绝缘损坏或其他原因而可能带电的金属部分，除另有规定外，均应接地。在 380 V 不接地低压系统中，一般要求保护接地电阻≤4 Ω；当配电变压器或发电机的容量不超过 100 kV·A 时，要求保护接地电阻≤10 Ω。

2. TT 系统

我国绝大部分企业的低压配电网都采用星形接法的低压中性点直接接地的三相四线配电网。这种配电网能提供一组线电压和一组相电压。中性点接地也称为工作接地，中性点引出的导线称为中性线，也称作工作零线。TT 系统的第一个字母 T 表示配电网接地、第二个字母 T 表示电气设备外壳接地。

TT 系统的接地电阻能大幅度降低漏电设备上的故障电压，但一般不能降低到安全范围以内。因此，采用 TT 系统必须装设漏电保护装置或过电流保护装置，并优先采用前者。

TT 系统主要用于低压用户，即未装备配电变压器，从外部引进低压电源的用户。

3. TN 系统

TN 系统又称为保护接零系统。一般，典型的 TN 系统中 PE 是保护零线、RS 叫作重复接地。TN 系统中的字母 N 表示电气设备在正常情况下不带电的金属部分与配电网中性点之间，即与保护零线之间紧密连接。保护接零的安全原理是：当某相带电部分触碰设备外壳时，形成该相对零线的单相短路；短路电流促使线路上的漏电保护元件迅速动作，从而把故障设备电源断开，消除电击危险，虽然保护接零也能降低漏电设备上的故障电压，但一般不能降低到安全范围以内，其第一位的安全作用是迅速切断电源。TN 系统分为 TN－S、TN－C－S、TN－C 3 种类型，TN－S 系统的安全性能最好，在爆炸危险环境、火灾危险性大的环境及其他安全要求高的场所应采用 TN－S 系统；厂内低压配电的场所及民用楼房应采用 TN－C－S 系统。

三、电气防护安全技术

绝缘、屏护、间距、安全标志、特低电压等都是防止直接接触电击的防护措施。

（一）绝缘

绝缘是用绝缘材料（电阻率在 $10^9\ \Omega\cdot mm^2/m$ 以上的材料）将带电体封闭，实现带电体相互之间、带电体与其他物体之间的电气隔离，使电气设备及线路正常工作，防止人身触电。常用的绝缘材料有陶瓷、玻璃、云母、橡胶、木材、塑料、胶木、布、纸、矿物油、六氟化硫等。

绝缘保护性能的优劣取决于材料的绝缘性能。绝缘性能主要用绝缘电阻、耐压强度、泄漏电流和介质损耗等指标来衡量。绝缘电阻大小用兆欧表（摇表）测量，耐压强度由耐压试验确定，泄漏电流和介质损耗分别由泄漏试验和能耗试验确定。

电气设备和线路的绝缘保护必须与电压等级相符，各种指标应与使用环境和工作条件相适应。此外，为了防止电气设备的绝缘损坏造成的电气事故，还应加强对电气设备的绝缘检查，及时消除缺陷。对绝缘电阻的要求为：新装或大修的低压线路和设备，绝缘电阻不应小于 0.5 MΩ；运行中的线路和设备可降低为 1 kΩ/V，即 220 V 电压不应小于 0.22 MΩ，380 V 电压不应小于 0.38 MΩ；移动电动工具的绝缘电阻不应低于 2 MΩ；配电盘二次线路的绝缘电阻应不低于 1 MΩ。

（二）屏护

屏护是采用遮栏、护罩、护盖、箱匣等防护装置把带电体与外界隔离，以防止人体触及或接近带电体的安全技术措施。屏护装置应按电压等级的不同而设置。电气设备的开关可动部分不能包绝缘材料，需要设置屏护装置，如瓷底胶盖闸刀开关、铁壳开关的铁壳等。某些裸露线路，如人体可能触及或接近的行车滑线、母线也需加装屏护装置。不论高压设备是否绝缘，均应装设屏护或采取其他防止接近的措施。

屏护装置有永久性和临时性两种。前者如配电装置的遮栏、开关的盒盖等，后者如检修作业时和临时设备所装设的屏护。

屏护装置所用的材料应有足够的机械度和良好的耐火性能，一般采用板状或网状两种，网眼不应大于 10 mm × 10 mm。

变配电设备应有完善的屏护装置。安装在室外的变压器，以及安装在车间或公共场所的变配电设备均须装设遮栏或栅栏作为屏护。遮栏高度不应低于 1.7 m；网眼遮栏与裸导体的距离，对 220 V、380 V 低压设备应不小于 0.35 m，栅栏高度，室内应不低于 1.2 m、室外应不低于 1.5 m。栏条间距不应大于 0.2 m，栅栏与低压裸导体距离应不小于 0.8 m。室外变配电设备围墙高度应不低于 2.5 m。

凡用金属材料制成的屏护装置必须接地（接零），以防止屏护装置意外带电而造成触电事故。

（三）间距

在检修中为了防止人体及其所携带的工具触及或接近带电体，而必须保持的最小距离，称为安全间距。

在低压工作中，人体或其所携带的工具与带电体的距离应不小于 0.1 m。在架空线路附近进行起重工作时，起重机具（包括被吊物）与线路导线的最小距离为 1.5 m。

（四）安全标志

安全标志是由安全色、几何图形和图形符号构成，用以表达特定的安全信息。

安全标志分为禁止、警告、指令、提示 4 种标志。为了使人们能迅速发现或分辨安全标志和提醒人们注意，国家规定传递安全信息的颜色。安全色规定为红、黄、蓝、绿4种颜色。

1. 红色

红色是禁止标志，用来表示禁止、停止和消防，如"禁止通行""禁止触动"。

2. 黄色

黄色是警戒标志，用来表示警告、注意危险，如"当心触电""当心坠落"。

3. 蓝色

蓝色是指令标志，用来表示指令、必须遵守的规定，如"必须佩戴安全帽"。

4. 绿色

绿色是提示标志，用来表示提示、通行、安全无事，如"安全通道"。

为使安全色更加醒目的反衬色叫对比色。国家标准规定对比色是黑、白两种颜色。安全色对应对比色是黄对黑，红、蓝、绿对白。黑色用于文字和图形符号，白色可作为背景色，也可用于文字和图形符号。

（五）特低电压

特低电压是在一定条件下、一定时间内不危及生命安全的电压。安全电压限值是在任何情况下任意两个导体之间都不得超过的电压值。国家标准规定工频特低电压有效值的限值为50 V，额定值有42 V、36 V、24 V、12 V和6 V。凡特别危险环境使用的携带式电动工具，应采用42 V特低电压；凡有电击危险环境使用的手持照明灯和局部照明灯，应采用36 V或24 V特低电压；金属容器内、隧道内、水井内以及周围有大面积接地导体等狭窄、行动不便的作业场所，应采用12 V特低电压；水上作业等特殊场所应采用6 V特低电压。

四、触电急救措施

当事故发生后现场有关人员首先要尽快使触电者脱离电源。

（一）低压触电时脱离电源的方法

1. 关闭发生事故地点附近的电源开关或将电源插头拔掉，切断电源。

2. 用干燥的绝缘木棒、竹竿、布带等物将电源线从触电者身上剥离或者将触电者剥离电源线。

3. 必要时可用绝缘工具（如带有绝缘柄的电工钳、木柄斧头以及锄头）切断电源线。

4. 救护人员可戴上手套或在手上包缠干燥的衣服、围巾、帽子等绝缘物品拖拽触电者，使之脱离电源线。

5. 如果触电者由于痉挛，手指紧握电源线或被电源线缠绕在身上，救护人员可先用干燥的木板塞进触电者身下，使其与地面绝缘来隔断入地电流，尽快采取其他办法把电源切断。

（二）高压触电时脱离电源的方法

1. 立即通知有关部门停电。

2. 戴上绝缘手套，穿上绝缘靴，用相应电压等级的绝缘工具关断开关。

3. 抛掷裸金属线使线路短路接地，迫使保护装置动作，断开电源。抛掷金属线前，应注意先将金属线一端可靠接地，然后抛掷另一端；被抛掷的一端切不可触及触电者和其他人。

（三）在使触电者脱离电源时必须注意的事项

1. 未采取绝缘措施前，救护人员不得直接触及触电者的皮肤和潮湿的衣服。

2. 严禁救护人员直接用手推、拉触电者；救护人员不得使用金属或其他绝缘性能差的物体（如潮湿木棒、布带等）作为救护工具。

3. 在拉拽触电者脱离电源的过程中，救护人员宜用单手操作，这样比较安全。

4. 当触电者位于高处时，应采取措施预防触电者在脱离电源后坠地，造成二次伤害。

5. 夜间发生触电事故时，应考虑切断电源后的临时照明问题，以利救护。

6. 如果触电者触及断落在地上的带电高压导线，且尚未确定线路无电之前，救护人员不可进入断线落地点 8~10 m 的范围内，以防止跨步电压触电，触电者脱离带电导线后应迅速将其移至 8~10 m 以外立即开始急救。

(四) 触电者救护措施

事故发生后应立即报告现场负责人及事故应急救援组组长，由应急救援组组长指挥对触电者立即组织抢救，采取有效措施防止事故扩大和保护现场。

按照有关规定，立即报告本企业安全管理部门和安全生产负责人，及时请求救援。

1. 触电者未失去知觉的救护措施

应让触电者在比较干燥、通风暖和的地方静卧休息，并派人严密观察，同时请医生救治或送往医院诊治。

2. 触电者已失去知觉但有心跳和呼吸的抢救措施

应使其舒适地平卧，解开衣物以利呼吸，四周不要围人，保持空气流通，冷天应注意保暖，同时立即请医生救治或送往医院诊治。若发现触电者呼吸困难或心跳失常，应立即施行心肺复苏术。

3. 对"假死"者的急救措施

当判定触电者呼吸和心跳停止时，应立即实施心肺复苏术就地抢救。

五、静电的危害及其预防

(一) 静电及其危害

两种物质紧密接触再分离时，一种物质将电子传给另一种物质而带正电，另一种物质得到电子而带负电，这样就产生了静电。静电一般分为人体静电、固体静电、粉体静电、液体静电、蒸气和气体静电。化工企业在生产过程中经常要使用并输送易燃易爆物品。由于工艺、装置或人员的因素都会产生静电，如果静电得不到有效的控制，就有可能酿成重大事故。

1. 容易产生静电的生产工艺过程

(1) 固体物质大面积的摩擦，如纸张与辊轴摩擦，橡胶或塑料碾炼，传动皮带与皮带轮摩擦等；固体物质在压力下接触而后分离，如塑料压制、上光等；固体物质在挤出、过滤时，与管道、过滤器等发生摩擦，如塑料的挤出、赛璐珞的过滤等。

（2）高电阻液体在管道中流动且流速超过 1 m/s，液体喷出管口，液体注入容器发生冲击、飞溅时等。

（3）液化气体或压缩气体在管道中流动及由管口喷出时，如从气瓶放出压缩气体、喷漆等。

（4）固体物质的粉碎、研磨过程，悬浮粉尘的高速运动等。

（5）在混合器中搅拌各种高电阻物质，如纺织品的涂胶过程等。

产生静电电荷的数量与生产物料的性质、摩擦力大小和摩擦长度、液体和气体的分离或喷射强度、粉体粒度等因素有关。

2. 静电的危害

静电的危害是由静电电荷或静电场能量引起的，主要有以下 3 种危害：

（1）爆炸或火灾

爆炸和火灾是静电最大的危害。静电电量虽然不大，但因其电压很高而容易放电，产生静电火花。在具有可燃液体的作业场所（如油品装运场所等），会由于静电火花引起火灾；在具有爆炸性粉尘或爆炸性气体、蒸气的场所（如煤粉、面粉、铝粉、氢气等），会由于静电火花引起爆炸。

（2）电击

由于静电造成的电击会发生在人体接近带静电物质的时候，也会发生在带静电荷的人体（人体所带静电可高达上万伏）接近接地体的时候，电击程度与储存的能量有关，能量越大，电击越严重。带静电体的电容越大或电压越高，则电击程度越严重。

由于生产工艺过程中产生的静电能量很小，所以由此引起的电击不至于直接使人致命，但人体可能因电击坠落摔倒引起二次事故。另外，电击还会引起作业人员精神紧张，影响工作。

（3）妨碍生产

在某些生产过程中，如不清除静电，将会妨碍生产或降低产品质量。例如，静电使粉体吸附于设备上，影响粉体的过滤和输送；在纺织行业，静电使纤维缠结、吸附尘土，降低纺织品质量；在印刷行业，静电使纸线不齐、不能分开，影响印刷速度和印刷质量；静电会引起电子元件的误动作等。

(二) 静电防护技术

静电最为严重的危险是引起火灾爆炸。为防止静电导致火灾爆炸事故的发生，经常采用下列几项措施：

1. 环境危险控制

静电引起爆炸和火灾的条件之一是有爆炸性混合物存在。为了防止静电的危险，可采取取代易燃介质、降低爆炸性混合物的浓度、减少氧化剂含量等控制所在环境火灾爆炸危险程度的措施。

2. 工艺控制法

工艺控制法就是从工艺流程、设备结构、材料选择和操作管理等方面采取措施，限制静电的产生或控制静电的积累，使之无法造成危险。比如，限制输送物料流速，选用合适的材料，改变灌注方式，加速静电电荷的消散方式等。

3. 泄漏导出法

泄漏导出法即在工艺过程中，采用空气增湿、加抗静电添加剂、静电接地和规定静置时间的方法，将带电体上的电荷向大地泄漏消散。

4. 静电中和法

静电中和器又叫静电消除器，是能产生电子和离子的装置。由于产生了电子和离子，物料上的静电电荷得到异性电荷的中和，从而消除静电的危险。静电中和器主要用来消除非导体上的静电。

5. 人体防静电

人体防静电主要是防止带电体向人体放电或人体带静电所造成的危害。一方面可利用接地、穿防静电鞋、防静电工作服等具体措施，减少静电在人体上积累；另一方面，要加强规章制度和安全教育培训以保障安全。

六、雷电的危害及其预防

（一）雷电及其危害

雷电的危害主要有 3 种形式：

1. 直击雷破坏

直击雷是带电云层（雷云）与建筑物、其他物体、大地或防雷装置之间发生的迅猛放电现象。直击雷的电压峰值通常可达几万伏甚至几百万伏，电流峰值可达几十千安乃至几百千安，且雷云所蕴藏的能量在极短的时间（其持续时间通常只有几微秒到几百微秒）就释放出来，破坏力极大。当雷电直接击在建筑物上，强大的雷电流使建（构）筑物水分受热汽化膨胀，导致建筑物燃烧或爆炸。

2. 感应雷破坏

感应雷也称作雷电感应或感应过电压，分静电感应和电磁感应两种。静电感应是由于雷云接近地面，在架空线或地面凸出物顶部感应出大量电荷引起的。在雷云与其他部位或其他雷云放电后，架空线和地面凸出物顶部的电荷失去束缚，以雷电波的形式沿线路或地面凸出物高速传播，形成静电感应。电磁感应是由于雷击后，巨大的雷电流在周围空间产生迅速变化的强磁场引起的。这种强磁场能使周围的金属导体产生很高的感应电压。

感应雷虽然没有直击雷猛烈，但其发生的概率比直击雷高得多。直击雷只发生在雷云对地闪击时才会对地面造成灾害，而感应雷则不论雷云对地闪击或者雷云对雷云之间闪击，都可能发生并造成灾害。

3. 雷电波侵入

当雷电接近架空管线时，高压冲击波会沿架空管线侵入室内，造成高电流侵入，可能引起设备损坏或人身伤亡事故。如附近有可燃物，容易酿成火灾。

（二）雷电的防护

一套完整的防雷装置应由接闪器、引下线和接地装置3部分组成。

1. 接闪器

避雷针、避雷线、避雷带、避雷网以及建筑物的金属屋面（正常时会形成爆炸性混合物，电火花会引起爆炸的工业建筑物和构筑物的除外）均可作为接闪器。接闪器是利用其高出被保护物的突出部位，将雷电引向自身，接受雷击放电。

接闪器所用材料的规格应能满足机械强度和耐腐蚀的要求，还要有足够的热稳定性，以能承受雷电流的热破坏作用。

2. 引下线

防雷装置的引下线应满足机械强度、耐腐蚀和热稳定的要求。一般采用圆钢或扁钢，其尺寸和腐蚀要求与避雷带相同。如用钢绞线，其截面不应小于 25 mm^2。

引下线应沿建筑物外墙敷设，并经短途径接地；建筑有特殊要求时，可以暗设，但截面应加大一级。建筑物的金属构件（如消防梯等）可用作引下线，但所有金属构件之间均应连成电气通路。采用多根引下线时，为便于测量接地电阻和检验引下线、接地线的连接情况，应在各引下线距地面高约 1.8 m 处设置断接卡。在易受机械损坏的地方，地面 1.7 m 至地面下 0.3 m 的一段引下线和接地线应加竹管、角钢或钢管保护。采用角钢或钢管保护时，应与引下线连接起来，以减小通过雷电流时的阻抗。互相连接的避雷针、避雷网、避雷带或金属屋面的接地引下线，一般不应少于两根。

3. 接地装置

接地装置是防雷装置的重要组成部分，作用是向大地泄放雷电流，限制防雷装置的对地电压，使之不致过高。

防雷接地装置与一般接地装置的要求基本相同，但所用材料的最小尺寸应稍大于其他接地装置的最小尺寸。采用圆钢时最小直径为 10 mm，扁钢的最小厚度为 4 mm，最小截面为 100 mm^2，角钢的最小厚度为 4 mm，钢管最小壁厚为 3.5 mm。除独立避雷针外，在接地电阻满足要求的前提下，防雷接地装置可以和其他接地装置共用。

为了防止跨步电压伤人，防直击雷接地装置距建筑物出入口和人行道的距离应不小于 3 m；距电气设备接地装置要求在 5 m 以上。其工频接地电阻一般不大于 10 Ω，如果防雷接地与保护接地合用接地装置时，接地电阻应不大于 1 Ω。

第三节　防火防爆安全技术

一、防火防爆基础知识

(一) 燃烧及其条件

燃烧是可燃物质与助燃物质（氧或其他助燃物质）发生的一种发光发热的氧化反应，其特征是发光、发热、生成新物质。例如，氢气在氯气中的反应属于燃烧反应，而铜与稀硝酸反应生成硝酸铜、灯泡通电后灯丝发光发热则不属于燃烧。

燃烧发生必须同时具备以下 3 个条件。

1. 可燃物

凡是能与空气、氧气或其他氧化剂发生剧烈氧化反应的物质，都称为可燃物。可燃物包括可燃固体，如木材、煤、纸张、棉花等；可燃液体，如石油、酒精、甲醇等；可燃气体，如甲烷、氢气等。

2. 助燃物

凡是能帮助和维持燃烧的物质，均称为助燃物。常见的有空气、氧气以及氯气和氯酸钾等氧化剂。

3. 点火源

凡是能引起可燃物质燃烧的热能源都叫点火源。如撞击、摩擦、明火、高温表面、发热自燃、电火花、光和射线、化学反应热等。

可燃物、助燃物和点火源是构成燃烧的 3 个要素，缺少其中任何一个燃烧便不能发生。然而，燃烧反应在温度、压力、组成和点火源等方面都存在着极限值。在某些情况下，如可燃物没有达到一定的浓度、助燃物数量不足、点火源没有足够的热量或一定的温度（见图 3-1），即使具备了 3 个条件，燃烧也不会发生。例如，氢气在空气中体积分数低于 4% 时便不能点燃，一般可燃物质在含氧量低于 14% 的空气中不能燃烧，一根火柴燃烧时释放出来的热量不足以点燃一根木材或一堆煤。反过来，对于已经发生的燃烧，若消除其中的任何一个条件，燃烧便会终止。因此，一切防火和灭火的措施都是根据物质的性质和生产条件，阻止燃烧的三个条件同时存在、相互结合和相互作用。例如，降低厂房空气中可燃气体或粉尘的浓度，是控制可燃物；把黄磷保存在水中，是为了隔绝空气；有火灾危险的爆炸区严禁烟火等，是为了消除点火源。

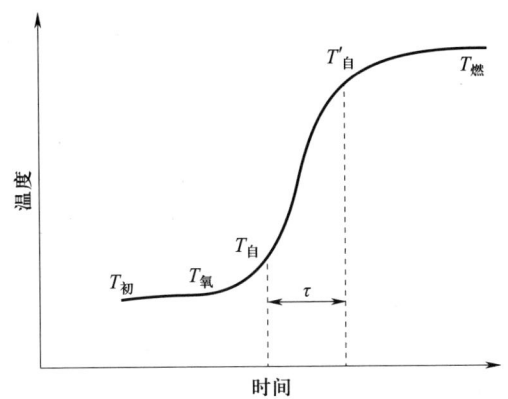

图 3-1 可燃物质燃烧时的温度变化

（二）燃烧过程

可燃物质的燃烧一般是在气相中进行的，由于可燃物质的状态不同，其燃烧过程也不相同。

可燃气体最易燃烧，只要达到其本身氧化分解所需要的热量便能燃烧，其燃烧速度很快。

液体燃烧物在火源作用下，首先发生蒸发，然后蒸气再氧化分解，进行燃烧。

固体燃烧物分为简单物质和复杂物质，简单物质，如硫、磷等，受热时首先熔化，然后蒸发为蒸气进行燃烧，无分解过程；复杂物质在受热时分解成气态和液态产物，然后气态产物和液态产物的蒸气着火燃烧。任何可燃物的燃烧都经历氧化分解、着火、燃烧等阶段。

（三）燃烧类型

1. 闪燃和闪点

液体表面都有一定量的蒸气存在，蒸气压的大小取决于液体所处的温度，因此，蒸气的浓度也由液体的温度所决定。可燃液体表面的蒸气与空气形成的混合气体一旦遇到火源会发生瞬间燃烧，出现瞬间火苗或闪光。这种现象称为闪燃，闪燃的最低温度称为闪点。可燃液体的温度高于其闪点时，随时都有被火点燃的危险。

闪点这个概念主要适用于可燃液体。某些可燃固体，如樟脑和萘等，也能蒸发或升华为蒸气，因此也有闪点。常见可燃液体的闪点见表3-2。

表3-2　　　　　　　　　常见可燃液体的闪点

物质名称	闪点/℃	物质名称	闪点/℃	物质名称	闪点/℃
戊烷	-40	丙酮	-19	乙酸甲酯	-10
己烷	-21.7	乙醚	-45	乙酸乙酯	-4.4
庚烷	-4	苯	-11.1	氯苯	28
甲醇	11	甲苯	4.4	二氯苯	66
乙醇	11.1	二甲苯	30	二硫化碳	-30
丙醇	15	乙酸	40	氰化氢	-17.8
丁醇	29	乙酸酐	49	汽油	-42.8
乙酸丁酯	22	甲酸甲酯	-20		

2. 着火和着火点

可燃物质在助燃物充足的条件下，达到一定温度与火源接触即行着火，移去火源后仍能持续燃烧达5 min以上，这种现象称为着火，常见物质着火点见表3-3。使可燃物发生持续燃烧的最低温度称为着火点，可燃液体的着火点高于其闪点5~20 ℃。但闪点在100 ℃以下时，两者往往相同，因此在没有闪点数据的情况下，也可以用着火点表征物质的火灾危险性。

表 3-3　　　　　　　　常见物质的燃点（着火点）列表

物质	燃点/℃	物质	燃点/℃
氢	580~600	聚苯烯	420
甲烷	650~750	密胺	790~810
乙烷	520~630	橡胶	350
乙烯	542~547	软木	470
乙炔	406~440	木材	400~470
一氧化碳	641~658	横造纸	450
硫化氢	346~379	漂白布	495
黄磷	60	木炭	320~400
赤磷	260	泥煤	225~280
硫黄	190	无烟煤	440~500
铁粉	315~320	高温焦炭	440~600
镁粉	520~600	可可粉	420
铝粉	550~540	咖啡	410
环氧树脂	530~540	淀粉（谷类）	380
聚四氟乙烯	670	米	440
尼龙	500	砂糖	350
聚苯乙烯	450~500	肥皂	430

二、防火安全技术

防火安全技术措施是根据火灾事故发生、发展的特点，消除或抑制燃烧条件的形成，从根本上减小或消除发生火灾事故的危险性，具体措施包括：控制火灾危险性物质和能量、控制点火源及灭火的各种方法，阻止火灾事故灾害的扩大。

（一）控制火灾危险性物质和能量

控制火灾危险性物质的数量，从而从根本上消除发生火灾的物质基础，主要有以下几方面技术措施：

1. 生产中尽量采用不燃或难燃物质代替可燃物，减少使用强氧化剂。
2. 相互接触能引起燃烧的物质要单独存放，严禁混存混运。
3. 设备、管道间的连接要保证良好的密封，防止跑、冒、滴、漏现象的出现，压力设备更要保证良好的密闭性，正压设备防止物料泄漏，负压设备防止倒吸入空气。

4. 对于某些无法密闭的装置，易散发可燃气体、蒸气或粉尘的场所，设置良好的通风除尘装置，降低空气中可燃物的含量。

（二）控制点火源

点火源是指能够使可燃物与助燃物发生燃烧反应的能量来源，是物质燃烧的必备条件，这种能量既可以是热能、光能、电能、化学能，也可以是机械能。根据点火源产生能量的来源不同，点火源可分为明火、火花、高热物体、电火花、静电放电、摩擦撞击、雷击和日光照射等。

控制点火源可从以下几方面着手：

1. 控制明火

明火是指敞开的火焰、火花、火星等，它是引起火灾事故的主要点火源，明火的控制，主要采取以下措施：

（1）生产过程中要尽量避免采用明火加热易燃易爆物质，应采用蒸汽、过热水或其他热载体加热。

（2）根据火灾危险性大小划定禁火区域，禁火区内禁止明火作业。

（3）严格控制焊接、切割、喷灯等维修用火，防止飞溅的火花和金属熔珠引燃周围的可燃物。

（4）为防止烟囱飞火，燃料在炉腔内要燃烧充分，烟囱要有足够高度，必要时顶部应安装火星熄灭器。

（5）强化管理职能，健全各种明火的使用、管理和责任制度，认真实施检查和监督。

2. 高温表面、高温物体的控制

高温表面或高温物体能够在一定环境中向可燃物传递热量并会导致可燃物着火，是引起火灾事故的高温点火源。生产中的加热装置、高温物料输送管线、大功率的照明灯具等，都能形成高温表面。控制高温表面成为点火源的基本措施有冷却降温、绝热保温、隔离等。

3. 冲击点火源地控制

当两个表面粗糙的坚硬物体互相猛烈撞击或摩擦时，往往会产生火花或火星。这种火花实质上是撞击和摩擦物体产生的高温发光的固体微粒。摩擦和撞击产生的火星颗粒较大，携带的能量较多时（火星具有 0.1~1 mm 的直径时，其所带的能量为 1.76~1 760 mJ），足以点燃可燃气体、蒸气和粉尘。

因此，要及时清除机械转动部位的可燃粉尘、油污等，对轴承及时添油，保证良好的润滑；机械设备易发生摩擦撞击部位应采用能防止产生火星的材料，如铜、铝等，撞击的工具用镀青铜或镀铜的钢制成，不能使用特种金属制造的设备，应采用惰性气体保护；为防止金属零件随物料带入设备内发生撞击起火，要在这些设备上安装磁力离析器，不宜使用磁力离析器的，特别危险的物质（硫、碳化钙）的破碎，应采用惰性气体保护；搬运盛放可燃气体、易燃液体的金属容器时，要轻搬轻放，禁止野蛮作业；禁止穿带钉子的鞋进入有燃烧危险的区域；特别危险的厂房内，地面应铺设不发生火花的软质材料。绝热压缩气体在不与周围进行热交换的状态下压缩时，压缩过程所耗功将全部转变成热能，这种热能蓄积于气体内使其温度升高达到燃点，引起燃烧和爆炸，硝化甘油、硝化甘醇等爆炸敏感度高的液体，应避免绝热压缩现象。

（三）灭火方法

根据燃烧三要素，可以采取除去可燃物、隔绝助燃物（氧气）、将可燃物冷却到燃点以下温度等灭火措施。

1. 窒息法

用不燃（或难燃）物质覆盖、包围燃烧物，阻碍空气（或其他氧化剂）与燃烧物接触使燃烧因缺少助燃物质而停止，如喷射二氧化碳泡沫覆盖在油的燃烧面上；油桶着火用湿棉被盖在桶口；用沙土、石棉布等覆盖在燃烧物上；封闭起火的船舱、建筑物、地下室的门窗和孔洞；气体着火，向设备、容器里通氮气或水蒸气等。

2. 冷却法

将灭火剂直接喷洒在燃烧着的物体上，将可燃物质的温度降到燃点以下以终止燃烧，也可用灭火剂喷洒在火场附近未燃的可燃物上起冷却作用，防止其受火焰辐射热影响而升温起火，如用喷射水喷在储存可燃气体或液体的槽、罐上，以降低其温度，防止发生燃烧或变形爆裂、扩大火灾。

3. 隔离法

将火源与火源附近的可燃物隔开，中断可燃物质的供给，控制火势蔓延。如关闭阀门切断可燃物气体、液体的来源；迅速疏散、移走可燃物，必要时拆除与火源毗邻的易燃物。

4. 化学抑制灭火法

使用窒息、冷却、隔离灭火法，其灭火剂不参加燃烧反应，属于物理灭火方法，而化学抑制灭火法则属于化学灭火方法。化学抑制灭火法是使灭火剂参与到燃烧反应中，起到抑制反应的作用。具体而言就是使燃烧反应中产生的自由基与灭火剂中的卤素离子相结合，形成稳定分子或低活性的自由基，从而切断氢自由基与氧自由基的连锁反应链，使燃烧停止。用于化学抑制灭火法的灭火剂有干粉、卤代烷烃等。

需要指出的是：上述4种灭火方法所对应的具体灭火措施是多种多样的；在灭火过程中，应根据可燃物的性质、燃烧特点、火灾大小、火场的具体条件以及消防技术装备的性能等实际情况，选择一种或几种灭火方法。一般情况下，综合运用几种灭火法效果较好。

三、防爆安全技术

（一）预防爆炸混合物的措施

为预防在设备和系统里或在其周围形成爆炸性混合物，应采取有效的措施。这类措施主要有：惰性气体保护、系统密闭和正压操作、厂房通风、以不燃溶剂代替可燃溶剂、危险物品隔离储存等。

1. 惰性气体保护

惰性气体保护是预防爆炸混合物形成的一种行之有效的方法：化工生产中常用的惰性气体（或阻燃性气体）主要有氮气、二氧化碳、水蒸气、烟道气等。惰性气体作为保护性气体，常应用于以下几种场合。

（1）可燃固体物质的粉碎、筛选处理及其粉末输送时，采用惰性气体进行覆盖保护。

（2）处理可燃易爆的物料系统，在进料前用惰性气体进行置换：排除系统中原有气体，防止形成爆炸性混合物。

（3）将惰性气体通过管线与火灾爆炸危险的设备、储槽等连接起来，在万一发生危险时使用。

（4）易燃液体利用惰性气体充压输送。

（5）在有爆炸性危险的生产场所，对有可能引起火灾危险的电器、仪表等采用充氮正压保护。

（6）易燃易爆系统检修动火前，使用惰性气体进行吹扫置换。

（7）发现易燃易爆气体泄漏时，采用惰性气体（水蒸气）冲淡。发生火灾时，用惰性气体进行灭火。

2. 系统密闭和正压操作

装盛易燃易爆介质的设备和管路，逸出的易燃易爆物质，在设备和管路周边空间形成爆炸性混合物。空气的渗入，会使设备或系统内部形成爆炸性混合物，为防止易燃气体、蒸气和可燃性粉尘与空气形成爆炸性混合物，应使设备密闭，防止空气吸入。

为保证设备的密闭性，易燃易爆物质生产装置投产前应严格进行气密性试验，除用水压试验外，可于接缝处涂抹肥皂液进行充气检测，为了检查无味气体氢、甲烷等是否漏出，可在其中加入显味剂（硫醇、氨等）。对爆炸危险度大的可燃气体（如乙炔、氢气等）以及危险设备和系统，在连接处应尽量采用焊接接头，减少法兰连接。输送危险气体的管道要用无缝管。当设备内部充满易爆物质时，要采用正压操作，以防外部空气渗入设备内，但不能高于或低于额定值。

3. 厂房通风

通风是防止燃烧爆炸物形成的重要措施之一。在含有易燃易爆及有毒物质的生产厂房内采取通风措施时，通风气体不能循环使用。通风系统的气体吸入口应选择空气新鲜、远离放空管道和散发可燃气体的地方，在有可燃气体的厂房内，排风设备和送风设备应有独立的通风机室，如通风机室设在厂房内，应有隔绝措施。排除输送温度超过80 ℃的空气或其他气体以及有燃烧爆炸危险的气体、粉尘的通风设备，应用非燃烧材料制成。排除具有燃烧爆炸危险粉尘的排风系统，应采用不发生火花的设备和能消除静电的除尘器。排除与水接触能生成爆炸混合物的粉尘时，不能采用湿式除尘器。通风管不宜穿越防火墙等防火分隔物，以免发生火灾时，火势通过通风管道蔓延。

4. 以不燃溶剂代替可燃溶剂

以不燃或难燃的材料代替可燃或易燃材料，是防火与防爆的根本性措施。尽量通过改进工艺的办法，以无危险或危险性小的物质代替有危险或危险性大的物质，从根本上消除火灾爆炸的条件。

5. 危险物品隔离储存

性质相互抵触的危险化学物品，应禁止一起存放。如爆炸物品、易燃液体、易燃固体、遇水或空气自燃物品、能引起燃烧的物品等必须单独存放；其他危险化学物品除惰性气体外必须单独存放。

（二）防爆电气设备的选用

在火灾和爆炸事故中，由电气火花引发的火灾事故占有很大比例。据统计，在火灾事故中，由电气原因引起的火灾，仅次于明火所引起的火灾。为此，在有火灾危险环境中生产必须选好防爆电气设备。

各化工生产过程中发生火灾爆炸的情况是不同的，而可供选用的防爆电气设备也有多种。选用必须本着安全可靠、经济合理的精神，从实际情况出发，根据火灾爆炸危险场所的类别等级和电火花形成的条件，选择相应的防爆电气设备。

1. 防爆电气设备类型

防爆电气设备按防爆结构和防爆性能的不同特点，可分为下列几种类型：

（1）增安型（标志 e）是指在正常运行时，不产生点燃爆炸混合物的火花电弧或危险温度，并在结构上采取措施，提高安全程度的电气设备，如防爆安全型高压水银荧光灯。

（2）隔爆型（标志 d）是指在电气设备内部发生爆炸时，不至于引起外部爆炸性混合物爆炸的电气设备，其外壳能承受 0.78～0.98 MPa 内部压力而不损坏，如隔爆型电动机。

(3) 充油型（标志 o）是指将全部或某些带电部件，浸在绝缘油中，使其不能点燃油面上或外壳周围的爆炸性混合物的电气设备。

(4) 正压充气型（标志 p）是指向外壳内通入新鲜空气或充入惰性气体，并使其保持正压，以便防止外部爆炸性混合物进入外壳内部的电气设备。

(5) 本质安全型（标志 i）是指电路系统中在正常运行中或标准试验条件下所产生的电火花或热效应，都不可能点燃爆炸性混合物的电气设备。本质安全型又分 ia、ib 两类：ia 类可用于 0 级区，ib 类用于 1 级以下区。

(6) 防爆特殊型（标志 s）是指结构上不属于上述各种类型，而是采取其他防爆措施的电气设备，例如填充石英砂等。

(7) 充砂型（标志 q）外壳内充填细颗粒材料，以便在规定使用条件下，外壳内产生的电弧、火焰传播、壳壁或颗粒材料表面的过热温度均不能点燃周围的爆炸性混合物的电气设备。

(8) 无火花型（标志 n）在正常运行条件下，不产生电弧或火花，也不产生能够点燃周围爆炸性混合物的高温表面或灼热点，并且一般不会发生有点燃作用的故障。

2. 防爆电气设备的选型原则

防爆电气设备所适用的级别，不应低于场所内爆炸性混合物的级别。当场所内存有两种以上爆炸性混合物时，应按危险程度高的级别选定，根据生产现场爆炸性物质的分类、分级和分组以及爆炸危险环境的区域范围划分，按国家电气防爆规程和手册的规定，选用和安装相应的防爆电气设备和配电线路的类型，以确保安全运行。

（三）防爆安全装置

1. 安全阀

安全阀用于防止设备或容器内压力过高引起爆炸。当系统内压力高出设定压力时自动开启泄压，在压力降到正常工作值后能自动复位，不致造成中断生产。安全阀通常安装在非正常条件下可能超压甚至破裂的设备或机械上。安全阀的特点是开启压力可以调节，根据设定的开启压力能自动开闭，生产连续，但安全阀的密封性较差，会有微量泄漏，动作滞后，不适于快速泄压的场合，对黏性或含固体颗粒的介质，可能会造成堵塞或粘连而影响使用。常用安全阀有重锤式、弹簧式和脉冲式3种类型。

安全阀使用时应注意以下几点：

（1）安全阀的入口处装有隔断阀，隔断阀必须保持常开并加铅封。

（2）安全阀直接装在压力容器本体上，容器内有气、液两相物料时，安全阀应安装于气相部分，防止泄压时排出液态物料而发生危险。

（3）一般安全阀可直接放空，当安全阀用于泄放可燃气体时，应用排放管连接至火炬或其他安全设施，易燃易爆介质排放管必须逐段用导线接地以消除静电作用，用于可燃或有毒液体设备上时，排放管应接入事故储槽或其他容器；泄放携带腐蚀性液滴的可燃气体，应经分液罐后送至火炬燃烧。

（4）安全阀的选型、规格、排放压力的设定应合理。

2. 爆破片

爆破片属于断裂型安全泄放装置，由具有一定厚度和面积的片状脆性材料制成，通过法兰装在受压设备或容器上，当设备或管道内压力突然上升超过设计值时，爆破片作为薄弱环节首先自动爆破泄压，从而保证设备主体安全。爆破片在完成泄压后不能恢复原来的状态，会造成操作中断，但爆破片的密封性好、反应迅速、灵敏度高、泄放量大，爆破片适用于介质毒性大，物料容易沉淀、结晶、聚合形成黏附物的场合。

凡有重大爆炸危险性的设备、容器及管道，例如，乙炔发生器、进焦煤炉的气体管道等都应安装爆破片。爆破片的爆破压力一般不超过系统操作压力的1.25倍，若爆破片在低于设备操作压力时破裂，就不能维持正常生产；若压力超过设备的设计压力而爆破片不破裂，则不能保证设备安全。

3. 防爆门（窗）

防爆门又称泄爆门、泄爆窗、防爆门通常安装在燃油、燃气和燃烧煤粉的燃烧室外壁上，是爆炸时能够掀开泄压、保护设备完整的防爆安全装置。泄压面积与厂房体积的比值（m^2/m^3）宜采用0.05~0.22，为了防止燃烧气体喷出伤人或掀开的盖子伤人，防爆门（窗）应设置在人不常到的地方，高度不应低于2 m，并应定期检修。

4. 放空管（阀）

放空管是一种管式排放泄压安全装置，又称排气管，一种是排放正常生产中的废气，另一种是发生事故时将受压设备内气体紧急放空的装置。

放空管一般应安装在设备或容器的顶部，室内设备安装的放空管应引出室外，其管口要高于附近有人操作的最高设备 2 m 以上，对经常排放有易燃易爆物质的放空管管口附近还应设置阻火器。

第四节　场（厂）内运输的基本安全要求

一、场（厂）内运输道路安全要求

道路运输是普遍采用的运输方式，它的优点是机动灵活，载重量可大可小，筑路费用相对较低，道路维修方便。

道路的平面布置要合理，宽度、路面、坡度等应适应工厂生产、运输、防震、防尘等要求，有利于搬运装卸机械化和工厂发展的需要。场（厂）内运输道路有关规定如下：

（1）场（厂）内道路的转弯半径应便于车辆通行，主次干道的最大纵坡一般不得大于8%，经常运送易燃、易爆危险品的专用道路，最大纵坡不得大于6%。

（2）跨越道路上空架高管线或其他构筑物距路面的最小净高不得小于 5 m。

（3）场（厂）内道路应设置交通标志，其设置位置、形状、尺寸、颜色等须符合《道路交通安全法》规定。

（4）易燃易爆产品的生产区域或储存仓库区，应根据安全生产的需要，将道路划分为限制车辆通行或禁止车辆通行的路段，并设置标志。

(5) 场（厂）内道路的交叉路口，高峰时间每小时机动车流量超过200辆，或者自行车、行人超过2 000人次，或者交通量比较繁忙而视线条件达不到规定要求，均应有人指挥或设置信号灯。

(6) 场（厂）内道路应经常保持路面平整、路基稳固、边坡整齐、排水良好，并应有完好的照明设施。

(7) 大、中型厂道路应采取交通分流，人流较大的主干道两侧，应修筑人行道。

(8) 路面狭窄或交通量大，容易堵塞的道路，应尽量实行单向交通。

(9) 场（厂）内道路在弯道、交叉路口的横净距离范围内，不得有妨碍驾驶员视线的障碍物。

(10) 工厂或各主要车间应设置自行车车棚，对自行车进行集中管理。

(11) 路面宽度9 m以上的道路，应划中心线，实现分道行驶。

(12) 道路设计，应遵照《厂矿道路设计规范》等有关规定。

(13) 道路的交叉处，应保证车辆驾驶员有足够的视野；交叉处不应有阻碍视线的障碍物。如无法保证足够的视野，则必须有相应的措施，如设专人岗或设置反光镜。在交通繁忙的交叉口应设置交通岗、信号灯。

二、场（厂）内运输车辆安全技术要求

（一）车辆

车辆必须经过车辆管理机关检验合格，领取号牌和行驶证，方准行驶。限于场（厂）内行驶的车辆，应由企业交通安全主管部门核发号牌和行驶证，号牌和行驶证不准转借、涂改或伪造。车辆必须按车辆管理机关规定的期限接受检验，未按规定检验或检验不合格的，不准行驶。

机动车的制动器、转向器、喇叭、灯光、雨刷和后视镜必须保持齐全有效。行驶途中，如制动器转向器、喇叭、灯光发生故障或雨雪天雨刷发生故障时，应停车，并在醒目处设置"注意危险"标志后进行修复。

机动车牵引挂车，应符合下列要求：

1. 机动车和挂车的连接装置必须牢固，并应挂保险链条；挂车的牵引架、挂环发现裂纹、扭曲、脱焊或严重磨损时，不得使用。

2. 机动车与挂车之间，挂车前后轮之间，应安装防护栅栏。

3. 机动车在空载情况下，不得拖带载重挂车。

4. 每辆机动车只准牵引 1 辆挂车。

5. 挂车应安装自动刹车装置、灯光和显示标志。

6. 挂车宽度超过机动车时，机动车的前保险杠两端，应安装与挂车宽度相等的标杆，标杆顶端安装标灯。

7. 对采用自动连接装置的牵引车和挂车，应根据具体情况，采取必要的安全措施。

机动车拖带损坏车辆，应遵守下列规定：

1. 被拖带的车辆，由正式驾驶员操纵，并在醒目处设置"注意危险"标志。

2. 小型车不准拖带大型车。

3. 拖带车辆时不得背行。

4. 每车只准拖带 1 辆，牵引索的长度须在 5~7 m。

5. 拖带制动器失灵的车辆须用硬牵引。不得拖带转向器失灵的车辆。

6. 夜间拖带损坏车辆时，被拖带的车辆灯光应齐全有效。

7. 新车、大修车在走合期，不得拖带车辆。

（二）车辆装载

调度人员在下达运输作业计划前，应事先掌握运输线路与货源情况。下达计划时，应将货运路线、装卸场所和安全注意事项向驾驶员交代清楚；车辆装载不得超过行驶证上核定的数量。车辆载物的高度、宽度和长度应符合规定。

载运不可解体货物的体积超过规定时，必须经厂交通安全管理部门批准，指派专人押车，按指定的路线、时间和时速行驶，并悬挂明显的安全标志。

装载货物必须均衡平稳，捆扎牢固，车厢侧板、后栏板必须关好、拴牢。货物长度超过后栏板时，不得遮挡号牌、转向灯、尾灯和制动灯。装载散状、粉状或液态货物时，不得散落、飞扬或滴漏车外。

载运炽热货物时，必须使用专用的柴油货车，油箱必须采取隔热措施，并按指定的线路行驶。

自动倾卸车应遵守下列规定：

1. 驾驶室内应安装车厢起升警报器或指示灯。
2. 装载大、重货物时，货物不得卡在车厢栏板上。
3. 车厢起升前注意空中有无障碍物，禁止边走边起，边走边落。
4. 倾卸货物时，应选择平坦场地，向坑内卸车时，应与坑边缘保持一定的安全距离；在危险地段卸车时，应有人指挥。

随车装卸人员应遵守下列规定：

1. 不得超过厂交通安全部门核定的人数。
2. 载运大、重货物未靠车厢前后栏板时，货前后不得乘人。
3. 载物高度超过车厢栏板时，货车不得乘人。
4. 不得坐在车厢栏板上；车辆未停稳前，不得上、下车。
5. 机动车车厢以外的任何部位或货运汽车的挂车、拖拉机的挂车、电瓶车、起重车、罐车、平板车和轮胎式专用车，不得载人。

装载易燃、易爆、剧毒等危险货物时，应遵守下列规定：

1. 装载液态和气态易燃、易爆物品的罐车，必须挂接地静电导链；装载液化气体的车辆，应有防晒措施。
2. 装载氯酸钠、氯酸钾和用铁桶装的一级易燃液体时，不得使用铁底板车辆。
3. 装载剧毒品的车辆，用后应进行清洗、消毒。
4. 不得与其他货物混装；易燃易爆物品的装载量不得超过货物载重量的 2/3，堆放高度不得高于车厢栏板。

装运易燃、易爆、剧毒等危险货物时，应遵守下列规定：

1. 必须经厂交通安全管理部门和保卫部门批准，按指定的路线和时间行驶。
2. 必须由具有 50 000 km 和 3 年以上安全驾驶经历的驾驶员驾驶并选派熟悉危险品性质和有安全防护知识的人员担任押运员；驾驶员和押运员必须取得交通主管部门颁发的危险货物运输从业资格证。

3. 必须用货运汽车运输，禁止用汽车挂车及其他机动车运输。

4. 车上应根据危险货物的性质佩戴相应的防护、消防器材。并按 GB 13392 的规定悬挂规定的标志和标志灯。

5. 应在货车排气管消声器处装设阻火器，易燃、易爆货物专用车的排气管应装在车厢前一侧，向前排气。

6. 车厢周围严禁烟火。

7. 两台以上车辆跟踪运输时，两车最小间距为 50 m，行驶中不得紧急制动，严禁超车。

8. 中途停车应选择安全地点，停车或未卸完货物前，驾驶员和押运员不得离车。

9. 必须有危险货物运输应急处理预案。

（三）机动车行驶

机动车在无限速标志的厂内主干道行驶时，不得超过 30 km/h，其他道路不得超过 20 km/h。机动车行驶下列地点、路段或遇到特殊情况时的限速要求应符合表 3-4 的规定。

表 3-4　　　　　　机动车在特定条件下的限速规定

限速地点、路段及情况	最高行驶速度/（km/h）
道口、交叉口、装卸作业、人员稠密地段、下坡道、设有警告标志处或转弯、掉头时，货运汽车载运易燃易爆等危险货物时	15
结冰、积雪、积水的道路；恶劣天气能见度在 30 m 以内时	10
进出厂房、仓库、车间大门、停车场、加油站、危险地段、生产现场、倒车或拖带损坏车辆时	5

恶劣天气能见度在 5 m 以内或能见度在 10 m 以内道路最大纵坡在 6% 以上时，应停止行驶执行任务的消防车、工程抢险车和救护车不受规定速度限制。

机动车通过道口时，必须遵守下列规定：

①提前减速。

②通过有人看守道口或自动信号道口时，要做到"一慢、二看、三通过"；遇道口栏杆放下或发出停车信号时，须依次停车于停车线以外，无停车线的，应

停在距最外侧钢轨 5 m 以外，严禁抢道通过。

③通过无人看守道口时，应做到"一慢、二看、三通过"；如达不到要求，必须做到"一停、二看、三通过"。

④铁路机车、车辆占用无人看守道口时，机动车不得通过。

⑤机动车发生故障被迫停在无人看守道口时，随车人员应立即下车到安全地点，驾驶员应采取紧急措施设置防护信号，并使车辆尽快让开道口。

⑥机动车频繁通过无人看守道口期间，应由用车单位派人临时看守。

机动车不得在平行铁路装卸线钢轨外侧 2 m 以内行驶。

机动车在冰雪、泥泞道路上行驶时，应遵守下列规定：

①在冰雪上行驶时，轮胎上应装有防滑链。

②缓慢行驶，避免紧急制动。

③同向行驶车辆，两车辆之间的距离应保持 50 m 以上。

进入易燃易爆区域的机动车辆，必须装设火星熄灭器（阻火器）。同向行驶的机动车，前、后车之间应根据车辆行驶速度、路面和气候状况，保持随时可以制动停车的距离。停车应停在指定地点或道路有效路面以外不妨碍交通的地点，不得逆向停车，驾驶员离车时，应拉紧手闸、切断电路、锁好车门。

下列地点不得停放车辆：

距通勤车站、加油站、消防车库门口和消火栓 20 m 以内的地段。

距交叉口、道口、转弯处、隧道、桥梁、危险地段、地中衡和厂房、仓库、职工医院大门口 15 m 以内地段。

纵坡大于 5% 的地段。

道路一侧有障碍物时，对面一侧与障碍物长度相等的地段两端各 20 m 以内。

机动车倒车时，驾驶员须先查明周围情况，确认安全后，方准倒车。在货场、厂房、仓库、窄路等处倒车时，应有人站在车后的驾驶员一侧指挥。机动车在道口、桥梁、隧道和危险地段严禁倒车或掉头。

三、场（厂）内运输车辆驾驶人员安全要求

叉车、旅游观光车等特种设备操作人员由于工种的特殊性，其驾驶员的要求

是：年满十八周岁且不大于六十周岁，具有初中以上文化，身体合格的中华人民共和国公民，无妨碍从事作业的疾病和生理缺陷。

机动车驾驶员应遵守下列规定：

（一）驾驶车辆时，必须携带驾驶证和行驶证。

（二）不得驾驶与驾驶证不符的车辆。

（三）驾驶室不得超额坐人。

（四）严禁酒后驾驶车辆；不得在行驶时吸烟、饮食、闲谈或有其他妨碍安全行车的行为。

（五）身体过度疲劳或患病有碍行车安全时，不得驾驶车辆。

（六）试车时，必须挂试车牌照，不得在非试车区域内试车。

场（厂）内机动车辆驾驶人员的培训、考核、发证和复审应遵守企业的有关规定。驾驶员不从事驾驶工作（除担任车管工作外）6个月至1年者，须继续担任驾驶工作时，应经车辆管理部门重新复试；1年以上者，应重新考核。

第四章 职业危害及其预防

《职业病防治法》于 2002 年 5 月 1 日正式实施,根据 2018 年 12 月 29 日第十三届全国人民代表大会常务委员会第七次会议《关于修改〈中华人民共和国劳动法〉等七部法律的决定》第四次修正。

第一节 职业健康概述

一、职业健康基本概念

我国职业卫生的定义有两个:

《职业安全卫生术语》(GB/T 15236—2008)规定,职业卫生是指以职工的健康在职业活动过程中免受有害因素侵害为目的的工作领域及在法律、技术、设备、组织制度和教育等方面所采取的相应措施。

《职业卫生名词术语》(GBZ/T 224—2010)规定,职业卫生是指对工作场所内产生或存在的职业性有害因素及其健康损害进行识别、评估、预测和控制的一门科学,其目的是预防和保护劳动者免受职业性有害因素所致的健康影响和危害,使工作适应劳动者,促进和保障劳动者在职业活动中的身心健康和社会福利。

职业病是指企业、事业单位和个体经济组织的劳动者在职业活动中,因接触粉尘、放射性物质和其他有毒、有害物质等因素而引起的疾病。

二、法定职业病

(一) 法定职业病分类

2013年12月23日，国家卫生计生委、人力资源社会保障部、安全监管总局、全国总工会4部门联合印发《职业病分类和目录》。《职业病分类和目录》将职业病分为职业性尘肺病及其他呼吸系统疾病、职业性皮肤病、职业性眼病、职业性耳鼻喉口腔疾病、职业性化学中毒、物理因素所致职业病、职业性放射性疾病、职业性传染病、职业性肿瘤、其他职业病10类132种，见表4-1。

表4-1 职业病分类数据统计表

	分类	疾病数	开放条款数	合计
1	职业性尘肺病及其他呼吸系统疾病	18	1	19
	尘肺病	12	1	13
	其他呼吸系统疾病	6		6
2	职业性皮肤病	8	1	9
3	职业性眼病	3		3
4	职业性耳鼻喉口腔疾病	4		4
5	职业性化学中毒	59	1	60
6	物理因素所致职业病	7		7
7	职业性放射性疾病	10	1	11
8	职业性传染病	5		5
9	职业性肿瘤	11		11
10	其他职业病	3		3
	合计	128	4	132

1. 尘肺病

包括矽肺、煤工尘肺等。

2. 职业性皮肤病

包括接触性皮炎、光接触性皮炎等。

3. 职业性眼病

包括化学性眼部烧伤、电光性眼炎等。

4. 职业性耳鼻喉口腔疾病

包括噪声聋、铬鼻病等。

5. 职业性化学中毒

包括铅及其化合物中毒（不包括四乙基铅）、汞及其化合物中毒等。

6. 物理因素所致职业病

包括中暑、减压病等。

7. 职业性放射性疾病

包括外照射急性放射病、外照射亚急性放射病、外照射慢性放射病、内照射放射病等。

8. 职业性传染病

包括炭疽、森林脑炎等。

9. 职业性肿瘤

包括石棉所致肺癌、间皮瘤，联苯胺所致膀胱癌等。

10. 其他职业病

包括金属烟热、滑囊炎（限于井下工人）等。

（二）职业病鉴定

《职业病诊断与鉴定管理办法》（中华人民共和国国家卫生健康委员会令第6号）明确了劳动者可以在用人单位所在地、本人户籍所在地或者经常居住地的职业病诊断机构进行职业病诊断。材料齐全的情况下，职业病诊断机构应当在收齐材料之日起三十日内作出诊断结论。没有证据否定职业病危害因素与病人临床表现之间的必然联系的，应当诊断为职业病。

三、职业病危害现状与防治形势

2013—2022年职业病报告统计，如图4-1所示。

可以看出，自2013年以来职业病数量经历了先增后减的变化趋势，我国尘肺病报告总数从2013年的23 152例降到了2022年的11 108例，降幅之大足以表明我国的职业病防治工作经过多年发展取得了很大成果。然而，职业病数量仍

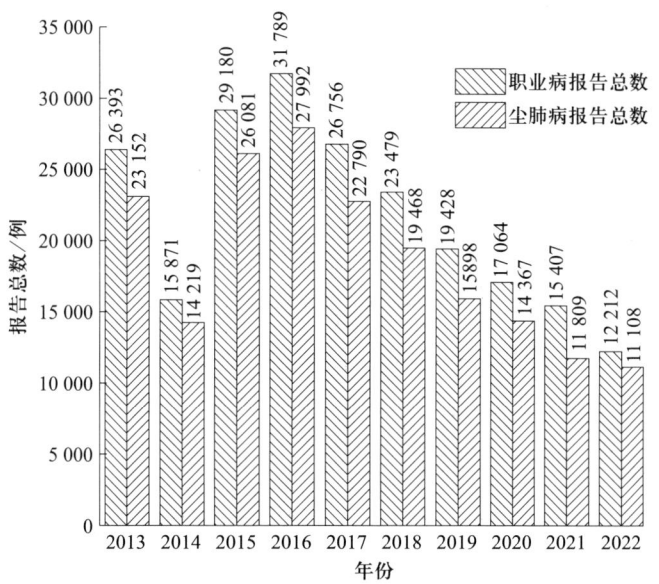

图 4-1 2013—2022 年职业病报告统计

然处在较高的水平,职业病防治工作仍任重而道远。

四、职业病的特点

（1）发病过程的累积性。如受到小剂量的射线伤害后,不是马上就有反应,有的经过几年甚至是几十年才出现症状。

（2）容易与一般疾病混淆的混同性。如出现苯中毒,有的人最初的症状就像感冒。

（3）职业病危害不确定因素多。劳动者受到职业病危害,有的潜伏期很长（如尘肺病潜伏期可超过 20 年）,这是潜伏期的不确定性;一种原因造成多个结果,多个原因造成一个结果（如一种毒物可对几种器官造成损害,多种毒物可以同时造成一种器官损害）,这是因果关系的不确定性;职业危害对劳动者造成的损害程度因人而异（如对敏感人群造成的损害严重）,这是损害后果的不确定性。

（4）病因明确。病因即职业性有害因素,在控制病因或作用条件后,可以消除或减少发病。

（5）存在剂量—反应关系。所接触的病因大多可以检测和识别,其强度或浓度需达到一定程度才能致病。

（6）有一定的发病率。在接触同样职业性有害因素的人群中常有多起发病病例，很少出现个别病例。

（7）早期是可逆的。大多数职业病早期的病理生理变化往往是可逆的，如能早期发现、早期诊断、及时治疗、妥善处理，预后较好。

（8）缺乏特效治疗方法。大多数职业病，目前尚缺乏特效治疗方法，应着眼于保护人群健康的预防措施。

（9）危害因素的隐匿性。人眼不能直观看到 α、β 等射线，身体也感觉不到其存在，但它们对人体的伤害却是致命的。

第二节　职业病危害因素的识别与控制

一、常见职业病危害因素及其控制措施

职业病危害因素是指在生产过程中、劳动过程中和作业环境中存在的各种有害的化学、物理、生物因素以及在作业过程中产生的其他危害劳动者健康的有害因素。

（一）生产过程中产生的有害因素

1. 物理性因素

噪声，光线（过亮、过暗），温度（高温、低温），气压，电离辐射，非电离辐射，振动。

2. 化学性因素

气体如下水道、粪便池、污水池内的硫化氢，生产或使用涂料、黏合剂、漆

和清洁剂等有机溶剂中的苯、苯酚、甲苯酚等，化学工业、冶金工业及煤矿与非煤矿山井下作业接触的一氧化碳；液体如酸性清洁剂，实验室内使用的有毒试剂、有机农药；粉尘、烟雾如采矿及建筑工程、机械铸造的矽尘，电镀过程的酸雾等。

3. 生物性因素

生产过程中使用的原料、辅料以及在作业环境中的微生物（病菌、细菌、真菌等），如化验室人员，可因接触到血液、分泌物而感染到结核病；皮革制造工人、兽医等，较容易感染炭疽病。

（二）劳动过程中的有害因素

劳动过程是指生产过程的劳动组织、操作体位和方式以及体力和脑力劳动的比例等。在此过程中产生的有害因素有：

1. 企业大检修或抢修期间，易发生劳动组织和制度不合理，劳动作息制度不合理等。

2. 精神紧张。企业自动化程度高，仪表代替了笨重的体力劳动和手工操作，也带来了精神紧张问题。

3. 劳动强度过大或生产定额不当，如安排的作业与职工生理状况不相适应等。

4. 个别系统或器官过分紧张，如视力紧张等。

5. 长时间处于某种不良体位或使用不合理的工具等。

（三）作业环境中的有害因素

自然环境中的因素，如炎热季节的太阳辐射；厂房建筑不合理，如有毒工段与无毒工段安排在一个车间；生产布局不合理导致的作业环境污染，如氯气回收、精制等岗位产生的氯气泄漏造成的作业环境污染；照明不足导致的视线不良、采光不足等。

由于生产系统的复杂性特点，作业区域职业危害因素的存在往往不是单一的，而是多种职业病危害因素并存，共同威胁着作业环境中人们的健康。

二、常见的职业病

(一) 生产性毒物危害及其预防

生产过程中产生或使用的,存在于工作环境空气中的毒物称为生产性毒物。

生产性毒物可通过呼吸道、皮肤、消化道3条途径进入人体。通过呼吸道进入支气管的肺泡再进入血液循环吸收,是最常见最危急的途径。有些毒物可以通过皮肤吸收进入体内,如有机磷农药、苯胺,只要与皮肤接触,就能被吸取。经消化道进入引起职业中毒的机会极少,但是假如个人卫生习惯不良,如在存在毒物车间内吸烟、吃东西、饭前不洗手,也可使少量毒物进入消化道吸收。

1. 职业中毒

有毒物质在体内起化学作用而引起机体组织破坏、生理机能障碍甚至死亡等现象称为中毒。

劳动者在生产过程中由于接触毒物所发生的中毒称为职业中毒。

我国的急性职业中毒主要有硫化氢、一氧化碳、有机溶剂、氯气、氨气和农药等引起中毒。

2. 毒物的分类

生产过程中遇到的化学毒物,有些作为原料,如制造染料所用的苯胺,有机合成的单体氯乙丙烯腈;有些作为中间产品,如生产农药所用的光气等;有些作为最终产品,如焦化厂产出一氧化碳、苯、甲苯、二甲苯等化肥厂产出的氨等;有些作为辅助原料,如制药行业用作萃取剂的苯、乙醚,生产聚乙烯时用作催化剂的氯化汞,橡胶行业用作溶剂的苯、汽油等。

(二) 生产性粉尘的危害及其预防

生产性粉尘是指在生产中形成的,能较长时间漂浮在作业场所空气中的固体微粒,其粒径多在 $0.1 \sim 10\ \mu m$,它是污染环境,影响劳动者健康的重要因素。

1. 粉尘的产生

粉尘的产生广泛存在于生产过程中,固体物质的机械加工或粉碎,如金属研磨、切削、钻孔、爆破、破碎、磨粉、农林产品加工等过程会产生含有不同成分的粉尘；铸件的翻砂、清砂，粉状物质的混合、过筛、包装、搬运等操作过程中，以及沉积的粉尘由于振动或气流运动，使沉积的粉尘重又浮游于空气中（产生二次扬尘）也是粉尘的来源；物质加热时产生的蒸气在空气中凝结或被氧化所形成的尘粒，如金属熔炼、焊接、浇铸等，以及有机物质不完全燃烧所形成的微粒，如木材、油、煤类等燃烧时所产生的烟尘等也是粉尘的形成途径。

2. 粉尘的分类

根据粉尘的成分可以分为无机类粉尘，如硅石、石棉、滑石、金属性粉尘、煤尘等；有机类粉尘，如棉、麻、面粉、烟草、动物性粉尘等；以两种以上物质混合形成的混合性粉尘，在生产中最多见。

3. 粉尘的危害

（1）感染作用。有些有机粉尘如兽皮、谷物等粉尘常附有病原菌，随粉尘进入肺内，可引起肺霉菌病等。

（2）致癌作用。接触如镍、铬、铬酸盐的粉尘，可以引起肺癌；接触放射性矿物粉尘、容易造成放射性损伤。

（3）局部作用。接触或吸入粉尘，首先对皮肤、角膜、黏膜等产生局部的刺激作用，并产生一系列的病变。

（4）全身作用。在职业活动、特别是生产过程中，因长期吸入一定浓度的有害粉尘，可引起肺部弥漫性、进行性纤维化为主要病变的疾病，统称尘肺病。尘肺病是我国一种法定职业病。

（三）物理因素危害及其预防

1. 噪声危害

（1）噪声危害及其防护。噪声的来源有多种渠道，工业生产过程中产生的噪声大体上可以分为三大类：

1）空气动力性噪声。如鼓风机、空压机、汽轮机、风动工具、汽笛等产生的噪声。

2）机械性噪声。如冲床、球磨机、车床、电锯、滚筒、剪板机、织布机等产生的噪声。

3）电磁性噪声。如发电机、变压器、电力继电器等电气设备运转时所产生的噪声。

（2）噪声对人体的危害是多方面的，归纳起来常有以下几个方面：

1）噪声能损伤人体听觉器官。噪声损害听力的程度与人体接触噪声的时间及其强度有关系。在职业活动、特别是生产过程中，因长期在生产性噪声环境下工作，会引起渐进性听力损失，是不会恢复的一种职业性耳科疾病"噪声聋"。噪声聋是我国一种法定职业病。

2）噪声能引发多种疾病。如对神经系统、心血管系统、消化系统及对人的正常生活都有影响。其影响程度与噪声强弱、接触时间长短有关。

控制和预防噪声的危害首先应从消除或控制噪声源和在噪声传播途径上降低噪声强度入手。对于从声源及传播途径上无法消除或控制的噪声，则需要在噪声影响的地点进行个体防护。让工人在耳孔里塞上防声棉或佩戴防噪耳塞、头盔等防噪声护具，减少噪声对人的伤害。

2. 电磁辐射的危害

交流电路向周围空间放射电磁能，形成交流电磁场，交变的电磁场以一定速度在空间传播的过程称电磁辐射。电磁辐射包括非电离辐射和电离辐射两大类。非电离辐射通常指无线电波、红外线、可见光线、紫外线等；电离辐射是在通过物质时能引起物质电离的一切辐射的总称，它包括电磁波中的 α 射线、γ 射线、β 射线等。

（1）非电离辐射对人体的危害

1）无线电。无线电是指在所有自由空间传播的电磁波中的一个有限频带，较强大的无线电波对人体的主要影响是神经衰弱症候群，表现为头昏、失眠多梦、记忆力衰退、心悸、乏力、情绪不稳定等症状。它对人体影响程度取决于磁场场强、频率、作用时间长短以及作业人员身体状况。人一旦脱离电磁场作用，其症状将会逐渐缓解以至消除。

2）微波。微波对人体危害比中短波严重。其危害程度同样与场强、距离及照射时间等因素有关。人体各组织器官对微波的敏感性不同，其中以眼睛最为敏感，最易受伤害。微波对神经系统、心血管系统影响也较大，并且对人体的危害具有累积效应。

3）红外线。红外线能引发眼睛白内障、灼伤视网膜。其影响在电气焊、熔吹玻璃、炼钢等作业工人中多有发生。

4）紫外线。紫外线可引起急性角膜炎和引起皮肤红斑反应，电气焊作业人员因此而患电光性眼炎。

5）激光能烧伤生物组织，如灼伤视网膜及皮肤等。

（2）电离辐射对人体的危害。人体在短时间内受到大剂量电离辐射会引起急性放射病。长时间受超剂量照射将引起全身性疾病，出现头昏、乏力、食欲消退、脱发等神经衰弱症候群。受大剂量照射，不仅当时机体产生病变，而且照射停止后还会产生远期效应或遗传效应，如诱发癌症、后代患小儿痴呆症等。

（3）电磁辐射的防护，可以按非电离辐射与电离辐射两大类来考虑。

1）非电离辐射的防护措施

①对高频电磁场的防护，可以用铝、铜、铁等金属屏蔽材料来包围源以吸收或反射场能。

②对微波的防护，通常是敷设微波吸收器。同时，根据微波发射具有方向性的特点，作业人员的工作位置应尽量避开辐射流的正前方。

③对激光的防护，应将激光束的防光罩与光束制动阀及放大系统截断器联锁。同时，激光操作间采光照明要好，工作台表面及室内四壁应用深色材料装饰而成，室内不宜旋转反射、折射光束的设备和物品。

2）电离辐射的防护措施

①在保证应用效果前提下，尽量选用危害小的辐射源，提高接收设备灵敏度，来减少辐射源的用量。

②采取包围屏蔽、加大接触距离、缩短接触时间等技术措施来预防外照射危害。

③采用封隔放射源和净化作业场所空气等办法，尽量减少或杜绝放射性物质进入人体内造成内照射危害。个人防护也是必不可少的，主要是穿铜丝网制成的防护服，戴防护眼罩等。

3. 高温危害

高温是指最高气温达35 ℃以上的天气现象，连续高温酷暑会造成人体不适，影响生理、心理健康，引发疾病甚至造成死亡；高温作业是指在高气温、高温高湿或强热辐射条件下进行的作业，通常分为3种类型：①高温、热辐射作业。②高温、高湿作业。③夏季露天作业。

中暑是高温环境下发生的一类疾病的总称。中暑的发生与周围环境温度有密切关系，一般当气温超过人体表面温度时，即有发生中暑的可能。但高温不是唯一的致病因素，生产场所的其他气象条件，如湿度、气流和热辐射也与中暑有直接关系。中暑按发病机理可分为热射病、日射病、热衰竭和热痉挛4种类型。职业性中暑是我国一种法定职业病。

（1）热射病。热射病是由于机体产热和受热超过散热，引起体内蓄热，使体温调节功能发生障碍，体温升高所致。发病前常感觉头痛、头昏、全身乏力、恶心、呕吐等。热射病一般发病急骤，突然昏迷，开始大量出汗，后期出现"无汗"，体温可达40 ℃以上，皮肤干热发红。此病是中暑中较常见的一种，也是最严重的一种，如果抢救不及时，会造成死亡。

（2）日射病。日射病多发生于夏季露天作业或有强烈热辐射的高温车间，是由于太阳或热辐射作用于无防护的头部，使颅内组织受热引起脑膜及脑组织充血水肿。日射病的症状为头痛、头晕、眼花、耳鸣、恶心、呕吐、兴奋不安或意识丧失，体温可不升或略有升高。

（3）热衰竭。热衰竭又称热晕厥或热虚脱。一般认为是由于周围毛细血管的扩张及大量失水造成循环血量减少，脑部供血不足所致。表现为头晕、头痛、恶心、呕吐、面色苍白、皮肤湿冷多汗，体温一般不升高，脉搏细弱，严重者发生晕厥。

（4）热痉挛。高温作业时，由于大量出汗，引起缺水、缺盐而发生肌肉痉挛、疼痛。痉挛常发生在四肢、咀嚼肌及腹肌等经常活动的肌肉部位，尤以腓肠肌为最多。患者神志清醒，体温正常，发作时影响工作。

4. 振动的危害

振动在生产过程中非常普遍，如铆钉机、凿岩机、风铲等风动工具，电钻、电锯、砂轮机、抛光机、研磨机等电动工具，内燃机车、船舶、摩托车等运输工具，拖拉机、收割机、脱粒机等农业机械。

振动可使作业人员能力下降,影响听力和手眼动作配合的准确度,影响注意力集中,容易疲劳,导致工作效率降低。

局部振动对机体的影响是全身性的,可引起神经系统、心血管系统、骨骼—肌肉系统、听觉器官、免疫系统和内分泌系统等多方面改变。"手臂振动病"是作业人员在生产劳动中长期受外界振动的影响而引发的职业病。

三、劳动防护用品选用和管理

劳动防护用品(PPE)是指由生产经营单位为从业人员配备的,使其在劳动过程中免遭或者减轻事故伤害及职业危害的个人防护装备;劳动防护用品分为特种劳动防护用品和一般劳动防护用品。生产经营单位为从业人员提供的劳动防护用品,必须符合国家标准或者行业标准,不得超过使用期限。

特种劳动防护用品是指在劳动作业生产过程中对人体起到特殊保护作用的安全防护用品,列入特种劳动防护用品目录如过滤式防毒面具、正压式空气呼吸器、防化服、防冲击面罩等。

劳动防护用品的选用原则,主要包括以下几个方面:

(一)按作业类别和工种选用

行业标准对劳动防护用品的配备给出了明确建议,并要求各省市根据自身经济条件和特点制定相应的地方配备标准。

(二)根据工作场所有害因素进行选用

根据作业环境和作业活动中存在的职业病危害因素,选择具有相应防护特性的个体防护用品,是个体防护用品选用的常用原则。参考依据:《工作场所有害因素职业接触限值 第1部分:化学有害因素》(GBZ 2.1—2019)和《工作场所有害因素职业接触限值 第2部分:物理因素》(GBZ 2.2—2007)。

(三)根据作业现场职业危害浓度(强度)选用

企业在根据工作场所存在的有害因素类型选用个体防护用品时,也可进一步根据工作场所有害因素的测定值选用合适的防护用品。例如,《呼吸防护用品的选择、使用与维护》(GB/T 18664—2002)标准中规定了比较明确的呼吸防护用品的选择思路和具体步骤。具体包括：

1. 对作业环境进行职业危害识别评价，确定危害水平。
2. 明确各种呼吸防护用品的防护级别。
3. 选择防护级别高于危害水平的呼吸防护用品种类。

第三节　用人单位职业病防治工作要求

一、组织管理机构与职责

《工作场所职业卫生管理规定》（国家卫生健康委员会令第5号），于2021年2月1日起施行。第八条规定，职业病危害严重的用人单位，应当设置或者指定职业卫生管理机构或者组织，配备专职职业卫生管理人员。其他存在职业病危害的用人单位，劳动者超过一百人的，应当设置或者指定职业卫生管理机构或者组织，配备专职职业卫生管理人员；劳动者在一百人以下的，应当配备专职或者兼职的职业卫生管理人员，负责本单位的职业病防治工作。

《职业病防治法》第二十条规定，用人单位应当采取下列职业病防治管理措施：

（1）设置或者指定职业卫生管理机构或者组织，配备专职或者兼职的职业卫生管理人员，负责本单位的职业病防治工作。

（2）制定职业病防治计划和实施方案。

（3）建立、健全职业卫生管理制度和操作规程。

（4）建立、健全职业卫生档案和劳动者健康监护档案。

（5）建立、健全工作场所职业病危害因素监测及评价制度。

(6) 建立、健全职业病危害事故应急救援预案。

二、职业病危害项目申报

《职业病防治法》第十六条规定，国家建立职业病危害项目申报制度。用人单位工作场所存在职业病目录所列职业病的危害因素的，应当及时、如实向所在地卫生行政部门申报危害项目，接受监督。

用人单位是职业病危害项目申报的主体，申报受理单位为卫生行政部门，申报范围为《职业病危害因素分类目录》所列职业病危害因素。

职业病危害因素申报要求：

(1) 进行新建、改建、扩建、技术改造或者技术引进建设项目的，自建设项目竣工验收之日起 30 日内进行申报。

(2) 因技术、工艺、设备或者材料等发生变化导致原申报的职业病危害因素及其相关内容发生重大变化的，自发生变化之日起 15 日内进行申报。

(3) 用人单位工作场所、名称、法定代表人或者主要负责人发生变化的，自发生变化之日起 15 日内进行申报。

(4) 经过职业病危害因素检测、评价，发现原申报内容发生变化的，自收到有关检测、评价结果之日起 15 日内进行申报。

(5) 用人单位终止生产经营活动的，应当自生产经营活动终止之日起 15 日内向原申报机关报告并办理注销手续。

(6) 年度更新：11 个月 < 申报间隔 < 13 个月，更新内容包含职业卫生培训情况、接触职业病危害因素人数、职业病危害因素检测情况，职业健康检查情况。

《职业病防治法》第七十一条规定，用人单位违反本法规定，有下列行为之一的，由卫生行政部门责令限期改正，给予警告，可以并处五万元以上十万元以下的罚款：（一）未按照规定及时、如实向卫生行政部门申报产生职业病危害的项目的。

三、职业病危害警示与告知

（一）职业病危害警示

用人单位按照《职业病防治法》第二十四条的规定，产生职业病危害的用人单位，应当在醒目位置设置公告栏，公布有关职业病防治的规章制度、操作规程、职业病危害事故应急救援措施和工作场所职业病危害因素检测结果。

对产生严重职业病危害的作业岗位，应当在其醒目位置，设置警示标识和中文警示说明。警示说明应当载明产生职业病危害的种类、后果、预防以及应急救治措施等内容。

公告栏一般设在厂区入口处，内容应当包括：职业病防治规章制度、操作规程、职业病危害事故应急救援措施和工作场所职业病危害因素检测结果。

对产生严重职业病危害的作业岗位，除设置警示标识外，还应当在其醒目位置设置职业病危害告知卡：存在矽尘或石棉粉尘的作业岗位；存在"致癌""致畸"等有害物质或者可能导致急性职业性中毒的作业岗位；放射性危害作业岗位。

告知卡内容包含：职业病危害因素名称、理化特性、健康危害、接触限值、防护措施、应急处理及急救电话、职业病危害因素检测结果及检测时间等。

（二）职业病危害因素告知

《职业病防治法》第三十三条规定，用人单位与劳动者订立劳动合同（含聘用合同，下同）时，应当将工作过程中可能产生的职业病危害及其后果、职业病防护措施和待遇等如实告知劳动者，并在劳动合同中写明，不得隐瞒或者欺骗。

劳动者在已订立劳动合同期间因工作岗位或者工作内容变更，从事与所订立劳动合同中未告知的存在职业病危害的作业时，用人单位应当依照前款规定，向劳动者履行如实告知的义务，并协商变更原劳动合同相关条款。

用人单位违反前两款规定的，劳动者有权拒绝从事存在职业病危害的作业，用人单位不得因此解除与劳动者所订立的劳动合同。

合同告知要点应当包括以下内容：

1. 合同须有用人单位签章、劳动者本人签字及签订日期。

2. 合同中须注明本岗位接触的职业病危害因素、可能的接触后果、相应的防护措施、待遇。

3. 所告知的职业病危害后果、防护措施与劳动者接触的职业病危害因素相对应。

《职业病防治法》第七十一条规定，用人单位违反本法规定，订立或者变更劳动合同时，未告知劳动者职业病危害真实情况的，由卫生行政部门责令限期改正，给予警告，可以并处五万元以上十万元以下的罚款。

四、职业健康监护

职业健康检查的目的在于检索和发现职业危害易感人群；及时发现健康损害，评价健康变化与职业病危害因素的关系；及时发现、诊断职业病；为职业危害评价、职业危害治理效果评价和行政执法提供依据和证据。

《职业病防治法》第三十五条规定，对从事接触职业病危害的作业的劳动者，用人单位应当按照国务院卫生行政部门的规定组织上岗前、在岗期间和离岗时的职业健康检查，并将检查结果书面告知劳动者。职业健康检查费用由用人单位承担。

用人单位不得安排未经上岗前职业健康检查的劳动者从事接触职业病危害的作业；不得安排有职业禁忌的劳动者从事其所禁忌的作业；对在职业健康检查中发现有与所从事的职业相关的健康损害的劳动者，应当调离原工作岗位，并妥善安置；对未进行离岗前职业健康检查的劳动者不得解除或者终止与其订立的劳动合同。

职业健康检查分为以下几种：

（1）上岗前的职业健康检查，主要为了发现新从业人员有无职业禁忌证，确定是否能从事该岗位。

（2）在岗期间的定期职业健康检查，主要发现劳动者在工作中的健康异常变化，评价职业病危害因素的控制效果。

（3）离岗前的职业健康检查（对未进行离岗前职业健康检查的劳动者不得

解除或终止与其订立的劳动合同），确定在停止接触职业病危害时的健康状况。

五、职业健康档案管理

为及时发现劳动者的职业损害，根据劳动者的职业接触史，对劳动者进行定期或不定期健康检查和连续的、动态的医学观察，记录职业接触史及健康变化，评价劳动者健康变化与职业病危害因素的关系。

职业健康档案内容主要包括四方面的内容：劳动者职业史、既往史和职业病危害接触史；相应作业场所职业病危害因素监测结果；职业健康检查结果及处理情况；病诊疗等劳动者健康资料。

用人单位应当为劳动者建立职业健康监护档案，并按照规定的期限妥善保存。职业健康监护档案是职业病诊断、鉴定的重要依据之一。用人单位应当按规定妥善保存职业健康监护档案，劳动者离开用人单位时，有权索取本人职业健康监护档案复印件，用人单位应当如实、无偿提供，并在所提供的复印件上签章。

第五章
机械制造企业应急管理

第一节 应急管理概述

一、应急救援与应急管理

应急管理是指政府及其他公共机构在突发事件的事前预防、事发应对、事中处置和善后恢复过程中,通过建立必要的应对机制,采取一系列必要措施,应用科学、技术、规划与管理等手段,保障公众生命、健康和财产安全;促进社会和谐健康发展的有关活动。

突发事件包含自然灾害、事故灾难、公共卫生事件和社会安全事件,其中事故灾难主要包括工矿商贸等企业的各类生产安全事故、交通运输事故、公共设施和设备事故、环境污染和生态破坏事件等。我国工伤预防工作重点在事故灾难方面。

事故是一种特殊的事件,往往具有潜伏期、形成期、爆发期、消退期。因此,现代应急管理具有综合性应急管理的特征。应急管理工作应包含预防(P)、准备(D)、应急(C)、恢复(A)4个阶段的完整过程;且 PDCA 的每个阶段都应当采取相应的措施,突发事件应急管理应强调全过程的管理,如图 5-1 所示。

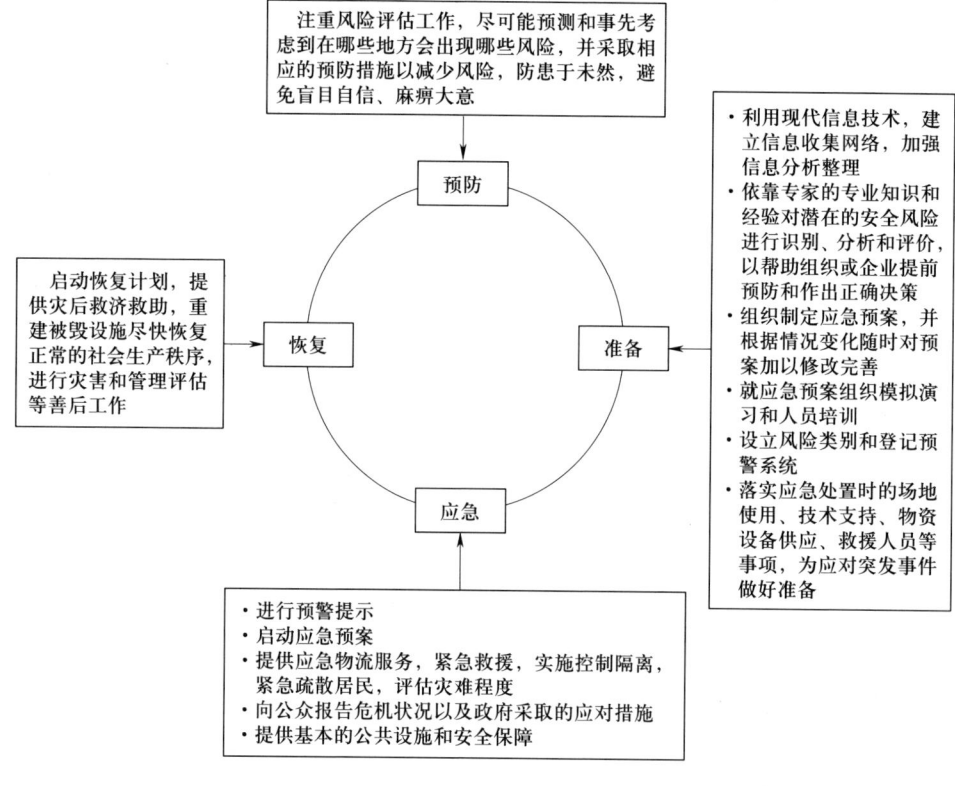

图 5-1 突发事件应急管理体制

从风险角度，事故预防一方面要预防事故发生，采用安全管理和技术手段尽可能降低发生的概率，实现本质安全；另一方面要降低事故后果，因为在当前科技条件下事故发生具有必然性，因此可以通过预先采取隔离设施、选址规划、减少危险物质的存量、设置防护墙、安全教育等措施来降低事故发生时的严重程度。因此，事故应急响应在应急管理工作中的地位也是至关重要的。

事故应急救援是指在事故发生后，为消除、减少事故危害，防止事故扩大或恶化，最大限度地降低事故造成的损失或危害而采取的救援措施或行动。

二、应急管理法制的基本构成

目前，我国应急管理法律体系已基本形成。现有涉及突发事件与危机应对的法律、法规、规章涉及的内容也比较全面，既有综合管理和指导性规定，又有针对地方政府的硬性要求，这些均表明我国应急管理框架的形成。

第二节　应急预案

一、应急预案编制程序

（一）编制应急预案的目的

应急预案是为应对可能发生的紧急事件所做的预先准备，其目的是限制紧急事件的范围，尽可能消除事件或尽量减少事件造成的人员、财产和环境的损失。

紧急事件是指可能对人员、财产或环境等造成重大损害的事件。

编制应急预案的目的是发生事故时能以最快的速度发挥最大的效能，有组织、有秩序地实施救援行动，尽快控制事态的发展，降低事故造成的危害，减少事故损失。

（二）应急预案的编制

编制应急预案应做好以下准备工作：

（1）全面分析本单位危险有害因素、可能发生的事故类型及事故的危害程度。

（2）排查事故隐患的种类、数量和分布情况，并在隐患治理的基础上，预测可能发生的事故类型及其危害程度。

（3）确定事故危险源，进行风险辨识、评估、建设。

（4）针对事故危险源和存在的问题，制定相应的防范措施。

（5）客观评价本单位应急能力。

（6）充分借鉴国内外同行业事故教训及应急工作经验。

（三）预案编制程序

根据《生产经营单位生产安全事故应急预案编制导则》（GB/T 29639—

2020）的要求，生产经营单位应急预案编制程序包括成立应急预案编制工作组、资料收集、风险评估、应急资源调查、应急预案编制、桌面推演、应急预案评审和批准实施 8 个步骤。

1. 成立应急预案编制工作组

结合本单位部门职能和分工，成立以单位有关负责人为组长，单位相关部门人员（如生产、技术、设备、安全、行政、人事、财务人员）参加的应急预案编制工作组，明确工作职责和任务分工，制订工作计划，组织开展应急预案编制工作，预案编制工作组中应邀请相关救援队伍以及周边相关企业、单位或社区代表参加。

2. 资料收集

应急预案编制工作组应收集下列相关资料：①适用的法律法规、部门规章、地方性法规和政府规章、技术标准及规范性文件；②企业周边地质、地形、环境情况及气象、水文、交通资料；③企业现场功能区划分、建（构）筑物平面布置及安全距离资料；④企业工艺流程、工艺参数、作业条件、设备装置及风险评估资料；⑤本企业历史事故与隐患、国内外同行业事故资料；⑥属地政府及周边企业、单位应急预案。

3. 风险评估

开展生产安全事故风险评估，撰写评估报告，编制大纲参见《生产经营单位生产安全事故应急预案编制守则》（GB/T 29639—2020）附录 A，其内容包括但不限于：①辨识生产经营单位存在的危险有害因素，确定可能发生的生产安全事故类别；②分析各种事故类别发生的可能性、危害后果和影响范围；③评估确定相应事故类别的风险等级。

4. 应急资源调查

全面调查和客观分析本单位以及周边单位和政府部门可请求援助的应急资源状况，撰写应急资源调查报告，编制大纲参见《生产经营单位生产安全事故应急预案编制守则》（GB/T 29639—2020）附录 B，包括以下内容：

（1）本单位可调用的应急队伍、装备、物资、场所。

（2）针对生产过程及存在的风险可采取的监测、监控、报警手段。

(3) 上级单位、当地政府及周边企业可提供的应急资源。

(4) 可协调使用的医疗、消防、专业抢险救援机构及其他社会化应急救援力量。

5. 应急预案编制

应急预案编制应当遵循以人为本、依法依规、符合实际、注重实效的原则，以应急处置为核心，体现自救互救和先期处置的特点，做到职责明确、程序规范、措施科学，尽可能简明化、图表化、流程化。应急预案编制格式和要求参见《生产经营单位生产安全事故应急预案编制守则》（GB/T 29639—2020）附录C。

应急预案编制工作包括但不限于：①依据事故风险评估及应急资源调查结果，结合本单位组织管理体系、生产规模及处置特点，合理确立本单位应急预案体系；②结合组织管理体系及部门业务职能划分，科学设定本单位应急组织机构及职责分工；③依据事故可能的危害程度和区域范围，结合应急处置权限及能力，清晰界定本单位的响应分级标准，制定相应层级的应急处置措施；④按照有关规定和要求，确定事故信息报告、响应分级与启动、指挥权移交、警戒疏散方面的内容，落实与相关部门和单位应急预案的衔接。

6. 桌面推演

按照应急预案明确的职责分工和应急响应程序，结合有关经验教训，相关部门及其人员可采取桌面演练的形式，模拟生产安全事故应对过程，逐步分析讨论并形成记录，检验应急预案的可行性，并进一步完善应急预案。桌面演练的相关要求参见《生产安全事故应急演练基本规范》（AQ/T 9007—2019）。

7. 应急预案评审

评审形式应急预案编制完成后，生产经营单位应按法律法规有关规定组织评审或论证。参加应急预案评审的人员可包括有关安全生产及应急管理方面的、有现场处置经验的专家。应急预案论证可通过推演的方式开展。

评审内容应急预案评审内容主要包括：风险评估和应急资源调查的全面性、应急预案体系设计的针对性、应急组织体系的合理性、应急响应程序和措施的科学性、应急保障措施的可行性、应急预案的衔接性。

评审程序应急预案评审程序包括以下步骤：

（1）评审准备。成立应急预案评审工作组，落实参加评审的专家，将应急预案、编制说明、风险评估、应急资源调查报告及其他有关资料在评审前送达参加评审的单位或人员。

（2）组织评审。评审采取会议审查形式，企业主要负责人参加会议，会议由参加评审的专家共同推选出的组长主持，按照议程组织评审；表决时，应有不少于出席会议专家人数的三分之二同意方为通过；评审会议应形成评审意见（经评审组组长签字），附参加评审会议的专家签字表。表决的投票情况应当以书面材料记录在案，并作为评审意见的附件。

（3）修改完善。生产经营单位应认真分析研究，按照评审意见对应急预案进行修订和完善。评审表决不通过的，生产经营单位应修改完善后按评审程序重新组织专家评审，生产经营单位应写出根据专家评审意见的修改情况说明，并经专家组组长签字确认。

8. 批准实施通过评审的应急预案，由生产经营单位主要负责人签发实施。

二、应急预案体系

生产经营单位应急预案分为综合应急预案、专项应急预案和现场处置方案。生产经营单位应当根据有关法律、法规和相关标准，结合本单位组织管理体系、生产规模和可能发生的事故特点，科学合理确立本单位的应急预案体系，并注意与其他类别应急预案相衔接。

（一）综合应急预案

综合应急预案是指生产经营单位为应对各种生产安全事故而制定的综合性工作方案，是本单位应对生产安全事故的总体工作程序、措施和应急预案体系的总纲。综合应急预案一般包括以下内容。

1. 总体要求

（1）适用范围。说明应急预案适用的范围。

（2）响应分级依据。事故危害程度、影响范围和生产经营单位控制事态的能力，对事故应急响应进行分级，明确分级响应的基本原则。响应分级不可照搬事故分级。

2. 应急组织机构及职责

明确应急组织形式（可用图示）及构成单位（部门）的应急处置职责。应急组织机构可设置相应的工作小组，各小组具体构成、职责分工及行动任务以工作方案的形式作为附件。

3. 应急响应

（1）信息报告

1）信息接报。明确应急值守电话，事故信息接收，内部通报程序、方式和责任人，向上级主管部门、上级单位报告事故信息的流程、内容、时限和责任人，以及向本单位以外的有关部门或单位通报事故信息的方法、程序和责任人。

2）信息处置与研判。明确响应启动的程序和方式。根据事故性质、严重程度、影响范围和可控性，结合响应分级明确的条件，可由应急领导小组作出响应启动的决策并宣布，或者依据事故信息是否达到响应启动的条件自动启动。

若未达到响应启动条件，应急领导小组可作出预警启动的决策，做好响应准备，实时跟踪事态发展。

响应启动后，应注意跟踪事态发展，科学分析处置需求，及时调整响应级别，避免响应不足或过度响应。

（2）预警

1）预警启动。明确预警信息发布渠道、方式和内容。

2）响应准备。明确作出预警启动后应开展的响应准备工作，包括队伍、物资、装备、后勤及通信。

3）预警解除。明确预警解除的基本条件、要求及责任人。

（3）响应启动。确定响应级别，明确响应启动后的程序性工作，包括应急会议召开、信息上报、资源协调、信息公开、后勤及财力保障工作。

（4）应急处置。明确事故现场的警戒疏散、人员搜救、医疗救治、现场监测、技术支持、工程抢险及环境保护方面的应急处置措施，并明确人员防护的要求。

（5）应急支援。明确当事态无法控制的情况下，向外部（救援）力量请求支援的程序及要求、联动程序及要求，以及外部（救援）力量到达后的指挥关系。

（6）响应终止。明确响应终止的基本条件、要求和责任人。

4. 后期处置

明确污染物处理、生产秩序恢复、人员安置方面的内容。

5. 应急保障

（1）通信与信息保障。明确应急保障的相关单位及人员通信联系方式和方法，以及备用方案和保障责任人。

（2）应急队伍保障。明确相关的应急人力资源，包括专家、专兼职应急救援队伍及协议应急救援队伍。

（3）物资装备保障。明确本单位的应急物资和装备的类型、数量、性能、存放位置、运输及使用条件、更新及补充时限、管理责任人及其联系方式，并建立台账。

（4）其他保障。根据应急工作需求而确定的其他相关保障措施（如能源保障、经费保障、交通运输保障、治安保障、技术保障、医疗保障及后勤保障）。

（二）专项应急预案

专项应急预案是指生产经营单位为应对某一种或者多种类型生产安全事故，或者针对重要生产设施、重大危险源、重大活动，防止生产安全事故而制定的专项工作方案。专项应急预案与综合应急预案中的应急组织机构、应急响应程序相近时，可不编写专项应急预案。专项应急预案一般包含以下内容：

1. 适用范围

说明专项应急预案适用的范围，以及与综合应急预案的关系。

2. 应急组织机构及职责

明确应急组织形式（可用图示）及构成单位（部门）的应急处置职责。应急组织机构以及各成员单位或人员的具体职责。应急组织机构可以设置相应的应急工作小组,各小组具体构成、职责分工及行动任务建议以工作方案的形式作为附件。

3. 响应启动

明确响应启动后的程序性工作,包括应急会议召开、信息上报、资源协调、信息公开、后勤及财力保障工作。

4. 处置措施

针对可能发生的事故风险、危害程度和影响范围,明确应急处置指导原则,制定相应的应急处置措施。

5. 应急保障

根据应急工作需求,明确保障的内容。

6. 其他需要说明的问题。

(三) 现场处置方案

现场处置方案是指生产经营单位根据不同生产安全事故类型,针对具体场所、装置或者设施所制定的应急处置措施。现场处置方案重点规范事故风险描述、应急工作职责、应急处置措施和注意事项,应体现自救互救、信息报告和先期处置的特点。事故风险单一、危险性小的生产经营单位,可只编制现场处置方案。现场处置方案一般包含以下内容:

1. 事故风险描述

简述事故风险评估的结果(可用列表的形式附在附件中)。

2. 应急工作职责

明确应急组织分工和职责。

3. 应急处置

(1) 应急处置程序。根据可能发生的事故及现场情况,明确事故报警、各项应急措施启动、应急救护人员的引导、事故扩大及同生产经营单位应急预案的衔接程序。

(2) 现场应急处置措施。针对可能发生的事故从人员救护、工艺操作、事故控制、消防、现场恢复等方面制定明确的应急处置措施。

（3）明确报警负责人以及报警电话及上级管理部门、相关应急救援单位联络方式和联系人员，事故报告基本要求和内容。

4. 注意事项

包括人员防护和自救互救、装备使用、现场安全方面的内容。

三、应急预案管理要求

（一）应急预案的编制

应急预案的编制应当符合下列基本要求：

1. 符合有关法律、法规、规章和标准的规定。
2. 结合本地区、本部门、本单位的安全生产实际情况。
3. 结合本地区、本部门、本单位的危险性分析情况。
4. 应急组织和人员的职责分工明确，并有具体的落实措施。
5. 有明确、具体的事故预防措施和应急程序，并与其应急能力相适应。
6. 有明确的应急保障措施，并能满足本地区、本部门、本单位的应急工作要求。
7. 预案基本要素齐全、完整，预案附件提供的信息准确。
8. 预案内容与相关应急预案相互衔接。

（二）应急预案的修订

根据《生产安全事故应急预案管理办法》（应急管理部令第2号）第三十五条规定，矿山、金属冶炼、建筑施工企业和易燃易爆物品、危险化学品等危险物品的生产、经营、储存、运输企业、使用危险化学品达到国家规定数量的化工企业、烟花爆竹生产、批发经营企业和中型规模以上的其他生产经营单位，应当每三年进行一次应急预案评估。

《生产安全事故应急预案管理办法》（应急管理部令第2号）第三条规定，应急预案的管理实行属地为主原则。如山东省颁布了《山东省生产安全事故应急办法》（山东省政府令第341号）、四川省颁布了《四川省生产安全事故应急预案管理实施细则》，不同地方法令对应急预案评估存在一定的差异，《山东省生产安全事故应急办法》第十四条规定，高危和人员密集单位应当每 2 年至少进行 1 次应急预案评估；其他生产经营单位应当每 3 年至少进行 1 次应急预案评估。

生产经营单位应当结合所在地区相关法规对制定的应急预案开展评估，预案修订情况应有记录并归档。当有下列情形之一的，应急预案应及时修订：

1. 依据的法律、法规、规章、标准及上位预案中的有关规定发生重大变化的。

2. 应急指挥机构及其职责发生调整的。

3. 安全生产面临的风险发生重大变化的。

4. 重要应急资源发生重大变化的。

5. 在应急演练和事故应急救援中发现需要修订预案的重大问题的。

6. 编制单位认为应当修订的其他情况。

（三）应急预案签署

《生产安全事故应急预案管理办法》（国家安全监管总局令〔2019〕第 88 号）规定，生产经营单位的应急预案经评审或者论证后，由本单位主要负责人签署，向本单位从业人员公布，并及时发放到本单位有关部门、岗位和相关应急救援队伍。

事故风险可能影响周边其他单位、人员的，生产经营单位应当将有关事故风险的性质、影响范围和应急防范措施告知周边的其他单位和人员。

（四）应急预案备案

《生产安全事故应急预案管理办法》（国家安全监管总局令〔2019〕第 88 号）规定，易燃易爆物品、危险化学品等危险物品的生产、经营、储存、运输单位，矿山、金属冶炼、城市轨道交通运营、建筑施工单位，以及宾馆、商场、娱乐场所、旅游景区等人员密集场所经营单位，应当在应急预案公布之日起 20 个工作日内，按照分级属地原则，向县级以上人民政府应急管理部门和其他负有安全生产监督管理职责的部门进行备案，并依法向社会公布。

前款所列单位属于中央企业的，其总部（上市公司）的应急预案，报国务院主管的负有安全生产监督管理职责的部门备案，并抄送应急管理部。

其所属单位的应急预案报所在地的省、自治区、直辖市或者设区的市级人民政府主管的负有安全生产监督管理职责的部门备案，并抄送同级人民政府应急管理部门。

生产经营单位申报应急预案备案，应当提交下列材料：

（1）应急预案备案申报表。

（2）本办法第二十一条所列单位，应当提供应急预案评审意见。

（3）应急预案电子文档。

（4）风险评估结果和应急资源调查清单。

四、应急演练

（一）应急演练的目的

1. 发现应急预案中存在的问题，提高应急预案的针对性、实用性和可操作性。

2. 完善应急管理标准制度，改进应急处置技术，补充应急装备和物资，提高应急能力。

3. 完善应急管理部门、相关单位和人员的工作职责，提高协调配合能力。

4. 普及应急管理知识，提高参演和观摩人员风险防范意识和自救互救能力。

5. 熟悉应急预案，提高应急人员在紧急情况下妥善处置事故的能力。

（二）演练要求

各级人民政府应急管理部门应当至少每两年组织一次应急预案演练，提高本部门、本地区生产安全事故应急处置能力。

生产经营单位应当制订本单位的应急预案演练计划，根据本单位的事故风险特点，每年至少组织一次综合应急预案演练或者专项应急预案演练，每半年至少组织一次现场处置方案演练。

易燃易爆物品、危险化学品等危险物品的生产、经营、储存、运输单位，矿山、金属冶炼、城市轨道交通运营、建筑施工单位，以及宾馆、商场、娱乐场所、旅游景区等人员密集场所经营单位，应当至少每半年组织一次生产安全事故应急预案演练,并将演练情况报送所在地县级以上地方人民政府负有安全生产监督管理职责的部门。

县级以上地方人民政府负有安全生产监督管理职责的部门应当对本行政区域内前款规定的重点生产经营单位的生产安全事故应急救援预案演练进行抽查;发现演练不符合要求的,应当责令限期改正。

应急预案演练结束后,应急预案演练组织单位应当对应急预案演练效果进行评估,撰写应急预案演练评估报告,分析存在的问题,并对应急预案提出修订意见。

应急预案编制单位应当建立应急预案定期评估制度,对预案内容的针对性和实用性进行分析,并对应急预案是否需要修订作出结论。

矿山、金属冶炼、建筑施工企业和易燃易爆物品、危险化学品等危险物品的生产、经营、储存、运输企业,使用危险化学品达到国家规定数量的化工企业、烟花爆竹生产、批发经营企业和中型规模以上的其他生产经营单位,应当每三年进行一次应急预案评估。

应急预案评估可以邀请相关专业机构或者有关专家、有实际应急救援工作经验的人员参加,必要时可以委托安全生产技术服务机构实施。

关于应急演练的频次,我国不同省份会根据本区域应急管理现状有所调整,如《山东省生产安全事故应急办法》(山东省人民政府令第341号)第十三条规定,高危和人员密集单位应当每半年至少组织1次综合或者专项应急预案演练,每2年对所有专项应急预案至少组织1次演练,每半年对所有现场处置方案至少组织1次演练。其他生产经营单位应当每年至少组织1次综合或者专项应急预案演练,每3年对所有专项应急预案至少组织1次演练,每年对所有现场处置方案至少组织1次演练。

(三) 应急演练种类

按照应急演练的内容,可分为综合演练、单项演练;按照演练的形式,可分为现场演练和桌面演练;按照演练的目的,可分为检验性演练、研究性演练。

1. 综合演练

针对应急预案中多项或全部应急响应功能开展的演练活动,是指根据情景事件要素,按照应急预案检验包括预警、应急响应、指挥与协调、现场处置与救援、保障与恢复等应急行动和应对措施的全部应急功能的演练活动。

2. 单项演练

针对应急预案中某一项应急响应功能开展的演练活动。

3. 桌面演练

桌面演练是指设置情景事件要素,在室内会议桌面(图样、沙盘、计算机系统)上,按照应急预案模拟实施预警、应急响应、指挥与协调、现场处置与救援等应急行动和应对措施的演练活动。

4. 实战演练

实战演练针对事故情景,选择(或模拟)生产经营活动中的设备、设施、装置或场所,利用各类应急器材、装备、物资,通过决策行动、实际操作,完成真实应急响应的过程。

第三节 应急救援

事故应急救援又是一项涉及面广、专业性很强的工作,一个部门是很难完成的,必须把各方面的力量组织起来,形成统一的救援指挥部,在指挥部的统一指挥下,应急、环保、卫生、市场监督等部门密切配合,协同作战,迅速、有效地组织和实施应急救援,尽可能地避免和减少损失。

一、应急救援的原则

事故应急救援应贯彻的基本原则是预防为主、统一协调、迅速有效,即在预防为主的前提下，实行统一指挥、分级负责、区域为主、单位自救和社会救援相结合。由于重大危险源事故发生的突然性，发生后的迅速扩散性以及波及范围广、危害性大的特点，决定了应急救援行动必须迅速、准确、有序和有效。因此，救援工作实行在企业主要负责人统一指挥下的分级负责制，以区域为主，根据事故的发展情况，采取单位自救与社会救援相结合的方式，能够充分发挥事故单位及所在地区的优势和作用。

二、机械事故应急救援

机械事故应急救援主要包括以下几方面：

1. 抢救伤员

抢救伤员是事故应急救援的重要任务。在救援行动中，及时、有序、科学地实施现场抢救和安全转送伤员对挽救伤员的生命、稳定病情、减少伤残率以及减轻其痛苦具有重要的意义。

2. 控制危险源

及时有效地控制造成事故的危险源是事故应急救援的重要任务，只有控制了危险源，防止事故的进一步扩大和发展，才能及时有效地实施救援行动。特别是在重大危险源区域发生危险化学品泄漏事故时，应尽快组织工程抢险队与事故单位技术人员一起及时控制事故的继续扩大。

3. 指导人员防护，组织人员撤离

由于重大危险源事故发生的突然性、发生后的迅速扩散性以及波及范围广、危害性大的特点，应及时指导和组织人员采取各种措施进行自身防护，并迅速撤离危险区域或可能发生危险的区域。在撤离过程中积极开展人员自救与互救工作。

4. 消除事故危害后果

对事故造成的对人体、土壤、水源、空气等的现实的危害和可能的危害，应迅速采取封闭、隔离、洗消等措施；对事故外溢的有毒有害物质和可能对人体及环境继续造成危害的物质，应及时组织人员进行清除；对危险化学品造成的危害进行检测与监控，并采取适当的措施直至符合国家环境保护标准。

5. 查清事故原因，评估危害程度

事故发生后应及时调查事故的发生原因和事故性质，估算出事故的危害波及范围和危险程度，查明人员伤亡情况，做好事故调查。

为了保证事故应急救援任务的完成，企业应建立本单位的救援组织机构，明确救援执行部门和专用电话、制定救援协作网、疏通纵横关系，以提高应急救援行动中协同作战的效能，便于做好事故自救。

第四节　机械制造企业典型事故处置

一、物体打击事故

物体打击是指失控物体的惯性力造成的人身伤害事故。如落物、滚石、锤击、碎裂、崩块、砸伤等造成的伤害，不包括爆炸而引起的物体打击。

高处不稳定的物体，如高处作业（高处设备检查、维修等作业）时使用的工器具、零部件等，会因人的失误掉落，造成低处人员受到物体打击伤害；转动部件防护失效时由于零部件飞出造成物体打击伤害；电动、气动、液动阀门等机械控制部分在阀门开关时可能造成物体打击伤害。

发生物体打击伤害事故的应急处置：

（一）伤员脱困

1. 在采取措施使伤员脱困前，应先检查其伤势情况，包括受伤部位（头部、颈部、背部、腰部等），有无大小便失禁，有无意识，有无其他致命伤。

2. 移除伤员身上的挤压物。

3. 将伤员采用安全的搬运方法转移至安全区域。

（二）止血包扎

如伤员有外伤出血，应当对伤口采用直接压迫法或间接压迫法止血，并进行包扎。

（三）心肺复苏术

1. 若伤员心跳、呼吸停止，应当立即对伤员实施心肺复苏术。

2. 伤员苏醒后，保持稳定性侧卧体位，等待就医。

（四）骨折固定

当出现受伤部位不自然地变形、骨骼从皮肤中凸起、剧烈疼痛、严重红肿等情况时，初步判断伤员出现骨折，在搬运前，应当对骨折部位进行固定。

（五）伤员搬运

1. 对怀疑脊椎、颈部损伤或肢体骨折的人员应当选择器材搬运。

2. 对没有脊柱、颈部损伤，且伤员意识清晰，能自主行动的，可以采用扶行法。

3. 对没有脊柱、颈部损伤，且伤员意识清晰，不能自主行动的，可以采用背负法、拖行法、爬行法、手抱法、双人四手坐抬法、双人三手坐抬法、双人两手坐抬法、双人前后扶持法移离。

二、场（厂）内专用机动车辆伤害事故

车辆伤害是指本企业机动车辆引起的机械伤害事故。机械制造企业原料的进厂和产品的出厂主要通过货车运输，工作区物料的装卸、转运主要依靠叉车、人工、传送带，在装卸过程中易发生车辆伤害事故；外来车辆在厂内行驶过程中也会发生车辆伤害事故。车辆伤害事故的类型有碰撞、碾压、刮擦、翻车等。

（一）造成车辆伤害的原因

1. 当光线较暗，有路障，缺乏交通标识等状况时，有发生车辆碰撞、挤轧、刮擦设备与管线的危险，同时也有可能发生人员受到车辆伤害的危险。

2. 司机超载驾驶、无证驾驶、疲劳驾驶、酒后驾驶、违规驾驶等情况造成人员伤害。

3. 车况不良。①车辆的装置如转向、制动、喇叭、照明、后视镜和转向指示灯等不齐全、有效;②车辆维护修理不及时,带"病"行驶。

4. 道路条件差。因风、雪、雨、雾等自然环境的变化,在恶劣的气候条件下驾驶车辆,使驾驶员视线、视距、视野以及听觉受到影响,造成判断情况不及时,常造成事故发生。

5. 车辆的安全操作规程以及保养措施不完善,会造成车辆损坏以及人员伤害等情况。

(二) 发生厂内机动车辆伤害事故的一般处置程序

1. 厂内机动车辆发生故障后,驾驶员应立即停车,防止发生其他事故,并及时对车辆进行检修。

2. 发生人员伤亡事故后,驾驶员应立即向周围人员及单位领导报告。

3. 单位领导接到报告后,应立即启动应急预案并及时到事故现场进行救护指挥,开展自救工作。

4. 伤员肢体骨折,采取伤肢固定措施;有出血采取止血措施,立即送往医院救治。

5. 伤员被运载货物埋压,立即搬开货物,抢救受伤人员。当有人员被埋压在倾倒机动车下面或驾驶室内时,应立即采取起重设备、切割等措施,将被压人员救出。

6. 如同时发生汽油、柴油等易燃易爆品和有毒物质泄漏时,应采取措施堵塞泄漏、冲释爆炸性物质或有毒物质,避免发生爆炸或中毒事故。

7. 发生火灾时,应采取措施施救被困在车厢内或驾驶室内无法逃生的人员,并应立即将机车熄火,防止电气火灾。

8. 抢救伤员的同时,立即拨打"120"急救电话,进行救治。

9. 应急处置过程中,现场应急总指挥根据事故发展态势,应及时向公司应急指挥部门请求启动公司级应急预案,同时保护好现场,配合上级部门进行事故调查。

三、机械伤害事故

机械伤害是指设备运动(静止)部件、工具、加工件,直接与人体接触引起的夹击、碰撞、剪切、卷入、绞、割、刺等伤害,不包括车辆、起重机械引起的机械伤害。

机械制造企业涉及的机械设备主要有钻床、研磨机、车床、数控机床等,其中还有需要人工和机械配合的作业,潜在机械伤害的可能性较大。

(一) 造成机械伤害事故的主要原因

1. 各种机械设备若没有安全防护措施或安全防护措施不全、安全防护装置损坏等因素,导致安全性能差,存在作业人员遭受机械伤害的危险。

2. 检修转动设备时,电气开关没有悬挂"禁止启动"警示标志或未将开关闭锁,或其他人员不慎启动开关,造成检修人员受到机械伤害。

3. 维修人员劳动防护用品如防护服、手套、护目镜及面罩、安全帽、安全鞋缺少或有缺陷,作业时,有受到机械伤害的危险。

4. 工作场所环境恶劣,照明度不足,地面有油污和杂物未及时清理,造成人员滑倒或视线受限,使人体不慎触及周边的转动机械,受到机械伤害。

5. 易发生危险的设备或设备危险部位未设置警示标志、操作人员操作失误,有造成机械伤害的危险。

6. 教育培训不够,未经培训上岗,操作者业务素质低,缺乏安全知识和自我保护能力,不了解安全操作规程,操作技能不熟练,工作时注意力不集中,对工作马虎大意、责任心不强,受外界影响而情绪波动,不遵守操作规程,这些是发生机械伤害事故的间接原因。

(二) 发生机械伤害事故的一般处置程序

1. 紧急停止机器运转

(1) 事故机器附近人员按停机器上的"紧急停车"按钮。

(2) 临近电源总开关的人员立即将电源总开关关闭。

2. 现场急救

(1) 采用适当的方法将伤员转移至安全区域。将伤员放置于平坦的地方,实施现场紧急救护。

(2) 立即对伤员进行包扎、止血、止痛、消毒、固定临时措施,防止伤情恶化。

（3）轻伤员（软伤、擦伤、裂伤和一般性挫伤等）由现场处置人员治疗处理后再送医院检查。

（4）重伤员（骨折及脱位、严重挤压伤、大面积软组织挫伤、内脏损伤等）和危重伤员（外伤引起的心搏骤停、呼吸困难、深度昏迷、严重休克、大出血等），应立即呼叫急救车送医院抢救。

（5）若出现断肢情况，不得在断肢处涂酒精、碘酒及其他消毒液。要及时用干净毛巾、手绢、布片包好断肢，放在密封严密的容器内，周围放置冰块等降温物品，与伤员一起送至医院。

（6）如受伤人员有骨折、休克或昏迷状况，应采取临时包扎止血措施，进行人工呼吸或胸外心脏按压，尽量努力抢救伤员。

（7）如遇人员被机械、墙壁等设备设施卡住的情况，可直接拨打"119"火警电话，由消防救援人员实施救援。

3. 机械伤害事故处置过程中的注意事项

（1）重伤员运送应用担架，腹部创伤及脊柱损伤者，应用卧位运送；胸部受伤者一般取卧位，颅脑损伤者一般取仰卧偏头或侧卧位。

（2）抢救失血者，应先进行止血；抢救休克者，应采取保暖措施，防止热损耗。

（3）备齐必要的应急救援物资，如担架、氧气袋、止血带、通信设备等。

（4）保护好事故现场，等待事故调查机构进行调查处理。

四、起重伤害事故

起重伤害事故是指从事起重作业时引发的机械伤害事故。其包括各种起重作业引发的机械伤害，但不包括触电、检修时制动失灵造成的伤害、上下驾驶室时的坠落式跌倒。

由于起重作业现场能量及危险介质较为集中，人、物、环、管4个方面管理不当均可能造成起重伤害事故，发生起重伤害事故主要有以下原因：

（一）脱钩

1. 起重工在吊运物体时，因现场无人指挥，吊物下降过快造成脱钩。
2. 吊运时起吊物体不稳，致使吊钩在空中悠荡，在悠荡过程中钩头由于离心惯性力甩出而引起脱钩。
3. 驾驶操作不稳，紧急启动、制动时钩头惯性飞出。
4. 具有主、副钩头的起重机吊运重物时，当另一个不用的钩头挂在吊索的小圈上时，因钩头粗，不容易插牢在圈环内，在操作和振动、摆动时，由于离心惯性力的作用，引起钩头脱出坠落伤人。

（二）钢丝绳折断

钢丝绳发生折断的原因很多，其常见的原因是操作前没有对钢丝绳进行安全技术检验或认真检查；对已断丝的钢丝绳没有按钢丝绳报废标准处理或降低负荷使用；吊运时严重超负荷等。

（三）安全防护装置缺乏或失灵

制动器、缓冲器、行程限位器、起重量限制器、吊钩保险装置等是各类起重机不可缺少的安全防护装置，当安全防护装置缺乏或失灵又未检修时，因操作不慎和超负荷等原因，会发生翻车、碰撞、钢丝绳折断等事故。起重机械上的齿轮和传动轴，如未设置防护罩或其他安全设施，会将人的衣服卷入。

（四）吊物坠落

起重机吊运物体时，若物体突然坠落，将地面的人员砸伤，会造成重大人员伤亡事故，因为坠落的重物一般都是击中人的头部（立姿）或腰部（蹲姿）。

（五）碰撞致伤

物体在吊运中，因碰撞或刹车等原因，使吊件在空中摆动，吊件撞倒设备或堆积物而引发事故。

（六）指挥信号不明或乱指挥

起吊时，指挥人员指挥信号不明，易使现场起重作业人员产生错误判断或错误操作，尤其当几台起重设备在同一场所工作时，因各自的指挥信号不同引起的错误操作往往会产生严重后果。

（七）工件紧固不牢

当起吊散装金属物体或工件时，若没有捆扎牢固，吊运或搬运过程中物件会脱落坠下，极易伤人。

（八）光线阴暗看不清物体

如起重作业现场能见度低，晚间光线太暗或炫目刺眼，看不清物体和周围障碍物可能导致指挥或操作失误而造成起重伤害事故的发生。

（九）起重机械带病运转

起重机械带病运转，未定期进行检测检验或检测检验不合格，极易导致设备和人身事故的发生。

（十）开车前未发开车信号

起重机械在开车前未预先发出开车信号，而导致起重伤害事故的发生。

（十一）人为事故因素

起重机械作业人员在操作时违规操作或未经专业技术培训取得相应的资质持证上岗，导致起重伤害事故的发生。

起重机械分为多种类型，操作不当会发生多种形式的事故，但是无论哪种类型的起重机械发生事故，现场人员应当第一时间将事故信息紧急上报相关人员。这里针对不同形式起重伤害事故应急处置进行分析：

1. 事故隐患发现初期时的应急处置

作业人员可根据现场实际出现的事故隐患，参照各自设备维修使用说明书中的故障排除和应急处置条款执行，以切断事故发展的链条，使危险从事故的临界状态恢复到正常状态。

应根据事件类型立即采取相应的处置措施，如切断电源、转移或阻挡坠落的物料伤人、人员撤离、现场隔离等。

2. 高处坠落时的紧急处置

（1）现场警戒和隔离。根据现场人员状况和数量，警戒和隔离适当区域，同时应注意保障应急救援的通道畅通，避免坠落伤害继续扩大。

（2）尽快救出伤员。在采取必要的防护措施下，现场指挥人员根据人员坠落情况，指挥抢险组人员，用相应的工具、设备和手段，尽快抢救出坠落的伤员。

（3）医疗救护组现场施救和运送伤员。

（4）抢险必须由专业人员进行，抢险时必须穿戴必要的防护用品（安全帽、防护服、防滑鞋等）。

（5）现场指挥人员可用扩音器（或话筒）实施统一指挥、统一行动。

3. 突然停电等情况使司机或作业人员被困高空

（1）现场警戒和隔离。现场指挥人员根据现场情况由警戒保卫组实施区域隔离，并保障救援通道畅通。

（2）抢险人员迅速调集液压升降平台等设备或经由高空通道抵达被困人员位置，帮助被困人员脱离危险区域。如有人员受伤，可视具体情况，用安全绳吊放或其他方法转移伤员。

（3）如有危险吊具或吊装物时，应视情况切换备用电源或固定吊装物位置。

（4）救援设备操作人员应由取得特种设备作业人员证的专业人员进行，并必须穿戴必要的防护用品（安全带、安全帽、防滑鞋等），同时采取必要措施防止人员高处坠落。

（5）抢险人员应听从统一指挥，协调行动，根据情况，地面可设防止被困人员及施救人员高处坠落的保护措施（充气减震垫、防护网等）。

4. 起重机倾翻、折断、倒塌

（1）现场警戒和隔离。根据现场情况，警戒保卫组对现场进行警戒和隔离，并保障救援通道畅通，避免坠落物伤害继续扩大和无关人员影响现场救援工作。

（2）紧急通知危险区域以内的人员撤离和疏散。通信联络组用有效的通信手段（广播、话筒等）立即通知现场危险区域以内的人员，警戒保卫组及时组织疏散和撤离危险区域以内的人员。

（3）尽快救出伤员。由抢险救灾组专业抢险人员利用必要的设备设施（汽车起重机、叉车、气割机、千斤顶等）移开倒塌物体，搜救受伤人员。

（4）医疗救护组运送急救伤员。

（5）抢险救人时，现场应有技术专家（人员）进行指导，先切断危险电源、水源、气源，移离易燃易爆危险品，并由指挥人员统一指挥，在抢救的同时，应有专人监控现场的危险状况（空中物品、电缆、电线、锐器、火源等），确保施救人员的安全。

（6）搜救伤员时，如使用大型机械设备，应尽量避免对伤员造成二次伤害。

5. 起重机碰撞挤压

起重机在维修、吊装及运行过程中碰撞挤压作业人员时需要采取以下应急措施：

（1）立即停机或实施反向运行操作，应急救援现场安排专人监护空中物品或吊具，后勤保障组采取防护措施。

（2）抢险救灾组抢险人员穿戴劳动防护用品（安全帽、防滑鞋等），进入危险区域救出伤员，若伤员被挤压无法脱身，应使用必要的设备（叉车、气割机、千斤顶等）实施救援。

（3）医疗救护组负责救护和运送伤员。

6. 起重机漏电、触电

（1）切断电源。抢险救灾组应迅速将起重机的总电源断开。

（2）抢险救灾组抢险人员用绝缘物（棒）或木制杆件分开导电体与伤员的接触。

（3）医护人员实施必要的方法救护伤员。

（4）总电源切断前禁止盲目施救。

（5）被困人员在起重机漏电的情况下，如未断开总电源，禁止自行移动，以避免跨步电压对人身的伤害。

（6）抢险人员必须穿戴绝缘服、绝缘鞋、绝缘手套等防护用品。

7. 起重机吊具或吊物伤人

（1）现场警戒和隔离。根据现场情况，警戒保卫组对现场进行警戒和隔离，并保障救援通道畅通，避免坠落物伤害继续扩大和无关人员影响现场救援工作。

（2）紧急通知危险区域以内的人员撤离和疏散。通信联络组用有效的通信手段（广播、话筒等）立即通知现场危险区域内的人员，警戒保卫组及时组织疏散和撤离危险区域内的人员。

（3）紧急抢险救出伤员。

（4）由抢险救灾组专业抢险人员利用必要的设备设施（汽车起重机、叉车、气割机、千斤顶等）移开坠落物件搜救受伤人员。

（5）医疗救护组运送急救伤员。

（6）抢险救人时，现场应有技术专家（人员）进行指导，先切断危险电源、水源、气源，移离易燃易爆危险化学品，如果已发生燃爆事故，应同时组织消防组进行消防工作。注意燃烧的油和熔融状态下的钢（铁）水，禁止用水灭火。在抢救的同时，应有专人对现场的危险状况（高空物品、电缆、电线、锐器、火源等）进行监控，确保施救人员的安全。

（7）搜救伤员时，一般不宜使用大型机械设备，以免对伤员造成二次伤害。

8. 门式起重机在室外作业时，遇到极端天气被风刮跑

（1）现场警戒、隔离，将受威胁人员疏散。根据现场情况，警戒保卫组对现场进行警戒和隔离，并立即疏散受威胁区域以内的人员。

（2）立即由司机操作紧急防风装置（如电动抱闸器）或由地面应急救援人员用楔块、缆风绳对起重机进行锚（固）定。

（3）救援人员不宜攀爬上起重机营救司机，司机可根据自身情况采取适当办法自行脱离。

9. 请求外部支援

当起重作业事故后果超出现场人员救援能力时，需要立即请求外部支援。

（1）高处坠落、吊具（物）坠落、整机倾翻、折断、倒塌等情况下的伤害事故，如果因为压住伤员的物体过重无法移开时，可根据现场事态的发展，报告应急救援总指挥，用气割设备、液压钳、扩张器、电锤等分离物体救出伤员。

（2）对于高处被困，现有起升设备无法达到高度的情况下，可报告应急救援总指挥。请求（外部支援）消防部门，用消防云梯、高空作业车等运送救援人员到空中，救出伤员。

（3）对因为危险吊物倾翻或泄漏无法控制事态时，现场指挥人员应立即报

告应急救援总指挥,请求(外部支援)消防部门,用专业的消防和防化设备救援,同时可请求上级主管部门启动上级应急方案,疏散受威胁人群。

五、触电事故

机械制造企业生产过程中供配电、用电系统的电气设备、线路和正常不带电的金属部件等,发生异常时均有可能造成触电事故。

1. 造成触电事故的原因

(1) 所用的配电箱的配电线路绝缘老化或外力损害导致电气设备外壳带电。

(2) 作业人员在施工过程中使用电气设备时缺乏必要的防护用品。

(3) 所用带电设备过载运行,线路因发热而使绝缘损坏。

(4) 无保护接地、保护接零或保护接地、保护接零故障导致触电。

(5) 无漏电保护装置或漏电保护装置失效。

(6) 配电系统缺陷。

(7) 相关人员对设备设施的安全检查不到位。

2. 对于低压电源触电的"五字"脱离电源法

(1) 拉,立即拉下附近电源开关或拔掉电源插头。

(2) 断,迅速用绝缘完好的钢丝钳或断线钳剪断电线。

(3) 挑,救援人员可用替代的绝缘工具(如干燥的木棒等)将电线挑开。

(4) 拽,救援人员可戴上手套或手上包缠干燥的衣服等绝缘物品拖拽触电者,或用一只手将触电者拖拽开来,切不可触及其肉体。

(5) 垫,如触电者紧握导线,可设法用干木板塞到触电者身下,与地面隔绝。

3. 高压电源触电的脱离电源方法

戴上绝缘手套,穿上绝缘靴,用相应电压等级的绝缘工具按顺序拉开高压断路器。

4. 触电事故现场救援的注意事项

触电事故处置过程应当做到迅速、就地、准确、坚持。救援人员应使用适当的绝缘工具,最好用一只手操作,以防触电;防止触电者脱离电源后摔伤,若触电者在高处，应考虑采取防坠落措施；在救援过程中，要注意自身和被救者与附近带电体之间的安全距离，防止再次触电；如事故发生在夜间，应设置临时照明，以便于抢救，避免发生意外；施行心肺复苏术不能间断（包括送医院途中），不得轻易放弃。

六、灼烫伤事故

灼烫伤是指作业人员被炽热的物体表面灼烫或高温流动的液体烧伤；危险化学品（强酸、强碱）等造成的化学灼烫伤害事故。

加热设备、导热油炉及导热油泵、导热油输送管道等高温危险设备会导致危险化学品（强酸、强碱）暂存区及使用场所作业人员皮肤表面灼伤，甚至造成其重伤或死亡。

造成灼烫伤事故的原因有：作业人员接触灼烫性（高温导热油）设备或管道时未按规定做好个体防护；导热油管道或阀门发生泄漏；使用酸、碱时未按规定穿戴好防护用品。

（1）发生灼烫伤事故后，应本着作业人员和救援人员的生命优先、保护环境优先、控制事故防止蔓延优先的原则，根据不同程度、不同类型灼烫伤、烧伤，现场及时给予正确处置。

（2）搬运受伤人员、创面处理动作要轻，用药要准，对严重灼烫伤人员，应注意伤员的血压、脉搏、呼吸、神志变化，防止休克。同时抓紧时间将伤员尽早送往医院治疗。

（3）应采用各种有效的措施使伤员尽快脱离热源，尽量缩短烧伤时间。

（4）对已灭火而未脱衣服的伤员必须仔细检查全身情况，保持伤口清洁，尽量将伤员的衣服鞋袜用剪刀剪开后除去。伤口全部用无菌敷料覆盖，防止污染。

（5）四肢烧伤时，先用清洁冷水冲洗，然后用无菌敷料覆盖并送往医院。

（6）对爆炸冲击波烧伤的伤员要注意有无脑颅损伤、腹腔损伤和呼吸道损伤。

（7）发生灼烫伤后的最佳治疗方案是局部降温，凉水冲洗是最切实可行的方法。冲洗的时间越早越好,冲洗时间可持续半小时左右,以脱离水源后疼痛显著减轻为准。

(8) 如不能迅速接近水源,也可以用冰块、冰棍冷敷。如采取的冷疗措施得当,可显著减轻局部渗出、挽救未完全毁损的组织细胞。

七、火灾事故

(一) 压缩气体和液化气体火灾的现场处置

压缩气体和液化气体被储存在不同的容器内,或通过管道输送。其中储存在较小钢瓶内的气体压力较高,受热或受火焰熏烤容易发生爆裂。气体泄漏后遇点火源形成稳定燃烧时,其发生爆炸或再次爆炸的危险性与可燃气体泄漏未燃时相比要小得多。遇压缩气体和液化气体火灾一般应采取以下方法:

1. 扑救气体火灾切忌盲目灭火,即使在扑救周围火势以及冷却过程中不小心把泄漏处的火焰扑灭了,在没有采取堵漏措施的情况下,也必须立即用长点火棒将火点燃,使其恢复稳定燃烧。否则,大量可燃气体泄漏与空气混合,遇点火源就会发生爆炸,后果不堪设想。

2. 首先应扑灭外围被引燃的可燃物火势,切断火势蔓延途径,控制燃烧范围,并积极抢救受伤和被困人员。

3. 如果火场中有压力容器或有受到火焰辐射热威胁的压力容器,应尽量将其疏散到安全地带,不能疏散的应部署足够的水枪进行冷却保护。为防止压力容器爆裂伤人,进行冷却的人员应尽量采用低姿射水或利用坚实的掩蔽体防护。对卧式储罐,冷却人员应选择储罐四侧角作为射水阵地。

4. 如果是输气管道泄漏燃烧,应首先设法找到气源阀门。阀门完好时,只要关闭阀门,火势就会自动熄灭。

5. 储罐或管道泄漏关阀无效时,应根据火势大小判断气体压力和泄漏口的大小及其形状,准备好相应的堵漏材料(如软木塞、橡皮塞、气囊塞、黏合剂、弯管工具等)。

6. 堵漏工作准备就绪后,即可用水扑救火灾,也可用干粉、二氧化碳灭火,但仍需用水冷却烧烫的罐或管壁。火扑灭后，应立即用堵漏材料堵漏，同时用雾状水稀释和驱散泄漏气体。

7. 一般情况下，完成了堵漏也就完成了灭火工作，但有时一次堵漏不一定能成功。如果一次堵漏失败，再次堵漏需一定时间，应立即用长点火棒将泄漏处气体点燃，使其恢复稳定燃烧，以防止较长时间泄漏出来的大量可燃气体与空气混合后形成爆炸性混合物，具有潜在爆炸的危险，并准备再次灭火堵漏。

8. 如果确认泄漏口很大，无法堵漏，只需冷却燃烧容器及其周围容器和可燃物品，控制燃烧范围、直到燃气燃尽，火势自动熄灭。

9. 现场指挥人员应密切注意各种危险征兆，遇有火势熄灭后较长时间未能恢复稳定燃烧或受热辐射的容器安全阀出现火焰变亮耀眼、尖叫、晃动等爆裂征兆时，指挥人员必须适时作出准确判断，及时下达撤离命令。现场人员看到或听到事先规定的信号后应迅速撤离至安全地带。

10. 气体储罐或管道阀门处泄漏着火时，在特殊情况下，只要判断阀门未受损，也可先扑灭火势，再关闭阀门。一旦发现关闭阀门已损坏，一时又无法堵漏时，应立即点燃，恢复稳定燃烧。

（二）易燃液体火灾的现场处置

易燃液体通常也是储存在容器内或用管道输送的。与气体不同的是，液体容器有的密闭，有的敞开，一般都是常压，只有反应釜（锅、炉）及输送管道内的液体压力较高。液体不管是否着火，如果发生泄漏或溢出，都将顺着地面流淌或水面飘散，而且，易燃液体还有密度和水溶性等涉及能否用水和普通泡沫扑救的问题以及危险性较高的沸溢和喷溅问题，因此，扑救易燃液体火灾往往也比较困难。遇易燃液体火灾，一般应采取以下基本方法：

1. 首先应切断火势蔓延的途径，冷却和疏散受火势威胁的密闭容器和可燃物，控制燃烧范围，并积极抢救受伤和被困人员。如有液体流淌时，应筑堤（或用围油栏）拦截飘散流淌的易燃液体或挖沟导流。

2. 及时了解和掌握燃烧液体的品名、密度、水溶性以及有无毒害、腐蚀、沸溢、喷溅等危险性，以便采取相应的灭火和防护措施。

3. 对较大的储罐或流淌火灾，应准确判断过火面积。

小面积（一般为50 m² 以内）液体火灾，一般可用雾状水扑灭。用干粉、二氧化碳灭火剂灭火一般更加有效。

大面积液体火灾则必须根据其相对密度、水溶性和燃烧面积大小，选择正确的灭火剂扑救。比水轻又不溶于水的液体（如汽油、苯等），用直流水、雾状水灭火往往无效。可用普通蛋白泡沫或轻水泡沫扑灭。用干粉扑救时灭火效果要视燃烧面积大小和燃烧条件而定，最好用水冷却罐壁。

比水重又不溶于水的液体（如二硫化碳）起火时可用水扑救，水能覆盖在液面上灭火。用干粉扑救，灭火效果要视燃烧面积大小和燃烧条件而定。最好用水冷却罐壁，降低燃烧强度。

具有水溶性的液体（如醇类、酮类等），虽然从理论上讲能用水稀释扑救，但用此法要使液体闪点消失，水必须在溶液中占很大的比例，这不仅需要大量的水，也容易使液体溢出流淌。因此，这时需用干粉扑救，灭火效果要视燃烧面积大小和燃烧条件而定，也需用水冷却罐壁，降低燃烧强度。

4. 扑救毒害性、腐蚀性或燃烧产物毒害性较强的易燃液体火灾，扑救人员必须佩戴防护面具，采取防护措施。

5. 扑救原油和重油等具有沸溢和喷溅危险的液体火灾，必须注意计算可能发生沸溢、喷溅的时间和观察是否有沸溢、喷溅的征兆。指挥人员发现危险征兆时应迅速作出准确判断，及时下达撤离命令，避免造成人员伤亡和装备损失。救援人员看到或听到统一撤离信号后，应立即撤至安全地带。

6. 遇易燃液体管道或储罐泄漏燃烧，在切断蔓延方向，把火势限制在一定范围内的同时，应设法找到并关闭进、出口阀门，如果管道阀门已损坏或储罐泄漏，应迅速准备好堵漏材料；然后先用干粉、二氧化碳或雾状水等扑灭地上的流淌火焰，为堵漏扫清障碍，再扑灭泄漏口的火焰，迅速采取堵漏措施。

（三）一般固体物质火灾事故

机械制造企业除可能使用可燃危险化学品外，还存在大量的可燃物，如可燃包装、可燃有机部件、建筑装饰物品等，当存在电路过载、不规范动火作业、吸烟、高温表面、金属切割火花等情况，容易引起火灾。

一般固体火灾救援的基本要求如下：

1. 先控制，后消灭

针对火灾的火势发展蔓延快和燃烧面积大的特点采取统一指挥、以快制快、堵截火势、防止蔓延、重点突破、排除险情，分割包围、速战速决的灭火战术。

2. 扑救人员应加强自我防护

扑救人员进行火情侦察、火灾扑救、火场疏散人员时，应有针对性地采取自我防护措施，如佩戴防护面具、穿着专用防护服等。

3. 应迅速查明燃烧范围、燃烧物品及其周围物品的品名和主要危险特性、火势蔓延的主要途径。

4. 正确选择最适当的灭火剂和灭火方法。火势较大时，应先堵截火势蔓延，控制燃烧范围，然后逐步扑灭火势。

5. 对有可能发生爆炸、爆裂、喷溅等特别危险需紧急撤离的情况，应按照统一的撤离信号和撤离方法及时撤离（撤离信号应格外清晰，能使现场所有人员都看到或听到并应经常演练）。

6. 火灾扑灭后，应保护现场，协助应急管理部门调查火灾原因，核定火灾损失，查明火灾责任，未经相关部门的同意，不得擅自清理火灾现场。

八、危险化学品泄漏事故

机械制造企业经常使用化学品或者危险化学品，如机械加工企业使用三氯乙烯对金属产品表面进行脱脂清洗；锅炉采用天然气作为燃料；使用丙烷或者酒精等有机溶剂作为清洗溶剂等。

危险化学品泄漏事故是指盛装危险化学品的容器、管道或装置，在各种内外因素的作用下，其密闭性受到不同程度的破坏，导致危险化学品非正常地向外泄放、渗漏的现象。

危险化学品泄漏事故与正常的跑、冒、滴、漏现象有所不同，直接原因是在密闭容器中形成了泄漏通道和容器内外存在压力差。危险化学品泄漏事故应急处置的关键是对泄漏源和泄漏物的控制。

疏散无关人员，隔离泄漏污染区。如果是易燃易爆化学品大量泄漏，须打"119"报警，请求危险化学品应急救援队救援，同时要保护、控制好现场。泄漏物正在燃烧时，只要是稳定燃烧，一般不要急于灭火，而应用水枪对泄漏燃烧的容器、管道及其周围的容器、管道、阀门等设备以及受到火焰、高温威胁的建筑物进行冷却保护，在充分准备并确有把握处置事故的情况下，方才灭火。参加泄漏处理人员应对泄漏品的化学性质和反应特征有充分的了解，要于高处和上风处进行处理，严禁单独行动，配备监护人员。如果泄漏物是毒性物质，应使用专用防护服、隔绝式呼吸面罩，立即在事故中心区边界设置警戒线，根据事故情况和事故发展，确定事故波及区人员的撤离。

如果化学品为液体，泄漏到地面上会四处蔓延扩散，难以收集处理。为此需要筑堤堵截或者引流到安全地点。对于储罐区发生液体泄漏，要及时关闭雨水阀，防止物料沿明沟外流；对有害物蒸气云须喷射雾状水，加速气体向大气扩散；对于可燃物，可以在现场释放大量水蒸气，破坏燃烧条件；对于液体泄漏，为降低物料的蒸发速度，可用泡沫或其他物品覆盖外泄的物料，在其表面形成覆盖层，抑制其蒸发；对于大型泄漏，可选择用隔膜泵将泄漏出的物料抽入容器内或槽车内；当泄漏量小时，可用沙子、吸附材料、中和材料等吸收中和，将收集的泄漏物运至废物处理场所处置，用消防水冲洗剩下的少量泄漏物，冲洗水排入污水系统处理。

九、中毒和窒息事故

中毒和窒息事故主要发生在通风条件差、缺氧状态及密闭容器内存在高浓度的一氧化碳、二氧化碳气体；火灾现场产生大量一氧化碳，人员吸入后，因浓度过大，短时引起急性一氧化碳中毒或灼伤；循环水管道、污水沟、垃圾池等，均有各种有机物腐烂分解产生的大量硫化氢，人员进入上述区域吸入后，造成硫化氢中毒；喷漆人员防护不到位、防护设施损毁等造成的急性中毒；化验人员误服化学药品，引起中毒等情况。

1. 中毒和窒息事故的应急处置

（1）中毒和窒息事故发生后，目击人应立即通知救护人员迅速到达现场，安排专人及时切断有关毒源、闸门，强制通风排毒，迅速确定人员伤亡情况。

（2）迅速确定中毒和窒息事故发生的准确位置、人员伤亡等情况，收集中毒者的饭菜及排泄物，以便确定毒物性质，根据不同情况迅速进行处置。

（3）事故附近的其他人员，在采取可靠防护措施的情况下立即将伤员移至空气流通的空旷、阴凉地点，解衣宽带、保暖，进行人工呼吸、催吐、洗胃、导泻、冲洗、吸氧等临时救护，争取宝贵的抢救时间。

（4）中毒急救时立即将伤员移至通风良好、空气新鲜的空旷地点，松开伤员颈、胸部的纽扣和腰带，以保持呼吸畅通，并及时采取各种解毒措施，降低或消除毒物对机体的作用。若毒物经口引起人体急性中毒，则应立即清理口中污物，用催吐或洗胃等方法清除毒物；若伤员呼吸停止，要立即采用口对口人工呼吸法或牵臂压胸呼吸法急救。

（5）窒息急救时同样要立即将伤员移至空旷地点、解衣宽带、保持呼吸畅通，立即清理口中污物，采用口对口人工呼吸法或牵臂压胸呼吸法急救。

（6）伤员抢救时立即与急救中心和医院联系，请求出动急救车辆并做好急救准备，视情况在现场成立临时救护所，确保伤员得到及时医治。

（7）事故现场救助行动中，安排人员同时做好事故调查取证工作，对现场进行声像资料的收集，以利于事故处理，防止证据遗失。

2. 发生急性中毒的现场急救方法

（1）吸入中毒者，应迅速脱离中毒现场，向上风向转移，至空气新鲜处，松开患者衣领和裤带，并注意保暖。

（2）化学毒物沾染皮肤时，应迅速脱去被污染的衣服、鞋袜等，用大量流动清水冲洗 15～30 min。头面部受污染时，首先注意眼睛的冲洗。

（3）口服中毒者，如为非腐蚀性物质，应立即用催吐方法，排出毒物。现场可用自己的中指、食指刺激咽部、压舌根的方法催吐，也可由旁人用羽毛或筷子一端扎上棉花刺激咽部催吐。催吐时尽量低头、身体向前弯曲，使呕吐物不会呛入肺部。误服强酸、强碱，催吐后反而会使食道、咽喉再次受到严重损伤，可服牛奶、蛋清等，牛奶、蛋清中的蛋白质会和强酸结合，减少强酸对消化道的破坏。另外，中毒会导致患者失去知觉，其呕吐物容易被吸入肺部；石油类物品被误服后容易流入肺部，使患者罹患肺炎；不能对有抽搐、呼吸困难、神志不清或吸气时有吼声者做催吐处理。

对中毒引起呼吸、心跳停止者，应进行心肺复苏术，主要的方法有口对口人工呼吸和胸外心脏按压术。

参加救护者，必须做好个人防护，进入中毒现场必须戴供氧式防毒面具。对于水溶性毒物，如常见的氯、氨、硫化氢等，可暂用浸湿的毛巾捂住口鼻。在抢救伤员的同时，应想办法阻断毒物泄漏处，阻止蔓延扩散。

第六章
安全生产事故管理

第一节 事故分类与分级

一、事故分类

事故发生后,根据事故给伤害者带来的伤害程度及其劳动能力丧失的程度,可将事故分为轻伤、重伤、死亡3种类型。

1. 轻伤事故,是指损失1个工作日至105个工作日以下的失能伤害。

2. 重伤事故,是指损失工作日等于和超过105个工作日的失能伤害,重伤损失工作日最多不超过6 000工作日。

3. 死亡事故,是指事故发生后当即死亡(含急性中毒死亡)或负伤后在30日内死亡的事故。死亡的损失工作日超过6 000工作日(这是根据我国职工的平均退休年龄和平均寿命计算出来的)。

按伤害方式的不同,《企业职工伤亡事故分类》(GB 6441—1986)将企业工伤事故分为以下20类:

①物体打击(指落物、滚石、锤击、碎裂崩块砸伤等伤害,不包括因爆炸而引起的物体打击)。

②车辆伤害(包括挤、压、撞、倾覆等)。

③机械伤害（包括绞、辗、碰、割、戳等）等。

④起重伤害（指起重设备有缺陷或操作过程中所引起的伤害）。

⑤触电（包括电击）。

⑥淹溺。

⑦灼烫（包括化学灼伤）。

⑧火灾。

⑨高处坠落（包括从架子上、屋顶上以及平地坠入坑内等）。

⑩坍塌（包括建筑物、土石、堆置物倒塌）。

⑪冒顶片帮。

⑫透水。

⑬放炮。

⑭火药爆炸（指生产、运输、储藏过程中发生的爆炸）。

⑮瓦斯爆炸（包括粉尘爆炸）。

⑯锅炉爆炸。

⑰压力容器爆炸。

⑱其他爆炸（包括化学爆炸、炉膛、钢水包爆炸等）。

⑲中毒和窒息。

⑳其他伤害（扭伤、跌伤、冻伤、野兽咬伤等）。

二、事故等级划分

根据《生产安全事故报告和调查处理条例》，按造成的人员伤亡或直接经济损失，事故分为以下等级。

（一）特别重大事故

特别重大事故是指造成30人以上。死亡，或者100人以上重伤（包括急性工业中毒，下同），或者1亿元以上直接经济损失的事故。

（二）重大事故

重大事故是指造成10人以上30人以下死亡，或者50人以上100人以下重伤，或者 5 000 万元以上 1 亿元以下直接经济损失的事故。

（三）较大事故

较大事故是指造成 3 人以上 10 人以下死亡，或者 10 人以上 50 人以下重伤，或者 1 000 万元以上 5 000 万元以下直接经济损失的事故。

（四）一般事故

一般事故是指造成 3 人以下死亡，或者 10 人以下重伤，或者 1 000 万元以下直接经济损失的事故。

以上分类中，"以上"包括本数，"以下"不包括本数。

第二节　事故管理及持续改进要求

一、企业内部的安全事件调查

（一）成立事件调查组

未遂事件由事件发生部门进行调查，分析事件原因，提出并落实整改措施。企业安全部门负责审核事件调查情况，并监督整改措施落实。

事件或涉险事故发生后，企业安全部门组织成立事件调查组，安全部门领导担任组长，重大事件发生后，企业安委会组织成立事件调查组，总经理担任组长。

事件调查组包括事件发生部门、安全部门、人力资源部、工会、其他有关部门的领导及设备厂商等。

调查过程中，可根据需求，邀请相关部门参与调查，相关部门必须积极配合。员工有权利及义务参与事件调查组。

(二)原始资料收集

1. 事件发生后,事件调查组依据"事件确认单"进行现场原始资料收集。

2. 事件发生部门应积极配合资料收集工作,确保掌握原始状况。

3. 事件发生后,发生部门应及时向安全部门提交事件简报,并对简报内容的真实性负责。

4. 事件简报应包括事件基本信息,如事件部门、事件类别、事件时间、事件地点、事件设备、事件人员信息、初步估计的直接经济损失等;事件简要经过及影响;初步原因分析;临时措施。

(三)完成事件调查报告

事件调查组应于事件发生后及时完成事件调查,并完成处理报告。

事件调查报告应包括事件基本信息,如事件部门、事件类别、事件时间、事件地点、事件设备、事件人员信息等;事件经过及影响;原因分析,包含直接原因、间接原因、事件性质等内容分析;整改及防范措施,须有临时措施、永久措施、管理制度等各项措施的实施方案及日期;处理意见。

事件调查组需编制事件调查报告并向企业决策层(安委会)汇报事件调查结果,提出事件处理意见,由决策层(安委会)审议。

(四)整改措施落实

事件调查组应在事件报告中制定"改善和预防措施"。

整改责任部门在规定期限内完成全部整改措施后,向事件调查组提交整改结果。事件调查组组织相关部门进行现场确认。整改责任部门编制事件整改报告,提交决策层(安委会)审议。

二、事故调查报告

事故调查报告是根据调查结果、由事故调查组撰写的事故调查文件,死亡、重伤事故调查报告经调查组全体人员和单位负责人签字后,按规定上报。

(一)事故调查报告的内容

事故调查报告的核心内容反映对事故的调查分析结果,即反映事故发生的全过程和原因所在、工伤造成的人员伤亡和经济损失情况、事故的责任者及其责任情况、事故处理意见和防范措施的建议等，具体内容参考《生产安全事故报告和调查处理条例》第三十条。

根据事故严重与复杂程度，事故调查通常分为专项调查（如管理调查、技术调查等）和综合事故调查。如果事故过程和原因比较简单明确，一般只需提供报告。否则，除了提供综合报告外，还需提供专项分析报告。专项调查报告内容主要侧重于事故发生过程、事故鉴定或模拟试验、事故发生原因、事故责任、事故预防措施等。

（二）事故调查报告的撰写要求

1. 事故发生过程调查分析要准确

事故到底是怎样发生的，这对分析原因和分析责任有直接关系。因此，必须把情况调查准确。如发生死亡事故时现场没有见证人，则难以查准，要想分析准确，必须对工艺要求、死者操作习惯及身体情况、施工的操作环境条件和事故前的详细情况了解清楚，并广泛听取群众意见，取得统一的准确情况并进行分析研究。论述时，可按事故发生之前、之时及之后的时间序列进行描述，事故发生的人、物、环境状态、事故发展情况等都应交代清楚。

2. 原因分析要明确

根据发生事故的特点，结合生产、技术、设备和管理等方面进行分析，哪些是直接原因，哪些是间接原因。分析要细致，事实要有证据，内容要有说服力。为责任分析和采取防范措施奠定基础。

3. 责任分析要明确

在原因已知的基础上，分析每条原因应该由谁负责。一般分为：直接责任、主要责任、领导责任（包括教育、检查、措施不当）。根据具体内容必须将责任落实到人，如技术安全措施不当应由技术负责人负责。一个单位连续发生重大伤亡事故就要追究其法人的责任。凡是说明承担责任的内容，必须实事求是，证据准确可靠。

4. 对责任者处理要严肃

对造成事故的责任者，要以教育为主，对违反安全生产规章制度、工作不负责任以致造成重大事故的责任者，必须予以处罚，情节严重的，移交司法部门处理。凡遇下列情况者都应给予严肃处理：

（1）已发现明显的事故征兆，未及时采取措施消除事故隐患，以致发生重大伤亡事故者。

（2）不执行规章制度，带头或指使违章作业，造成重大伤亡事故者。

（3）已发生过伤亡事故，仍不接受教训者；有预防措施，不积极组织实施，又发生同类伤亡事故者。

（4）经常违反劳动纪律和操作规程，屡教不改，以致引起事故而造成他人伤亡者。

（5）无故拆除安全设备和安全装置，以致造成重大伤亡者。

（6）工作严重不负责或失职造成重大事故者。

5. 预防措施要具体

只有预防事故的措施具体，才能更好落实。否则，措施就无法落实，变成空话、废话。预防事故的措施要根据造成事故的漏洞，以及整个生产过程安全薄弱环节的实际情况制定。其项目要具体，执行要有负责人，完成要定期限，并明确规定负责检查执行情况的责任人。如果有措施，因不积极落实，又造成重大伤亡事故，措施执行人要受到更加严肃的处理。

6. 调查组成员要签字

调查组成员对事故情况、原因分析、责任分析、处理建议、防范措施等取得统一或基本统一意见后，每个调查组成员要在调查报告上签字，有不同意见，可在签字时注明具体保留意见。签字之后，即宣布调查组任务已完成。

事故调查报告完成后，企业领导必须及时认真讨论和研究调查报告，并尊重调查组的意见。因为调查组成员来自不同岗位、职务和专业，特别是他们深入事故现场，掌握了第一手材料。企业领导不得任意修改调查组报告。为了便于上级准确地掌握情况，及时批复，公司、企业领导对调查报告如有不同意见可以提出，与调查报告同时上报。

同时，事故调查结束后，企业接到调查报告批复的处理决定后，要向群众宣布调查处理结果，教育职工吸取教训并落实措施。

三、事故分析与处理

（一）事故性质

事故的性质分为责任事故和非责任事故。对事故性质的认定可以《安全生产法》《生产安全事故报告和调查处理条例》《企业职工伤亡事故分类》等国家法律、法规和标准为依据。

（二）事故原因分析

在分析事故时，应从直接原因入手，逐步深入到间接原因，从而掌握事故的全部原因。再分清主次，进行责任分析。事故调查人员应注重导致事故发生的每一个事件，同样要注重各个事件在事故发生过程中的先后顺序。

在事故原因分析时通常要明确以下内容：

1. 在事故发生之前存在什么样的征兆。
2. 不正常的状态是在哪儿发生的。
3. 在什么时候首先注意到不正常的状态。
4. 不正常状态是如何发生的。
5. 事故为什么会发生。
6. 事件发生的可能顺序以及可能的原因（直接原因、间接原因）。
7. 分析可选择的事件发生顺序。

（1）事故原因分析的基本步骤。在进行事故调查原因分析时，通常按照以下步骤进行分析：

1）整理和阅读调查材料。

2）分析伤害方式。按以下几方面进行分析：受伤部位，受伤性质，起因物，致害物，伤害方式，不安全状态，不安全行为。

3）确定事故的直接原因。

4）确定事故的间接原因。

（2）事故直接原因的分析。属于机械、物质或环境的不安全状态，人的不安全行为等情况者为直接原因。两者在《企业职工伤亡事故分类》（GB 6441—1986）中有具体规定。

（3）事故间接原因的分析。属以下情况为间接原因：

1）技术和设计上有缺陷——工业构件、建筑物、机械设备、仪器仪表、工艺过程、操作方法、维修检验等的设计、施工和材料使用存在问题。

2）教育培训不够。未经培训，缺乏或不懂安全操作技术知识。

3）劳动组织不合理。

4）对现场工作缺乏检查或指导错误。

5）没有安全操作规程或不健全。

6）没有或不认真实施事故防范措施，对事故隐患整改不力。

7）其他。

（三）事故责任分析

事故责任分析是在查明事故的原因后，分清事故的责任，使企业领导和职工从中吸取教训，改进工作。事故责任分析中，应通过调查和分析事故的直接原因和间接原因，确定事故直接责任者和领导责任者及其主要责任者。并根据事故后果对事故责任者提出处理意见。

1. 直接责任者指其行为与事故的发生有直接关系的人员。

2. 主要责任者指对事故的发生起主要作用的人员。有下列情况之一时，应由肇事者或有关人员负直接责任或主要责任：

（1）违章指挥、违章作业或冒险作业造成事故。

（2）违反安全生产责任制和操作规程，造成事故。

（3）违反劳动纪律，擅自开动机械设备或擅自更改、拆除、毁坏、挪用安全装置和设备，造成事故。

3. 领导责任者指对事故的发生负有领导责任的人员。有下列情况之一时，有关领导应负领导责任：

（1）由于安全生产规章、责任制度和操作规程不健全，职工无章可循，造成事故。

（2）未按规定对职工进行安全教育和技术培训，或职工未经考试合格上岗操作，造成事故。

（3）机械设备超过检修期限或超负荷运行，设备有缺陷又不采取措施，造成事故。

（4）作业环境不安全，又未采取措施，造成事故。

（5）新建、改建、扩建工程项目，安全卫生设施不与主体工程同时设计、同时施工、同时投入生产和使用，造成事故。

根据事故责任的大小，对事故责任者进行不同程度处罚，处罚的形式有行政处罚、经济处罚和刑事处罚。

案例：

某年1月9日13时30分，某市一五金加工厂承包的研发楼户外及室内升级改造工程的不锈钢门装卸过程中，发生一起物体打击事故，装卸工李某在搬运卸货时，被不锈钢门压倒，后经送医院抢救无效死亡。

依据《中华人民共和国安全生产法》《生产安全事故报告和调查处理条例》（国务院令第493号）等有关法律法规，经某市人民政府授权，成立由市应急管理局牵头，市公安局、总工会、消防救援大队、企业所在街道有关负责同志参加的"1·9"一般物体打击事故调查组，全面开展事故调查工作。

事故调查组坚持"科学严谨、依法依规、实事求是、注重实效"的原则，通过现场勘验、调查取证和专家分析，查明了事故发生的经过、原因、人员伤亡和直接经济损失情况，认定了事故性质和责任，分析了事故暴露出的问题和教训，提出了对有关责任单位和责任人员的处理建议。同时，针对事故原因及暴露出的问题，提出了防范措施建议。经调查认定，该五金加工厂"1·9"一般物体打击事故是一起一般生产安全责任事故。

第三节　工伤事故报告和调查处理的有关规定

一、《安全生产法》对生产事故的相关规定

《安全生产法》中对生产事故报告和调查的相关规定如下：

第八十六条　事故调查处理应当按照科学严谨、依法依规、实事求是、注重实效的原则，及时、准确地查清事故原因，查明事故性质和责任，评估应急处置工作，总结事故教训，提出整改措施，并对事故责任单位和人员提出处理建议。事故调查报告应当依法及时向社会公布。事故调查和处理的具体办法由国务院制定。

事故发生单位应当及时全面落实整改措施，负有安全生产监督管理职责的部门应当加强监督检查。

负责事故调查处理的国务院有关部门和地方人民政府应当在批复事故调查报告后一年内，组织有关部门对事故整改和防范措施落实情况进行评估，并及时向社会公开评估结果；对不履行职责导致事故整改和防范措施没有落实的有关单位和人员，应当按照有关规定追究责任。

第八十七条　生产经营单位发生生产安全事故，经调查确定为责任事故的，除了应当查明事故单位的责任并依法予以追究外，还应当查明对安全生产的有关事项负有审查批准和监督职责的行政部门的责任，对有失职、渎职行为的，依照本法第九十条的规定追究法律责任。

第八十八条　任何单位和个人不得阻挠和干涉对事故的依法调查处理。

第九十条　负有安全生产监督管理职责的部门的工作人员，有下列行为之一的，给予降级或者撤职的处分；构成犯罪的，依照刑法有关规定追究刑事责任：

（一）对不符合法定安全生产条件的涉及安全生产的事项予以批准或者验收通过的；

（二）发现未依法取得批准、验收的单位擅自从事有关活动或者接到举报后不予取缔或者不依法予以处理的；

（三）对已经依法取得批准的单位不履行监督管理职责，发现其不再具备安全生产条件而不撤销原批准或者发现安全生产违法行为不予查处的；

（四）在监督检查中发现重大事故隐患，不依法及时处理的。

第一百一十条　生产经营单位的主要负责人在本单位发生生产安全事故时，不立即组织抢救或者在事故调查处理期间擅离职守或者逃匿的，给予降级、撤职的处分，并由应急管理部门处上一年年收入百分之六十至百分之一百的罚款；对逃匿的处十五日以下拘留；构成犯罪的，依照刑法有关规定追究刑事责任。

二、《生产安全事故报告和调查处理条例》（国务院令第493号）

（一）事故报告

1. 事故上报

事故发生后，事故现场有关人员应当立即向本单位负责人报告；单位负责人接到报告后，应当在1 h内向事故发生地县级以上人民政府安全生产监督管理部门和负有安全生产监督管理职责的有关部门报告。情况紧急时，事故现场有关人员可以直接向事故发生地县级以上人民政府安全生产监督管理部门和负有安全生产监督管理职责的有关部门报告。

安全生产监督管理部门和负有安全生产监督管理职责的有关部门接到事故报告后，应当依照下列规定上报事故情况，并通知公安机关、劳动保障行政部门、工会和人民检察院：

（1）特别重大事故、重大事故逐级上报至国务院安全生产监督管理部门和负有安全生产监督管理职责的有关部门；

（2）较大事故逐级上报至省、自治区、直辖市人民政府安全生产监督管理部门和负有安全生产监督管理职责的有关部门；

（3）一般事故上报至设区的市级人民政府安全生产监督管理部门和负有安全生产监督管理职责的有关部门。

安全生产监督管理部门和负有安全生产监督管理职责的有关部门依照前款规定上报事故情况，应当同时报告本级人民政府。国务院安全生产监督管理部门和负有安全生产监督管理职责的有关部门以及省级人民政府接到发生特别重大事故、重大事故的报告后，应当立即报告国务院。必要时，安全生产监督管理部门和负有安全生产监督管理职责的有关部门可以越级上报事故情况。

安全生产监督管理部门和负有安全生产监督管理职责的有关部门逐级上报事故情况，每级上报的时间不得超过 2 h。

事故报告后出现新情况的，应当及时补报。自事故发生之日起 30 日内，事故造成的伤亡人数发生变化的，应当及时补报。道路交通事故、火灾事故自发生之日起 7 日内，事故造成的伤亡人数发生变化的，应当及时补报。

2. 事故报告内容

报告事故应当包括下列内容：

（1）事故发生单位概况；

（2）事故发生的时间、地点以及事故现场情况；

（3）事故的简要经过；

（4）事故已经造成或者可能造成的伤亡人数（包括下落不明的人数）和初步估计的直接经济损失；

（5）已经采取的措施；

（6）其他应当报告的情况。

3. 事故报告其他要求

（1）事故报告应当及时、准确、完整，任何单位和个人对事故不得迟报、漏报、谎报或者瞒报。

1）报告事故的时间超过规定时限的，属于迟报；

2）因过失对应当上报的事故或者事故发生的时间、地点、类别、伤亡人数、直接经济损失等内容遗漏未报的，属于漏报；

3）故意不如实报告事故发生的时间、地点、类别、伤亡人数、直接经济损失等有关内容的，属于谎报；

4）故意隐瞒已经发生的事故，并经有关部门查证属实的，属于瞒报。

（2）事故发生单位负责人接到事故报告后，应当立即启动事故相应应急预案，或者采取有效措施，组织抢救，防止事故扩大，减少人员伤亡和财产损失。事故发生地有关地方人民政府、安全生产监督管理部门和负有安全生产监督管理职责的有关部门接到事故报告后，其负责人应当立即赶赴事故现场，组织事故救援。

（3）事故发生后，有关单位和人员应当妥善保护事故现场以及相关证据，任何单位和个人不得破坏事故现场、毁灭相关证据。因抢救人员、防止事故扩大以及疏通交通等原因，需要移动事故现场物件的，应当做出标志，绘制现场简图并做出书面记录，妥善保存现场重要痕迹、物证。事故发生地公安机关根据事故的情况，对涉嫌犯罪的，应当依法立案侦查，采取强制措施和侦查措施。犯罪嫌疑人逃匿的，公安机关应当迅速追捕归案。

（4）安全生产监督管理部门和负有安全生产监督管理职责的有关部门应当建立值班制度，并向社会公布值班电话，受理事故报告和举报。

（二）事故调查

1. 事故调查的主体

特别重大事故由国务院或者国务院授权有关部门组织事故调查组进行调查。

重大事故、较大事故、一般事故分别由事故发生地省级人民政府、设区的市级人民政府、县级人民政府负责调查。省级人民政府、设区的市级人民政府、县级人民政府可以直接组织事故调查组进行调查，也可以授权或者委托有关部门组织事故调查组进行调查。

未造成人员伤亡的一般事故，县级人民政府也可以委托事故发生单位组织事故调查组进行调查。

上级人民政府认为必要时，可以调查由下级人民政府负责调查的事故。

自事故发生之日起 30 日内（道路交通事故、火灾事故自发生之日起 7 日内），因事故伤亡人数变化导致事故等级发生变化，依照本条例规定应当由上级人民政府负责调查的，上级人民政府可以另行组织事故调查组进行调查。

特别重大事故以下等级事故，事故发生地与事故发生单位不在同一个县级以上行政区域的，由事故发生地人民政府负责调查，事故发生单位所在地人民政府应当派人参加。

2. 事故调查组的组成

事故调查组的组成应当遵循精简、效能的原则。

根据事故的具体情况，事故调查组由有关人民政府、安全生产监督管理部门、负有安全生产监督管理职责的有关部门、监察机关、公安机关以及工会派人组成，并应当邀请人民检察院派人参加。

事故调查组可以聘请有关专家参与调查。

事故调查组成员应当具有事故调查所需要的知识和专长，并与所调查的事故没有直接利害关系。

事故调查组组长由负责事故调查的人民政府指定。事故调查组组长主持事故调查组的工作。

事故调查组履行下列职责：

（1）查明事故发生的经过、原因、人员伤亡情况及直接经济损失；

（2）认定事故的性质和事故责任；

（3）提出对事故责任者的处理建议；

（4）总结事故教训，提出防范和整改措施；

（5）提交事故调查报告。

事故调查组有权向有关单位和个人了解与事故有关的情况，并要求其提供相关文件、资料，有关单位和个人不得拒绝。

事故发生单位的负责人和有关人员在事故调查期间不得擅离职守，并应当随时接受事故调查组的询问，如实提供有关情况。

事故调查中发现涉嫌犯罪的，事故调查组应当及时将有关材料或者其复印件移交司法机关处理。

事故调查中需要进行技术鉴定的，事故调查组应当委托具有国家规定资质的单位进行技术鉴定。必要时，事故调查组可以直接组织专家进行技术鉴定。技术鉴定所需时间不计入事故调查期限。

事故调查组成员在事故调查工作中应当诚信公正、恪尽职守，遵守事故调查组的纪律，保守事故调查的秘密。

未经事故调查组组长允许，事故调查组成员不得擅自发布有关事故的信息。

3. 事故调查周期

（1）事故调查组提交报告时限要求。事故调查组应当自事故发生之日起60日内提交事故调查报告；特殊情况下，经负责事故调查的人民政府批准，提交事故调查报告的期限可以适当延长，但延长的期限最长不超过60日。

（2）政府对事故调查报告批复时限要求。重大事故、较大事故、一般事故，负责事故调查的人民政府应当自收到事故调查报告之日起15日内做出批复；特别重大事故，30日内做出批复，特殊情况下，批复时间可以适当延长，但延长的时间最长不超过30日。

（三）事故调查报告

事故调查报告应当包括下列内容：

1. 事故发生单位概况；
2. 事故发生经过和事故救援情况；
3. 事故造成的人员伤亡和直接经济损失；
4. 事故发生的原因和事故性质；
5. 事故责任的认定以及对事故责任者的处理建议；
6. 事故防范和整改措施。

事故调查报告应当附有相关证据材料。事故调查组成员应当在事故调查报告上签名。

事故调查报告报送负责事故调查的人民政府后，事故调查工作即告结束。事故调查的有关资料应当归档保存。

第七章 工伤事故典型案例

第一节 物体打击事故

一、佛山某陶瓷机械厂"9·11"物体打击事故

(一) 事故发生经过

某年9月11日8时50分许,佛山市禅城区某陶瓷机械厂负责冲压件员工范某在对压力机装模后进行调试时,因疏忽把活动扳手(白色金属18~450 mm活动扳手)遗留在下模板上,并直接开机作业,导致上模具向下运行时压在活动扳手突出的调整螺纹上,受挤压影响活动扳手高速弹出,击中范某胸部。事故发生后厂方迅速将伤者送到附近医院进行抢救,9时40分许,伤者范某因伤势过重经抢救无效死亡。本次事故直接经济损失约为160万元人民币。

(二) 事故发生的原因和性质

1. 事故原因

死者范某安全意识淡薄,在开动压力机前未对机械模具作业面进行观察的情况下,贸然开机操作,导致事故发生,是该起事故发生的直接原因。

2. 事故的性质认定

经事故调查组调查，一致认为该起事故属于一般生产安全事故。

二、某平板剪切有限公司"4·12"物体打击事故

（一）事故发生经过

某年4月11日，某平板剪切有限公司厂长梁某通知废品购买者刘某到其公司仓库收集钢卷外包装废品。4月12日6时左右，刘某进入该公司仓库，捡拾拆散在地上的废品。因有包装纸废品被钢卷压住，刘某找到起重机无线遥控器并操作，吊起压住包装纸的钢卷，将其叠垛在地上的两个钢卷上面。由于钢卷叠垛不牢固，二层的钢卷掉落砸中刘某。当天7时56分，上班的员工发现刘某被钢卷压着，立即拨打"120"急救电话和"110"报警电话。"120"救援人员赶到现场，检查后认定刘某当场死亡。该起事故造成直接经济损失约65.8万元。

（二）事故发生原因和性质

1. 事故发生的直接原因

经过调查取证和综合分析，事故发生的直接原因为：刘某安全意识淡薄，在未经过专门的起重机和钢卷垛堆的安全教育和技能培训情况下，擅自冒险操作起重机作业，垛堆钢卷，因垛堆不牢固，导致钢卷掉落砸中自己。

2. 事故发生的间接原因

经过调查取证和综合分析，造成事故发生的间接原因为：某公司未履行企业安全生产主体责任，安全管理工作落实不到位；未健全特种设备安全管理制度，未规定并监督管理未经专门的安全作业培训人员不得操作起重机、未对起重机遥控器的使用和放置进行管理以防止不符合使用条件人员使用，导致刘某找到起重机遥控器并操作；安排刘某进入作业场所收钢卷包装纸废品，未签订专门的安全生产管理协议，未明确各自的安全生产管理职责和应当采取的安全措施；未对刘某进行相关的安全培训教育，未告知作业场所存在的危险因素，未明确禁止使用作业场所内的起重机等特种设备，未明确其在作业场所内的活动范围，未安排人员对其进行监督管理；未开展有效事故隐患排查与治理工作，未及时发现并消除

事故隐患。

3. 事故性质认定

经调查取证和综合分析，认定该起事故是一起一般生产安全责任事故。

第二节　车辆伤害事故

一、韶关某轴承有限公司"10·26"车辆伤害事故

（一）事故发生经过

某年10月26日17时左右，韶关某轴承有限公司负责清理公司铁屑的叉车司机郭某像往常一样，开叉车将车削热处理分厂的铁屑运往堆放场，铁屑装在一个长约2 m、宽约1.3 m、高约1.2 m的料斗内。当时料斗内堆放的铁屑高度约1.8 m，遮挡了驾驶员的驾驶视线，无法看清前方有无障碍物，在叉车行驶过程中将同向用推斗车运送铁屑的锻造分厂员工华某撞倒在叉车料斗下。郭某见状，立即将叉车升起一点，并叫工友过来救人，两人协力把华某救出，拨打车间领导电话报告情况，1 min左右，车间领导周某赶来，派车将华某送往医院，经抢救无效死亡。事故造成直接经济损失约94万元。

（二）事故原因及性质

1. 直接原因

叉车司机郭某违反叉车安全操作规程进行作业，从车削热处理分厂向外运送废料时，在运输铁屑的高度遮挡了驾驶视线的情况下，依然驾驶叉车往铁屑堆放场运送铁屑，是造成此次事故发生的直接原因。

2. 事故间接原因

韶关某轴承有限公司企业安全主体责任不落实，未按照《安全生产法》和

《特种设备安全法》等法律法规规定履行安全生产职责，主要有以下几方面：

（1）特种设备管理使用不规范。经调查，该公司在2008年2月购买使用该叉车后，未按照规定在投入使用前三十日内，持监督检验机构出具的验收检验报告和安全检验合格标志，到所在地区的地、市级以上特种设备安全监察机构注册登记。未按要求对特种设备进行经常性维护、保养，并定期检测，保证正常运转。

（2）应急管理不到位。公司未对本单位编制的生产安全事故应急预案进行论证、评审，未定期组织演练，未建立叉车伤害事故应急救援预案。

（3）隐患排查不到位。叉车司机在平时清理铁屑时，铁屑堆放的高度基本上都是超过了叉车使用规定的高度，驾驶视线不良。公司针对叉车司机一贯违反操作规程的行为，在日常安全隐患排查中没有发现和纠正，存在日常隐患排查不全面、不到位的现象。

（4）教育培训不到位。未如实记录安全生产教育和培训情况，未定期对司机进行安全教育，导致叉车司机安全意识薄弱，对违章驾驶叉车的行为习以为常。

（5）安全警示标志不足。未在有较大危险因素的生产经营场所和有关设备设施上设置明显的安全警示标志，叉车工作区域的道路有弯道且路面较窄，未见设置相应保护措施、警示标志和限速提示。

3. 事故性质认定

经调查认定，韶关某轴承有限公司"10·26"车辆伤害一般事故是一起生产安全责任事故。

二、南通某公司"4·15"高空作业车倾翻事故

（一）事故发生经过及应急救援情况

某年4月15日，南通某公司涂装二组组长石某安排员工杨某、侯某2人到3号码头某Y003号船3号货舱修补油漆，8时15分左右，杨某、侯某2人下到3号货舱底部，并进入高空作业车工作平台，2人戴好安全帽、系好安全带后，由杨某操作高空作业车工作平台上升、移位。突然，正在3号码头上签动火作业许

可证的该公司安全员章某听到某 Y003 号船 3 号货舱发出"哐"的一声响，即刻跑到 3 号船甲板，发现高空作业车倾翻，杨某、侯某 2 人躺在船舱底部。该公司接到报告后立即启动应急救援预案，迅速组织人员用吊篮将杨某、侯某 2 人施救到甲板上，由"120"救护车送至医院。10 时 18 分，医院宣布杨某、侯某 2 人因伤势过重，经抢救无效死亡。此次事故直接经济损失约 280 万元。

（二）专家分析报告（节选）

四、结论：作业人员操作平台时，平台在最大仰角内，与舱壁旋梯栏杆发生碰擦，在此臂杆作业操作杆液压元件不可抬升、只可下降的过程中，误操作或测试下降指令或导致臂杆油缸收缩、包括臂杆微小收缩距离等动作都会导致侧停的高空作业车的舱壁侧两轮离地，造成整车重心发生偏移落在倾覆线外，导致倾翻事故。

（三）事故上报情况

事故发生后，该公司时任总经理朱某未在规定时间内及时向上级政府报告人员死亡情况。

（四）事故原因和性质认定

1. 直接原因

操作人员操作高空作业车作业平台与船舱壁发生碰擦，造成重心偏移，导致高空作业车倾翻。

2. 间接原因

（1）企业主体责任未落到实处，安全生产规章制度执行、落实不到位；未有效进行安全隐患排查治理；对外包单位安全生产工作统一协调、管理不到位；安全教育培训不到位，对高空作业车操作技能培训缺乏针对性。

（2）南通某公司未按照《安全管理协议书》有关规定落实安全措施；未按高空作业车审批要求作业；未对员工进行安全教育培训；安全管理人员业务能力不够。

3. 事故性质

经调查认定，"4·15"高空作业车倾翻事故是一起生产安全责任事故。

第三节 机械伤害事故

一、常州某公司"4·18"一般机械伤害事故

(一) 事故发生经过和应急处置情况及评估

1. 事故发生经过

某年4月18日,常州某公司正常开展生产作业。7时许,打磨工张某使用砂轮机进行打磨作业时,砂轮忽然破裂,张某被砂轮碎片击中受伤倒地。

2. 应急处置情况评估

事故发生后,该公司立即采取应急救援措施,并拨打"120"急救电话和"110"报警电话,但伤者因伤势严重,经"120"急送医院抢救无效死亡。虽然事故应急救援未能挽救生命,但救援相对及时,应急措施基本到位。

(二) 事故造成的人员伤亡情况和经济损失

1. 死者简况

张某,男,打磨工。

2. 直接经济损失

155.86万元。

(三) 事故发生的原因和事故性质

1. 直接原因

打磨工张某使用没有防护罩的砂轮机进行打磨作业,砂轮的边缘存在径向平齐切口,砂轮在打磨过程中,受外力作用,切口底部位置因应力集中从而萌生裂纹,加之其自身存在的隐裂,裂纹沿孔径方向扩展并发生破裂,碎片飞出击中张

某，造成事故，张某的不安全行为和砂轮及砂轮机的不安全状态是事故发生的直接原因。

2. 间接原因

（1）设备使用不合规。该公司使用不符合相关安全规定的自制的砂轮机进行生产作业，且在接到主管部门责令整改通知后，仍继续使用，未及时整改。

（2）安全生产管理不科学。该公司主要负责人虽制定各项安全管理制度和操作规程，但未督促落实，现场安全生产管理缺乏科学性，未能及时发现并纠正工人使用存在安全隐患的砂轮进行作业的不安全行为。

（3）安全教育和培训工作不到位。该公司在新员工（含张某）上岗前未开展三级安全教育和培训，也未对其进行考核，从业人员的安全意识薄弱，对事故隐患认识不足。

3. 事故性质

经调查认定，常州某公司生产车间内发生的"4·18"一般机械伤害事故是一起生产安全责任事故。

二、某管业有限公司"10·21"机械伤害事故

（一）事故发生经过

某年10月21日14时左右，某管业有限公司职工李某（男）在修磨车间内维修修磨机气压阀时，将本应连接于气缸上部的常开管道连接到气缸下部的接口，造成气缸活塞杆突然被升起，顶出修磨机上的2 t重钢管，滑落并压到李某身上，后送至医院救治无效，于当日16时5分死亡。

（二）事故造成的人员伤亡情况和经济损失

此次事故造成1人死亡，直接经济损失约为130万元人民币。

（三）事故发生的原因和事故性质

1. 直接原因

该事故发生的直接原因为李某在维修修磨机气压阀时，将应连接于气缸上部

的常开管道错误连接到气缸下部接口，造成气缸活塞杆突然升起，顶出修磨机上的 2 t 重钢管，滑落并压到自己身上。

2. 间接原因

（1）修磨机气压阀设计有缺陷。气压阀两个控制气缸活塞杆上下运动的管道设计有缺陷，一是管道无色标，造成李某在接管时不能明确正确的连接方式；二是两个出气管接口形状大小一致，不能有效防范错误连接。

（2）该公司未制定安全操作规程和管理制度；对设备维修安全操作重视不够，未开展设备维修安全操作培训；对现场安全管理不规范，安全隐患排查不到位。

3. 事故的性质认定

经调查取证和事故原因分析，事故调查组认为该公司"10·21"一般机械伤害事故是一起生产安全责任事故。

第四节　起重伤害事故

佛山市南海某铝型材有限公司"8·17"起重伤害事故

（一）事故发生经过、救援过程及善后处理

1. 事故发生经过

某年 8 月 17 日 19 时左右，佛山市南海某铝型材有限公司的氧化车间内，刘某根据提单到物料区进行作业，根据现场监控显示，19 时 5 分，刘某将物料车推至物料区旁，然后操作电动葫芦吊走两个空的备料框，再将压在下面的装有铝型材的备料框吊至备料区第五层处（高约 3 m）。刘某用手拨开近身侧的料框吊

钩，再爬上该料框，准备伸手拨开另一侧吊钩时，料框翻倒，同时牵动其他框架、材料翻倒，并将刘某压住，后经医生现场抢救无效死亡。

2. 事故救援过程

事故发生后，当地安监局、派出所、社区等单位立即派员赶赴现场对事故进行救援及调查工作。

3. 事故善后处理情况

事故发生后，该公司与死者家属协商赔偿事宜，与死者家属签订了赔偿协议书。

（二）事故原因及性质

1. 事故调查组认定本起事故的原因

（1）直接原因。死者刘某在料堆上方进行起重作业时，没有佩戴安全帽，也没有佩戴安全带。起吊前，吊物（料框及其装载的铝型材）起升系挂位置不正确，载荷倾斜；放下吊物后，解除吊钩的方法不正确。吊钩的闭锁装置（防滑脱装置）缺失。这是本起事故发生的直接原因。

（2）间接原因。该公司未将起重安全操作规程发放到相关岗位（起重作业场所没有悬挂或张贴起重安全操作规程）；提供的"电动葫芦/起重机操作规程"没有要求起重吊装工作业时必须佩戴劳动防护用品；起重作业场所存在起重伤害、触电、物体打击、坍塌、高处坠落等危险因素，但该公司没有悬挂或张贴相关的安全警示标志；对电动葫芦吊钩的闭锁装置（防滑脱装置）缺失、吊钩缺失（应使用4个吊钩，但实际只使用2个吊钩，结果是系挂位置不正确，吊物不平衡）的安全隐患未能及时解决；对员工不佩戴劳动防护用品的安全隐患未能及时纠正。这是本起事故的间接原因。

2. 事故性质

经过对事故的调查，分析事故的原因，根据国务院《生产安全事故报告和调查处理条例》第三条第（四）项的规定，认定本起事故为一般生产安全责任事故。

第五节 触电事故

狮山某不锈钢加工厂"7·1"触电事故

(一) 事故发生经过、救援过程及善后处理

1. 事故发生经过

某年6月30日19时,邹某、黄某两人照常上晚班(晚上19时至次日早上7时),黄某操作2号不锈钢表面处理机,邹某操作3号不锈钢表面处理机。

7月1日凌晨4时30分左右,黄某听到邹某操作的2号不锈钢表面处理机有板材掉下的声响,他马上跑去关掉3号不锈钢表面处理机急停开关,随后发现邹志某在3号不锈钢表面处理机烤灯旁边的立柱旁,该处位于3号不锈钢表面处理机与墙壁之间通道位置。黄某随之呼喊救援并与赶来的杂工李某一起把邹某抬出进行急救。其他在宿舍休息赶过来的员工拨打"120"急救电话。"120"医护人员于凌晨5时10分到达现场,对邹志伟进行现场急救,邹志伟经抢救证实死亡。

2. 事故救援过程

事故接报后,当地安监局、派出所等单位立即派员赶赴现场对事故进行调查并开展善后处理工作。狮山某不锈钢加工厂与死者家属进行赔偿事宜协商,签订"协议书",并向死者家属支付赔偿款项。

(二) 事故原因及性质

1. 事故调查组认定本起事故的原因

(1) 直接原因。邹某在3号不锈钢表面处理机运行期间擅自进入非操作危险区域,触碰到因电缆直接裸露造成的设备带电部位,且3号不锈钢表面处理机没

有有效接地且未安装剩余电流保护装置,导致邹某触电死亡,是本起事故发生的直接原因。

(2)间接原因。企业未如实记录安全生产教育和培训情况,未能督促邹某严格执行本单位的安全操作规程和按规定佩戴劳动防护用品,未在非操作危险区域设置防护栏和安全警示标志,未能采取有效措施发现并消除电缆裸露等事故隐患,是本起事故发生的间接原因。

2. 事故性质

经过对事故的调查,分析事故的原因,根据国务院《生产安全事故报告和调查处理条例》第三条第(四)项的规定,认定本起事故为一般生产安全责任事故。

第六节 灼烫伤事故

某机械制造厂"8·2"灼烫事故

某年8月2日3时40分许,某机械制造厂铸造车间发生一起灼烫事故,造成1人死亡。死者杨某,男,59岁,汉族。

(一)事故发生、抢救过程及上报情况

8月1日23时,某机械制造厂铸造车间炉工杨某和其他工友一起上班,上班时间是从当日23时到次日早上7时。当天的安排是胡某忠开行车吊运铁水,杨某负责烧铁水,其他工友负责浇铸。8月2日凌晨3时30分左右,第4炉的铁水已烧好,工友把铁水浇到模具里,这期间由杨某把铁料加到电炉里加热熔化。10 min后,工友走到电炉边,发现杨某倒在电炉口上,工友马上跑去关掉电

炉的电源，并将杨某抬到电炉边。此时杨某上身的工作服被部分烧毁，其右前臂严重烧烫伤，左手和胸腹部也被烧伤，脸部和颈部无伤痕。其工作裤已经被烧毁，双下肢严重烧烫伤，表皮已经烧毁，肌肉组织部分碳化。同车间的胡某甲过来后，立即打电话给法定代表人胡某，随后安全员肖某和胡某先后赶到厂里。肖某到厂里后拨打"110"报警电话，随后派出所、公安分局刑侦大队民警及法医相继赶到现场，经过现场勘查，确认杨某已经死亡。

（二）事故造成的人员伤亡和直接经济损失

1. 死者基本情况

杨某。

2. 直接经济损失情况

此次事故直接经济损失约 100 万元。

（三）事故发生的原因及性质

1. 直接原因

经公安机关现场勘查，铸造车间炉工杨某在作业时倒在高温电炉口上被灼烫死亡。

2. 间接原因

（1）某机械制造厂没有制定炉工安全操作规程，没有在电炉口周围设置安全防护装置，现场照明不足，对熔炉作业环境没有采取有效的降温措施和安全防护措施，对员工的安全教育培训不深入细致，对员工的安全监督和管理力度不够，对安全生产责任制落实情况监督检查不严格。

（2）某机械制造厂法定代表人胡某，没有认真履行单位负责人应尽的职责，未认真督促、检查落实本单位的安全生产工作，及时消除事故隐患；没有切实加强厂内安全设施的投入。

（3）某机械制造厂安全员肖某未认真检查落实企业安全生产工作，电炉口周围没有设置安全防护装置，熔炉作业环境没有采取有效的降温措施。

（4）某机械制造厂铸造车间主任胡某乙对电炉口平台未设置护栏的安全隐患未及时提出改进建议，没有采取相应措施有效保护从业人员安全。

(5) 某镇人民政府未切实履行安全生产属地监管职责，未切实督促企业落实安全生产主体责任，对辖区内企业安全生产监管工作不够细致深入。

3. 事故性质

经调查认定，某机械制造厂"8·2"灼烫事故是一起生产安全责任事故。

第七节　火灾事故

某环保设备有限公司"6·2"火灾事故

（一）事故发生经过及救援情况

某年6月2日7时许，杨某、陈某和沈某到车间现场作业，其中陈某和沈某在南端的厌氧塔顶部处的筒体内作业，杨某在外面调配防腐涂料并辅助作业。

10时20分左右，由于需要转动筒体调整涂刷位置，杨某就先到筒体北面的底端处重新挂照明灯。杨某在拉照明灯电源线时，电源线碰倒装有固化剂的灰桶，引起火灾，并产生大量浓烟。此时，人孔正位于上方，杨某立即操作无线遥控器将筒体转过来。但是由于滚轮托架转速慢，杨某等3人只能躲避在筒体北端绑有排风扇的人孔下方等待。其间，沈某在意识将要模糊时发现筒体中部有光亮，就立即逃往中部的人孔处。

与此同时，在车间西部做卷板的顾某等人发现厌氧塔内有黑烟冒出，立即过去查看情况。此时，放置于滚轮托架上的厌氧塔正在转动，由于无线遥控器在筒体内作业人员手中，顾某等人待厌氧塔中部人孔转至东侧时进行断电，并查看人孔内情况，发现沈某倒在人孔处，便立即将其拉出，同时询问筒内人员情况。在确认筒体内还有2人后，顾某等人准备进入施救，由于筒体内浓烟呛人且看不清内部情况（仅看到有火光），顾某等人只能用水和灭火器灭火。此时，张某接到消息后也赶至现场，并报了警。消防人员赶至现场后将箱体内的杨某和陈某救出，救护车将两人送往医院抢救，后经抢救无效死亡。沈某双臂和呼吸道烧伤，送医院治疗。

（二）事故原因分析及事故定性

为科学、客观、公正查明事故发生的原因，事故调查组对此次事故进行了认真的调查取证和现场勘察，结合事故调查专家组出具的报告。经调查认定，该起事故为一起一般生产安全责任事故。

1. 直接原因

由于作业人员在筒体内进行防腐涂料的调配和涂刷，且由于筒体在滚轮托架上由在筒体内部的作业人员操作，间断转动，作业人员杨某在重新挂照明灯准备转动筒体时，拉动照明线路，碰倒装有固化剂（过氧化环己酮）的灰桶，引起火灾，从而造成事故的发生。这是该起事故发生的直接原因。

2. 间接原因

（1）未落实安全教育培训。防腐作业人员未经安全教育培训，导致作业人员安全意识差，对防腐涂料的调配和涂刷过程中存在的风险认识不足，同时对进入厌氧塔内部进行有限空间作业的安全要求认识不够，未能意识到在厌氧塔筒体内调配涂料的危险性。

（2）不具备安全生产条件。某环保设备有限公司承接厌氧塔等环保设备制作业务后，未能落实相应的企业安全生产主体责任，未制定相应的安全管理制度对作业现场进行安全管理，未能针对实际作业情况开展相应的危险因素辨识和事故隐患排查治理工作，未对生产作业人员进行安全生产教育培训，同时以包代管，将厌氧塔内部防腐处理工作一包了之，未能对有限空间作业进行安全管理，不具备相应的安全生产条件。

（3）属地安全监管不到位。属地政府部门对"厂中厂"、有限空间作业企业排查治理不到位。在日常监管中，未认真落实分级分类监管制度，对片区企业生产情况排摸不彻底、不仔细，未能及时发现该公司出租车间内的生产情况。

3. 事故定性

经调查认定,"6·2"火灾事故是一起一般生产安全事故。

第八节　危险化学品泄漏事故

广东某工程机械制造有限公司"12·31"重大爆炸事故

某年 12 月 31 日 9 时 28 分许,广东某工程机械制造有限公司车间三车轴装配车间发生重大爆炸事故,造成 18 人死亡、32 人受伤,直接经济损失 3 786 万元。

(一) 事故发生经过

12 月 31 日,在建试生产期间的车间三车轴装配车间停产。车间主任杜某通知部分员工到车间进行盘点和维护检修改造设备,并安排使用稀释剂 053(易燃易爆物品,平时作为车间三喷漆工序调漆用)清除车轴装配总线表面油漆。7 时 30 分起,87 名员工陆续上班开始工作。其间,24 人在装配 A、B 线两侧使用稀释剂 053 清洁作业;3 人在装配 A 线附近切割作业;5 人准备在装配 B 线附近烧焊作业;其他人员分别进行盘点、划地面标识线、维护检修改造设备等。A 线使用稀释剂 053 约 165 kg,B 线使用稀释剂 053 约 150 kg,清洁过程中稀释剂 053 流入车轴总装线的地沟内,挥发后与空气混合直至到达最低爆炸浓度。9 时 28 分许,梁少坚等人在装配 B 线 17 号钢柱对应的钢构设备支架上安装卷管器,使用电焊机烧焊,电焊熔渣掉落至装配 B 线地沟内引发爆炸,随后装配 A 线地沟区域也发生爆炸。事故车间严重损毁,爆炸部位面积约 1 298 m²,屋顶坍塌面积约 600 m²。事故当场造成 17 人死亡、33 人受伤(其中 1 人因伤势过重、经抢救无效于次年 1 月 2 日傍晚死亡）。

（二）事故原因

1. 直接原因

事故车间流入车轴装配总线地沟内的稀释剂挥发产生的可燃气体与空气混合形成爆炸性混合物，遇现场电焊作业产生的火花引发爆炸。

2. 间接原因

公司安全管理不到位，安全生产主体责任不落实，对事故发生负有责任。

（1）不具备安全生产条件，违法从事生产经营活动。发生事故的厂房未组织建设工程竣工验收、消防验收，未申请环境保护竣工验收，未履行建设项目安全设施"三同时"程序，擅自使用、从事生产经营活动。

（2）组织工人在不经安全验收的车间使用易燃易爆物品清洗生产设备和地面，并且未采取可靠的安全措施。

（3）未办理审批手续、未清除动火现场易燃易爆物品，即在易燃易爆场所违规组织动火作业。

（4）未制定动火作业、易燃易爆物品使用等危险作业专门的安全管理制度。

（5）未在电焊作业场所、易燃易爆危险作业场所设置明显的安全警示标志，未告知从业人员关于电焊作业、使用易燃易爆物品存在的危险因素、防范措施及事故应急措施。

（6）安全生产、消防安全教育培训不到位。未落实从业人员安全生产三级培训、消防安全教育培训；主要负责人和安全生产管理人员不具备与本单位所从事的生产经营活动相应的防火等安全生产知识和管理能力；电焊作业人员未经专门培训考核合格依法持证上岗。

（7）未依法建立隐患排查治理制度，未依法组织安全检查和开展日常或专业性等隐患排查，未能及时发现并消除事故隐患。

（8）未依法设置安全生产管理机构或配备专职安全生产管理人员；落实安全生产及消防安全责任制不到位，未明确各岗位的责任人员、责任范围和考核标准等内容。

(三) 事故性质

经调查认定,"12·31"重大爆炸事故是一起生产安全责任事故。

第九节　中毒和窒息事故

某厂"4·21"中毒和窒息事故

(一) 事故概况

某厂四车间4台煤气发生炉运行两年多,由于管道及罐体腐蚀和堵塞严重,需要对4台煤气炉及附属设备进行检修,并将检修工程委托给某机电公司,双方于某年8月10日签订了"某厂四车间煤气发生炉检修协议",机电公司成立了余某任经理的作业单位,并于12月进场开展检修工作,检修工程于次年1月完工。1月21日二级二号电滤器投入正常运行时,其东面的绝缘子箱内有蒸气泄漏,需要对绝缘子箱继续进行检修,双方商定4月21日由该机电公司作业单位技术人员对绝缘子箱进行检修,作业单位决定由钳工二班工人胡某负责此次检修。

(二) 事故经过和救援情况

次年4月21日上午,胡某办理了"煤气危险作业许可证"后,带领6名工人进入煤气站,指挥工人在二级二号电滤器搭架,下午1时50分左右,在吊下电滤器的绝缘子箱后,胡某又打开人孔盖,在用CO检测仪检测后,准备进入二级二号电滤器内。当时在场监护的安全员李某指出他不能入内,要进入电滤器内必须佩戴空气呼吸器,胡某认为没有什么问题,就擅自进入电滤器内,几秒后,胡某就晕倒在地。工人余某见状,立即进入电滤器内,准备去救援胡某,进去后他也晕倒在地。后来在场的工人和煤防站的人员相继进入电滤器内施救，才将胡某、余某救起，参与救护的五人也出现呼吸困难症状，受伤人员被送到医院后，胡某、余某经医院全力抢救无效死亡，其余 5 人均不同程度受伤。

该事故造成 2 人死亡、5 人轻伤，直接经济损失 70 万元。

（三）事故原因及事故性质分析

1. 直接原因

工人胡某在二级二号电滤器未按规定进行空气安全取样分析的情况下，未采取相应的安全防护措施，擅自进入二级二号电滤器内，是导致此次事故的直接原因。

2. 间接原因

（1）煤防站未按"煤气危险作业许可证"的规定配备煤气监护人员，煤防员对进入煤气站施工的工人违章作业未按照有关规定履行其职责，及时予以制止，是造成此次事故的主要间接原因。

（2）机电公司对施工现场疏于管理，安全管理责任制和操作规程落实不到位，安全教育和安全技术交底流于形式，职工安全意识差、盲目施救是此次事故的重要间接原因。

3. 事故性质

综上所述，并经事故调查组认真研究、分析，根据相关法律、法规，认为此次事故是一起生产安全责任事故。

第十节　高处坠落事故

某铸造有限公司"6·21"一般高处坠落事故

某年 6 月 21 日上午 10 时 45 分许，某铸造有限公司三厂造型二车间发生一起高处坠落事故，造成一人死亡。直接经济损失110万元。

（一）事故发生经过及救援情况

1. 事故发生经过

6月21日7时30分许，三厂厂长助理兼造型二车间主任李某在三厂造型二车间召开班前会，布置当班停产检修工作，机修班主要是例行巡检检修各自负责的设备，要求作业时注意安全，穿戴好防护用品。然后李某安排当班机修班长赵某检修一下他自己负责的50 t行车及行车周边，并签批了高处作业许可证。

赵某先在二车间里对他本人负责的设备进行了检修，清理了设备周边的废旧配件等。10时许，赵某通过爬梯上到了他负责的50 t行车上，同班机修工晋某见班长上了行车，也从自己清理设备周边废旧配件处来到行车爬梯处上了爬梯，当晋某上到楼梯一层时，已经上到50 t行车上的机修班长赵某对晋某说："你在下面，有事打电话叫你。"然后晋某就又下到了地面。晋某下到地面后看到赵某把行车向南开了大约六七米后停下来开始检修，当时赵某在行车上面系着安全带，然后出行车往行车西轨道外沿着检修通道正北走时没有系安全带。大约10时45分许，晋某看到机修班长赵某从行车上坠落，落在西门口南边约2 m、距离车间地面12 m高的行车西轨道外检修通道上。晋某立即用手机向李某报告。李某很快到了现场，向三厂厂长金某汇报了事故情况，很快金某也到了事故现场。当班员工给"120"打了电话，当时机修班长赵某口鼻流血，趴在地上喊疼，在场的人做安抚并协助赵某翻了个身面部朝上，等待救护车辆的到来。

2. 事故救援情况

大约20 min，救护车来到事故地点把赵某接到医院，当天下午4时20分许，赵某经抢救无效死亡。

（二）事故原因分析

1. 事故直接原因

机修班长赵某在行车检修通道上检修设备高处作业时未系安全带，通道上面堆放杂物较多，通道狭窄积尘较厚易滑，其在行车通道上检修查看设备时不慎脚滑从高处坠落。

2. 事故间接原因

（1）车间主任李某安排无高处作业资格人员从事高处作业。

（2）违规审批高处作业许可证，公司安检部门、分厂安环科均未参加作业许可证审批。

（3）高处危险作业未制定有针对性的现场作业安全措施。

（4）高处危险作业指定现场作业的普通员工做现场监护人，不懂高处危险作业安全规定，也无法监管自己的直接领导违章作业。

（5）现场监管缺失，车间主任、三厂安全科、公司安检部门均未按照规定到作业现场履行现场监管职责。

（6）企业双重预防体系建设落实不到位，风险研判及管控措施未落实，企业岗位安全责任制不落实。

（7）车间设备管理不到位，日常乱丢小工具，从设备上换下的废旧配件、螺栓等使高空坠物安全隐患长期存在；长期不清扫设备极易使人滑倒受伤或坠落。

（8）企业安全培训和安全教育考核制度未落实。

（三）事故性质认定

某铸造有限公司"6·21"死亡事故是一起因高处作业人员未系安全带，违规进行高处作业，从而导致高处坠落死亡的一般生产安全责任事故。

（四）事故防范措施及整改建议

某铸造有限公司要认真按照《安全生产法》等有关法律法规的规定落实安全生产主体责任，加强安全意识培训和技能培训，提高全员安全技术水平；切实加强设备安全管理，严格设备完好标准，消除设备及周边安全隐患；加强特殊作业管理，严格作业人员资质管理，高处作业人员要经安全培训取得高处作业证；严格危险作业措施和危险作业票审批，严格落实危险作业现场监督监管责任；要认真履行双重预防分级管控职责，特别注重岗位级、班组级、车间级履行职责的考核；要深刻吸取事故教训，举一反三，开展隐患排查，及时化解各类风险隐患，坚决杜绝各类事故的发生。

第八章 国内外先进安全管理方法

第一节　管理体系

一、管理体系的起源与发展

1972年，联合国在瑞典斯德戈尔摩召开了人类环境大会。大会成立了一个独立的委员会，即"世界环境与发展委员会"。该委员会承担重新评估环境与发展关系的调查任务，历时若干年，在考证大量素材后，于1987年出版了"我们共同未来"的报告，这篇报告首次引入了"持续发展"的概念，敦促工业界建立有效的环境管理体系。这份报告一经颁布即得到50多个国家领导人的支持，他们联合呼吁召开世界性会议专题讨论和制定行动纲领。

1985年，荷兰率先提出建立企业环境管理体系的概念，于1988年试行实施，1990年进入环境圆桌会议专门讨论了环境审核问题。英国也在质量体系标准（BS 5750）基础上，制定BS 7750环境管理体系。英国的BS 7750和欧盟的环境审核实施后，欧洲的许多国家纷纷开展认证活动，由第三方予以证明企业的环境绩效。这些实践活动奠定了ISO 14000系列标准产生的基础。

1993年6月，国际标准化组织（ISO）成立了ISO/TC 3207环境管理技术委员会，正式开展环境管理系列标准的制定工作，以规划企业和社会团体等所有组织的活动、产品和服务的环境行为，支持全球的环境保护工作。

ISO 14000 环境管理系列标准是国际标准化组织（ISO）继 ISO 9000 标准之后推出的又一个管理标准。该标准是由 ISO/TC 207 的环境管理技术委员会制定，有 14001 到 14100 共 100 个号，统称为 ISO 14000 系列标准。

根据 ISO 14001 的定义，环境管理体系是一个组织内全面管理体系的组成部分，它包括为制定、实施、实现、评审和保持环境方针所需的组织机构、规划活动、机构职责、惯例、程序、过程和资源。还包括组织的环境方针、目标和指标等管理方面的内容。可以这样描述环境管理体系：这是一个有组织、有计划，而且协调动作的管理活动，其中有规范的动作程序，文件化的控制机制。它通过有明确职责、义务的组织机构来贯彻落实，目的在于防止对环境的不利影响。环境管理体系是一项内部管理工具，旨在帮助组织实现自身设定的环境表现水平，并不断地改进环境行为，不断达到更新更佳的高度。

1999 年，英国标准协会（BSI）、挪威船级社（DNV）等 13 个组织联合推出的 OHSAS 18000 系列标准，在当时 ISO 尚未制定的情况下，起到了准国际标准的作用。其中的 OHSAS 18001 标准是认证性标准，它是组织（企业）建立职业健康安全管理体系的基础，也是企业进行内审和认证机构实施认证审核的主要依据。OHSAS 18000 系列标准及由此产生的职业健康安全管理体系认证制度是近几年又一个风靡全球的管理体系标准的认证制度。

2000 年 11 月 12 日，我国将 OHSAS 18001 转化为国家标准《职业健康安全管理体系规范》（GB/T 28001—2001），同年 12 月 20 日，国家经贸委也推出了《职业安全健康管理体系审核规范》，并在我国开展职业健康安全管理体系认证。

2013 年，国际标准化组织（ISO）开始编制一项新的标准——ISO 45001《职业健康安全管理体系要求及使用指南》，以取代 OHSAS 18001 标准。ISO 45001 的开发工作由 ISO/PC 283 职业健康安全管理体系项目委员会负责，该委员会由 69 个正式成员和 16 个观察成员组成，包括中国国家标准化委员会 SAC，英、美、德、法等国家的相关机构，以及国际劳工组织（ILO）、职业安全与健康协会（IOSH）等组织的代表。

ISO 45001 标准的开发过程中，经历了多个阶段，包括提案阶段、准备阶段、草拟阶段、咨询阶段、审核阶段等。2016 年 3 月 30 日，ISO/DIS 45001《职业健康安全管理体系》标准草案版正式发布，标志着 ISO 45001 的标准制定进入了公开评审的阶段。2018 年 3 月 12 日，ISO 正式发布了 ISO 45001：2018 标准，这标志着世界上第一个职业健康和安全国际标准的诞生。

二、EHS 管理体系的定义

EHS 是环境（environment）、健康（health）和安全（safety）管理体系的简称，EHS 管理体系是将组织实施健康、安全与环境管理的组织机构、职责、做法、程序、过程和资源等要素有机构成的整体。这些要素通过先进、科学、系统的运行模式有机地融合在一起，相互关联、相互作用，形成动态管理体系。其中"E"（环境）是指与人类密切相关、影响人类生活和生产活动的各种自然力量或作用的总和，它不仅包括各种自然因素的组合，还包括人类与自然因素间相互形成的生态关系的组合；"H"（健康）是指人身体没有疾病，心理保持完好的状态；"S"（安全）是指在劳动生产过程中，努力改善劳动条件、克服不安全因素，使劳动生产在保证劳动者健康、企业财产不受损失和人民生命安全的前提下顺利进行。

三、EHS 管理体系的实施程序

EHS 管理体系是按照戴明循环建立的，是不断完善、发展和创新的管理系统，按照"计划—实施—检查—持续改进"，是一个持续循环的结构。其实施过程一般分九步骤进行。EHS 管理体系的要素见表 8 - 1。

（一）领导决策

组织建立 EHS 管理体系需要领导者的决策，特别是最高管理者的决策。只有在最高管理者认识到建立 EHS 管理体系必要性的基础上，组织才有可能在其决策下开展这方面的工作。

表 8-1　　　　　　　　　　EHS 管理体系的要素

项目	一级要素	二级要素
要素名称	一、EHS 方针	1. EHS 方针
	二、策划	2. 环境因素、危险源 3. 法律法规和其他要求 4. 目标指标和管理方案
	三、实施与运行	5. 机构和职责 6. 培训、意识与能力 7. 信息交流 8. 体系文件 9. 文件控制 10. 运行控制 11. 应急准备和响应
	四、检查和纠正措施	12. 监测 13. 合规性评价 14. 不符合、纠正与预防措施 15. 记录 16. 审核
	五、管理评审	17. 管理评审

企业的最高管理者必须对 EHS 管理体系的有效性负责，其 EHS 承诺和领导作用包括但不限于以下方面：确保建立 EHS 方针和目标，并确保其与企业的战略方向及所处的环境相一致；确保将 EHS 管理体系要求融入企业的业务过程；确保获得 EHS 管理体系运行所需资源；就 EHS 管理体系的重要性和符合性进行沟通，确保 EHS 管理体系实现其预期结果；引导/指导并支持员工对 EHS 管理体系的有效性作出贡献；推进管理层落实其 EHS 职责，不断提升 EHS 管理执行力，促进持续改进。

（二）成立工作组

当组织的最高管理者决定建立 EHS 管理体系后，要从组织上给予落实和保证，通常需要成立一个工作组。

工作组的主要任务是负责建立 EHS 管理体系。工作组的成员来自组织内部各个部门，工作组的成员将成为组织今后 EHS 管理体系运行的骨干力量，工作组组长最好是将来的管理者代表，或者是管理者代表之一。根据组织的规模，管理水平及人员素质，工作组的规模可大可小，可专职或兼职，可以是一个独立的机构，也可挂靠在其他部门。

（三）体系策划与设计

体系策划阶段主要是依据初始状态评审的结论，制定 EHS 方针，制定组织的 EHS 目标、指标和相应的 EHS 管理方案，确定组织机构和职责，筹划各种运行程序等。

企业应确定 EHS 管理体系的边界和适用性，界定管理范围内的所有活动、产品和服务，持续进行环境因素识别和危险源辨识，并对环境、安全风险进行评价，尤其应关注变更、异常状态和紧急情况下的环境因素、危险源及其风险。

企业应获取并确定与环境因素、危险源相关的合规性义务，在建立、实施、保持和持续改进其 EHS 管理体系时必须考虑这些合规性义务，并将其要求与日常业务经营活动进行结合。合规性义务包括 EHS 相关法律、法规和其他要求，企业自愿遵守的相关方需求和期望。

（四）体系文件编制

EHS 管理体系具有文件化管理的特征。编制体系文件是组织实施 EHS 管理体系标准，建立与保持 EHS 管理体系并保证其有效运行的重要基础工作，也是组织达到预定的 EHS 目标，评价与改进体系，实现持续改进和风险控制必不可少的依据和见证。

体系文件还需要在体系运行过程中定期、不定期地评审和修改，以保证它的完善和持续有效。

（五）体系试运行

体系试运行与正式运行无本质区别，都是按所建立的 EHS 管理体系手册、程序文件及作业规程等文件的要求，整体协调地运行。试运行的目的是要在实践中检验体系的充分性、适用性和有效性。组织应加大运作力度，并努力发挥体系本身具有各项功能，及时发现问题，找出问题的根源，纠正不符合并对体系给予修订，以尽快度过磨合期。

(六) 内部审核

EHS 管理体系的内部审核是体系运行必不可少的环节。体系经过一段时间的试运行，组织应当具备了检验建立的体系是否符合 EHS 管理体系标准要求的条件，应开展内部审核。

EHS 管理者代表应亲自组织内审。内审员应经过专业知识的培训。如果需要，组织可聘请外部专家参与或主持审核。内审员在文件预审时，应重点关注和判断体系文件的完整性、符合性及一致性；在现场审核时，应重点关注体系功能的适用性和有效性，检查是否按体系文件要求去运作。

(七) 管理评审

管理评审是职业健康安全管理体系整体运行的重要组成部分。管理者代表应收集各方面的信息供最高管理者评审。最高管理者应对试运行阶段的体系整体状态做出全面的评判，对体系的适宜性、充分性和有效性作出评价。依据管理评审的结论，可以对是否需要调整、修改体系做出决定，也可以做出是否实施第三方认证的决定。

四、EHS 管理体系文件编制

体系文件是描述企业体系结构、工作职责、业务流程及过程控制的一整套文件，形成文件的目的是提供 EHS 管理体系的完整描述和成文的具体操作程序指南，并形成该体系保持和实施的永久记录。体系建立的过程集中体现为体系文件的制定、执行、评价和不断完善。文件的主要作用如下：

(1) 有利于明确岗位职责。

(2) 有利于系统培训和贯彻执行。

(3) 有利于宣传企业的经营目标和方针。

(4) 有利于内外部对企业进行管理评价。

文件所记录的应是 EHS 管理的准确信息。文件的主要内容有以下方面：

1. 管理手册

根据 ISO 标准及组织的方针、目标而全面地描述组织 EHS 管理的文件，主要供组织内的中、高层管理人员和提供客户以及第三方审核机构审核时使用，集中表述组织的 EHS 保证能力。

管理手册的内容通常包括如下内容：

（1）方针、目标、指标和管理方案。

（2）运行、审核或评审工作的岗位职责、权限和相互关系。

（3）关于程序文件的说明和查询途径。

（4）关于手册的评审、修改和控制规定。

管理手册在深度和广度上可以不同，取决于组织的性质、规模、技术要求及人员素质，以适应组织的需要为前提。

2. 程序文件

根据管理手册的要求，为达到既定的 EHS 方针、目标所需要的程序和对策，来描述实施 EHS 体系要素涉及的各个职能部门活动的文件，供各职能部门使用。

程序文件处于 EHS 管理体系文件结构中的第二层，因此，程序文件起到一种承上启下的作用。对上它是管理手册的展开和具体化，使得管理手册中原则性和纲领性的要求得到展开和落实。对下它应引出相应的支持性文件，包括作业指导书和记录表格等。

3. 作业文件

作业文件是围绕管理手册和程序文件的要求，描述具体的工作岗位和工作现场如何完成某项工作任务的具体做法，是一个详细的工作文件，主要供个人或小组使用。这类文件有些是在体系运行时根据需要不断产生的，可分为两类：

（1）工作指令。工作指令包括工作指导书、作业指导书、检验指导书等。通常包括3个内容：指令干什么、如何干和出了问题怎么办。

（2）记录。记录是 EHS 管理体系文件最基础的部分，包括设计、检验、试验、调研、审核、复审的记录和图表，事故、事件记录以及信息反馈记录等。这些都是证明各生产阶段 EHS 是否达到要求和 EHS 管理体系运行有效性的证据，因而它具有可追溯性的特点。

第二节 危险预知训练（KYT）

一、危险预知训练的含义

危险预知训练起源于日本企业发起的"全员参加的安全运动"，经推广，形成的技术方法，在众多企业得到广泛的应用，被誉为"0"灾害的支柱。

KYT是取日文罗马拼写危险（kiken）的K、预测（yochi）的Y和训练（training）的T三个词的字头组成。

二、危险预知训练的目的

KYT是针对生产的特点和作业工艺的全过程，以其危险性为对象，以作业班组为基本组织形式而开展的一项安全教育和训练活动。KYT的实施有助于作业人员提高对危险的敏感性，解决问题的能力，以及提高对职场、作业自主发现、把握、解决潜在危险的能力。

（一）防止工伤事故

发生工伤的原因分为不安全行为和不安全状态。其中，造成工伤事故的大部分原因是不安全的行为，可以分为无意的不安全行为和有意的不安全行为。

无意的不安全行为：这是由粗心大意造成的无意行为引起的，如听错、看错、误解或粗心大意。有意的不安全行为：有意选择危险的行为。由于习惯后的疏忽大意而偏离规定的工作程序，或者为了减少劳动量而疏于安全确认工作等行为都属于此类。KYT通过掌握无意的不安全行为和有意的不安全行为的心理状态来防止工伤事故。

（二）作为安全确认方法的训练

为了提高在工作场所和工作中发现危险的能力，重要的是提高对危险的敏感性，并掌握确认安全的方法。因此，为了日常实践安全确认而进行训练的 KYT 有着重要意义：

KYT 活动通过手指口述揭示重要危险点和行动目标。KYT 活动还能帮助进行危险信息的记忆，这是因为人类根据潜意识的习惯，无意识地判断出大部分的行为。于是，通过在潜意识中记忆危险信息，自然意识到危险的新习惯就会生根发芽。

此外，通过实施 KYT，我们可以通过确定重要危险点和行动目标，在工作过程中的每个关键时刻，通过无意识地用手指口述揭示重要危险点和应对措施，从而进行安全确认。

三、KYT 活动的实施——4R 法则

4R 法则是指作业团队成员以头脑风暴等开放性思维方式列举潜在安全隐患并逐步筛选、总结并落实为作业团队行动目标。KYT 实施团队一般由组长、安全员、记录员等角色组成，以 5~6 人组成一组。这个过程可以总结为：

交流→决定对策→确立目标→落实到个人

（一）1R：发现潜藏着什么样的危险（把握现状）

1R 是掌握现状潜藏着什么危险的阶段。根据 KYT 训练用的图片或以实际工作场所和工作等为基础，讨论潜在的重要危险点。然后，根据重要危险点设想会发生什么样的危险现象。在第一步中，将成员们提出的意见全部列举出来，写在纸上。重要的不是实际会不会发生事故，而是将所有危险的事情都列举出来。

1R 实施要点：

①参与人员要把自己当作作业者，置身其中，从作业者的立场来进行这种体验和感觉，找出潜在的危险。

②用事故类型找出危险的现象，避免出现"也许会……""有……危险""有……可能"这类的回答。

③危险不仅是物方面,也要注意发现人以及行为方面存在的危险。

④危险预知训练活动,是解决具体危险,体现在1R和4R中。

(二) 2R:探究危险点(探究本质)

2R是探索本质(确定重要危险点)的阶段。从第一步中列举的重要危险点中,根据协商,在认为重要的项目上用红笔○出来。然后,在画○的因素中再选出被认为最危险的用◎画出,并加下画线。在决定◎的项目时,如果成员的意见出现分歧,不建议多数服从少数。最好可以通过成员之间的交流讨论,选出全体成员都能接受的项目。然后,全体成员,把◎的项目,以"因为~会变成~"的形式用手指唱和出来。

2R实施要点:

①作业活动中重点实施项目选择原则:最不放心的、有可能发生重大事故的、特别采取紧急对策的;一般是缩小到2个项目(也可以根据情况,圈定在1个项目上)作为危险点。

②不得采取多数人同意的表决方式,而是小组取得共识,"是的,就是这个!""还是这个!",找出大家都同意的项目,并做出标记。

③组长端正好姿势,领头和小组全员一起用手指高喊:"这就是危险点!OK!"

(三) 3R:如果是你,应该怎么做(确立对策)

3R是针对重要危险点制定对策的阶段。关于解决第二步中带有◎的重要危险点的具体对策,全体成员讨论交流。如果你是主管,你会怎么做,向每个人征求意见。

3R实施要点:

①由组长向小组成员提问:"如果是你,应该怎样做呢?"

②小组成员踊跃地发言,提出具体而可行的对策:"如果是这种情况,就该这样!""这样做是必要的!"对危险采取的对策,要在所规定的时间内,确定出3个左右的项目。

③不要做出这类否定或禁止的对策"……不许做!""……不行!",而是要考虑"作为小组应该这样"这种切实可行、有指导意义和具体行动内容的对策。

(四) 4R:我们这样做(设定目标)

4R 是针对重要危险点设定的行动计划的目标设定阶段。首先,以第三步提出的对策为基础,成员们进行讨论,得到全体成员的一致意见后决定重点实施项目,用红笔加上※。其次,制定落实重点实施项目的团队行动目标。最后,全体成员用手指唱和来确认团队行动目标:"~的时候(做~的时候)~做~做吧!"

手指口念要点:

①眼:看着手指对象;

②口:清晰并大声地说;

③耳:倾听说话的内容;

④手:左手垂于腰际,右臂直平伸出,用右手食指指向对象。

四、KYT 实施效果

KYT 的实施可以提高作业人员预知危险的能力,使日常工作、行动更加谨慎,有效实施 KYT 还能使员工开始自主地考虑安全问题,提高员工自我认可度,促进会议上发言活跃性,可以在团队中形成思考安全的职场风气,进而提高团队协作能力。KYT 是一套系统的提升系统安全度的方法,因此,它还能有效地提高员工解决问题的能力和总结问题的能力,同时能够培养领导能力。KYT 的引入还提高了员工对重要危险点的敏感性,使其在工作中时刻保持安全意识。另外,KYT 活动中,同事之间在安全方面互相轻松提醒,这种方式还能促进职场气氛变得更为融洽。

第九章 工伤保险基础知识

第一节 工伤保险制度概述

一、工伤保险的概念

工伤保险是指劳动者在工作中或在规定的特殊情况下，遭受意外伤害或患职业病导致暂时或永久丧失劳动能力以及死亡时，劳动者或其遗属从国家和社会获得物质帮助的一种社会保险制度。

二、工伤保险的基本原则

工伤保险的基本原则包括：无责任补偿原则，补偿直接经济损失原则，保障与补偿相结合的原则，预防、补偿和康复相结合的原则。

（一）无责任补偿原则

就职工总体而言，职业伤害具有必然性和偶然性，非职工个人所能抗拒。实行"无责任补偿"的原则是慰死抚生、安定社会的需要。

（二）补偿直接经济损失原则

补偿直接经济损失的原则是补偿从事生产工作过程中遭受工亡和工伤致残后的收入损失。对于职业性收入以外的第二、第三职业或者业余收入不在补偿范围之内。

（三）保障与补偿相结合的原则

工伤补偿性质属于"经济损失补偿"，包括保障与补偿两个方面。保障是工伤保险的主要目的，是对伤残职工或工亡职工遗属的工资收入减少或中断所造成的经济损失给予一定的经济补贴，使其本人或者遗属大体保持原来的基本生活；补偿是对受保人工伤后，因肢体器官或生理功能受损害甚至丧失生命给予本人身心和家庭造成痛苦而给予适当的经济补偿，以示安慰，体现对劳动者价值的尊重。

（四）预防、补偿和康复相结合的原则

预防、补偿和康复相结合的原则，体现工伤保险的社会保障功能。运用工伤保险的机制促进工伤预防，不仅是减少基金支出的需要，更是工伤保险积极意义所在。

三、工伤保险的作用

实行工伤保险是为了保障因工作遭受事故伤害或者患职业病的职工获得医疗救治和经济补偿，促进工伤预防和职业康复，分散用人单位的工伤风险。其主要作用有：

（1）工伤保险作为社会保险制度的一个组成部分，是国家通过立法强制实施的，是国家对职工履行的社会责任，也是职工应该享受的基本权利、工伤保险的实施是人类文明和社会发展的标志和成果。

（2）实行工伤保险保障了工伤职工医疗以及其基本生活、伤残抚恤和遗属抚恤，在一定程度上解除了职工和家属的后顾之忧、工伤补偿体现出国家和社会对职工的尊重，有利于提高他们的工作积极性。

（3）建立工伤保险有利于促进安全生产，保护和发展社会生产力。工伤保险与生产单位改善劳动条件、防病防伤、安全教育、医疗康复、社会服务等工作紧密相连。对提高生产经营单位和职工的安全生产，防止或减少工伤、职业病，保护职工的身体健康，至关重要。

(4) 工伤保险保障了受伤害职工的合法权益，有利于妥善处理事故和恢复生产，维护正常的生产、生活秩序，维护社会安定。

工伤事故和职业病带来了严重的经济损失和人员伤亡。经济损失通过恢复生产经过一定时间后是可以弥补的，而人员伤亡的后果，在较长时间里却难以消除，如医疗康复、生活抚恤和子女供养等问题需要长期解决。工伤员工为生产经营单位和社会创造了财富，而自己却付出了身体的损害、鲜血甚至生命，他们及其亲属是十分痛苦的，如果不能在经济和物质上给予帮助，提供相应的保障，不仅影响社会安定，也会影响在职员工的生产积极性，进而干扰生产经营单位的经济效益。因此，必须对工伤建立一种保险制度。在市场经济条件下，生产经营单位都具有风险性，一旦生产经营单位经济效益不好或亏损破产，工伤员工及供养直系亲属的长期抚恤必难保证，从而给工伤员工及供养亲属的生活造成严重影响，不利于社会稳定。

四、工伤保险的制度体系

工伤保险制度的三大职能是预防、补偿、康复。《工伤保险条例》明确规定了工伤保险制度具有的三大职能。其中，工伤预防是按照《劳动法》对职业安全卫生的要求，采取必要的措施防范工伤事故和职业病，目的在于减少工伤保险费用支出并积极主动地保护职工的安全与健康权利。工伤补偿是根据因公负伤、致残、死亡的不同情况提供法定标准的经济补偿，主要是以现金支付的工伤保险待遇。工伤保险实行"无责任补偿"或称"无过错补偿"的原则，只要认定为工作中的意外伤害，无论事故责任是出于本人过失（须排除故意犯罪、醉酒或吸毒、自残或自杀的行为），还是出于同事或雇主，都要对受伤害者给予经济补偿。工伤康复包括医疗康复和职业康复，目的在于尽量恢复负伤或患职业病职工的健康和劳动能力，并相应减少伤残待遇的开支。显然，工伤预防和工伤康复不仅有利于降低工伤保险成本，而且符合保障职工安全健康的根本要求。工伤保险的三项职能是为了实现《劳动法》保护劳动者基本权益的主要宗旨，是与经济发展、社会进步和人民生活质量提高的需求相适应的。

五、我国工伤保险的发展历程

1949年，中华人民共和国成立后，开始逐步建立社会保障制度，但工伤保险制度尚未建立。

1949年10月1日，中华人民共和国宣告成立。中央人民政府委员会举行第一次会议，一致决议接受同年9月中国人民政治协商会议通过的《共同纲令》为政府施政方针。《共同纲领》决定："逐步实行劳动保险制度""公私企业目前一般应实行八小时至十小时的工作制度""保护青工女工的特殊利益"。

1950年5月4日，劳动部根据中央财政经济委员会的有关规定，制定《全国公私营厂矿职工伤亡报告办法》，并附发《重伤、死亡事故调查报告表》和《因工死亡人数日报表》。

1951年2月26日，中央人民政府政务院公布《中华人民共和国劳动保险条例》，自1951年3月1日起生效。中国开始实行国家劳动保险制度，设立了工伤保险基金，为工人提供一定的工伤保障。

1953年1月2日，中央人民政府政务院修正并公布《中华人民共和国劳动保险条例》，全文共32条，明确规定了工伤保险的范围和待遇标准。

1954年6月，劳动部、全国总工会印发《关于劳动保险业务移交工会统一管理的联合通知》，劳动保险业务由工会统一管理，并开始在一些城市和企业试行工伤保险制度，逐步扩大覆盖范围。

1956年前后，我国对个体手工业和私营工商业的社会主义改造基本完成后，在全部国营企业中实行了《劳动保险条例》，一些规模较大、经济条件较好的集体所有制企业，也都实行或参照实行该条例。

1958年和1978年，经全国人民代表大会常务委员会批准，国务院对《劳动保险条例》中的工伤待遇进行两次主要修改，旨在提高工伤待遇标准。

1994年7月5日，全国人大常委会通过并公布《中华人民共和国劳动法》，并于1995年1月1日起施行。该法规定，劳动者在因工伤残或者患职业病的情况下，依法享受社会保险待遇。

1996年8月12日，劳动部发布《企业职工工伤保险试行办法》，并于1996年10月1日起施行。该办法进一步细化了工伤保险的实施框架，推动了工伤保险制度在全国的推广。

2004年1月1日，《工伤保险条例》颁布实施，明确了工伤保险的基本原则和政策框架，加强了工伤保险基金管理。

2011年1月1日，《工伤保险条例》修订，进一步加强了工伤保险的管理和服务水平。

近年来，中国工伤保险制度不断完善，包括扩大覆盖范围、提高待遇标准、加强管理和监督等方面。

总的来说，中国工伤保险制度经历了从起步、试行到完善的发展过程，不断提高保障水平，为保障工人权益和促进社会稳定发挥了积极作用。

第二节 工伤预防概述

一、工伤预防的概念

工伤预防是建立健全工伤预防、工伤补偿和工伤康复三位一体工伤保险制度的重要内容，是避免和减少工伤事故和职业病的发生，有效保障职工的生命安全，减少经济损失，促进企业稳定发展和社会稳定的重要手段。工伤事故的发生往往是由人、机、环、管等相互作用的结果。因此，工伤预防的根本措施是杜绝人的违章行为，消除或控制设备、工具存在的隐患，提高设备、工具的本质安全性。

二、工伤预防的必要性

开展工伤预防是贯彻落实习近平总书记以人民为中心发展思想的重要举措。

牢固树立预防优先的工作理念，深入学习贯彻习近平总书记关于"人民至上、生命至上"的重要指示精神，始终把人民群众生命安全和身体健康放在第一位，把减少事故伤害和职业病危害作为工伤预防的根本出发点和落脚点，从源头上防止工伤事故发生，切实保障劳动者的生命安全和身体健康。

三、工伤预防服务模式

（1）工伤预防管理应坚持降低工伤数据为主要目标，以国家工伤预防行动计划为基础，以预防职工在工作中的伤害事故为主要工作内容。

（2）工伤预防采取培训与宣传相结合的方式，应以工伤数据分析为基础，确定重点服务对象。

（3）工伤预防培训工作需要有针对性，应基于企业调研情况，制定"一企一策"，对高发的工伤事故类型、岗位进行重点培训宣传，达到提升人员工伤预防意识和能力的目标。

（4）工伤预防工作是一项专业工作，需要具备一定的专业能力，而非"广撒网"式活动，需要确定工作目标、制定实施方案，并根据方案进行进度监控，保证过程资料、记录完整，切实保证基金的安全使用。

（5）工伤预防项目需定期回顾目标达成情况，采用信息化系统、先进技术，不断提升工伤预防项目效能，扩大覆盖面，提升基金使用效率。

第三节　工伤保险常见问题

一、什么情况可享受工伤保险待遇？

职工因工作原因受到事故伤害或者患职业病，且经工伤认定的，享受工伤保险待遇；其中，经劳动能力鉴定丧失劳动能力的，享受伤残待遇。

二、"免责合同"是否有效？

22 岁的黄某从 2021 年 5 月到东莞某私人承包的建筑公司当临时工并签订了"雇用协议"。协议中约定，如遇工伤，雇主概不负责。半年后，黄某在工作时不慎从 3 m 高空坠落，致使左胫、腓骨粉碎性骨折，公司即派车将其送医院救治。治疗期间，雇主留下 2 000 元给黄某便不再负责。黄某向东莞劳动保障部门求助。

案例分析：

黄某遇到的情况在当前并非个例。在一些私营企业中，不少雇主在招工时就要求员工签下"生死合同"，约定员工发生工伤和意外事故时概不负责。其实，发生工伤事故时遇到这种情况，职工仍然可以要求享受工伤保险待遇。因为"雇主对农民工的工伤概不负责"等条款的协议是不合法的，此合同从签订之日起就是无效的。职工在工作期间受到事故伤害，依然可以按照《工伤保险条例》的要求，进行工伤认定，得到工伤待遇补偿。

三、因工作问题发生争执受伤，算不算工伤？

某厂维修工人李某，由于对班长张某的指挥不满，发生口角，最终动手将张某打伤。请问，班长张某受伤能否算工伤？

案例分析：

认定工伤。在工作时间和工作场所内，因履行工作职责受到暴力等意外伤害。符合工伤的三大构成要件：A. 工作时间内；B. 工作场所内；C. 因履行工作职责受到暴力等意外伤害。但也需要看具体的情况，若所遭受的暴力伤害与其履行工作职责之间没有直接的必然的联系，便不能认定工伤。

四、在单位组织的拓展训练中受伤，能认定为工伤吗？

黄某是某公司员工。2014 年 4 月 20 日，黄某在参加单位组织的外出拓展活动过程中，进行拓展训练时不慎摔倒受伤，被诊断为腰肌扭伤、腰椎骨折。事后,黄某向当地社会保险行政部门提出工伤认定申请。社会保险行政部门受理后,向黄某所在公司送达了举证通知书。该公司反馈称,认可黄某的受伤经过,但认为与工作无关,不属于工伤。社会保险行政部门经调查核实后,依据《工伤保险条例》第十四条第(五)项规定,认定黄某为工伤。

《工伤保险条例》第十四条第(五)项规定,职工因公外出期间,由于工作原因受到伤害或者发生事故下落不明的,应当认定为工伤。本案中,黄某在参加单位组织的职工拓展训练中受伤,属于因工外出期间由于工作原因受到伤害,应认定为工伤。

五、上班途中被自行车撞伤,算工伤吗?

某维修工人王某今年元月在上班途中被李某骑的自行车撞伤,后送往医院治疗,花去医疗费8 000余元。王某要求公司申请工伤认定,公司以王某被自行车撞伤不属于交通事故为由,拒绝申请工伤认定。

案例分析:

(1)王某被自行车撞伤是交通事故吗?

《道路交通安全法》第一百一十九条规定,交通事故是指车辆在道路上因过错或者意外造成的人身伤亡或者财产损失的事件。车辆是指机动车和非机动车。

非机动车是指以人力或者畜力驱动,上道路行驶的交通工具,以及虽有动力装置驱动但设计最高时速、空车质量、外形尺寸符合有关国家标准的残疾人机动轮椅车、电动自行车等交通工具。

因此,王某被自行车撞伤属于交通事故。

(2)王某受伤是不是工伤?

《工伤保险条例》第十四条规定,在上下班途中,受到非本人主要责任的交通事故或者城市轨道交通、客运轮渡、火车事故伤害的属于工伤认定范围。

因此,王某受伤属于工伤。

六、乘车上班途中突发疾病死亡,能认定为工伤吗?

井某是某采油厂职工,某日,井某在乘车从家中返回作业区途中突发疾病死亡。井某的亲属向当地社会保险行政部门提出工伤认定申请。社会保险行政部门作出不予认定工伤的决定。井某的亲属不服，向法院提起诉讼。

井某的亲属认为，井某的工作区域和生活区域相距约 400 km，采油厂将职工往返日计入考勤作为上班时间，乘车行为是在执行返回作业区的工作任务，应当属于《工伤保险条例》第十五条第一款第（一）项规定的"工作时间和工作岗位突发疾病死亡"情形。

本案经历了一审、二审，到最高人民法院再审。最高人民法院再审认为，本案中双方争议较大的是关于乘车途中是否等同于在工作岗位的问题。《工伤保险条例》第十五条规定的"视同工伤"的三种情形，是对第十四条"应当认定工伤情形"的补充规定，视同工伤不要求必须是工作原因导致的伤害，而是基于社会公共利益或者公平正义的原则，给予职工倾斜性保护，给予职工以工伤保险待遇，对视同工伤应当严格按照法律规定执行。对因突发疾病死亡视为工伤的认定，必须同时具备工作时间、工作岗位和在 48 h 之内抢救无效死亡三个条件，缺一不可。

其中，"工作岗位"通常理解为职工日常履行工作职责所在的岗位或受本单位领导指派其从事工作的岗位，应从立法本意出发，按照普通人的一般理解进行判断，而不宜再作延伸、扩充解释。本案中，井某生前的工作职责是协调处理采油厂与当地群众之间的关系，保障采油厂正常的生产秩序。其工作岗位应在作业区内或者当地相关工作区域内。在岗的前提是到岗，井某在事发日既未到达采油厂岗位，也未到达其负责外联工作的区域之内。因此，井某不属于在工作岗位上突发疾病死亡，不符合《工伤保险条例》第十五条第一款第（一）项规定的情形；井某因在上班途中突发疾病死亡，而非受到"非本人主要责任的交通事故或者城市轨道交通、客运轮渡、火车事故伤害"，故井某的死亡不符合《工伤保险条例》第十四条、第十五条的规定，不予认定工伤。

七、醉酒工作时受伤能不能认定为工伤？

林某为某单位的职工。一日，他告知单位其右手肘部在工作时不慎摔伤，要求单位向当地社会保险行政部门提出工伤认定申请。后单位向相关人员了解到，林某中午和外地来的同学一起在酒店喝了一小瓶白酒，刚上班办理一笔业务时，不小心摔了一个跟头，将右手肘部摔伤。当日下午，单位便请林某配合到医院治疗，同时抽取其血液检测，发现其酒精含量达到 116 mg/100 mL，仍属于醉酒状态。

单位负责人依据酒精检测结果告诉林某，根据《工伤保险条例》规定，他因醉酒摔伤，不能被认定为工伤。林某有异议，便以本人的名义申请工伤认定，被当地社会保险行政部门作出不予认定工伤的决定。林某不服，向法院提起诉讼。

《工伤保险条例》第十六条规定："职工符合本条例第十四条、第十五条的规定，但是有下列情形之一的，不得认定为工伤或者视同工伤：（一）故意犯罪的；（二）醉酒或者吸毒的；（三）自残或者自杀的。"法院经审理维持了不予认定工伤的决定。

八、工伤不停工，在岗工资与停工留薪期工资是否可同时享受？

《工伤保险条例》第三十三条规定，职工因工作遭受事故伤害或者患职业病需要暂停工作接受工伤医疗的，在停工留薪期内，原工资福利待遇不变，由所在单位按月支付。

设计停工留薪期待遇项目的立法本意，是为避免职工因工伤治疗期间不能工作且没有工资收入而采取的保障措施。停工留薪期限是根据职工实际伤病状态而确定的，最长不得超过 24 个月。如果对停工留薪期有争议，由劳动能力鉴定委员会组织专家进行确定。从逻辑上讲，对于停止工作没有工作报酬的要保留工资，而对于未停止工作、未停发工资的，无从保留。

九、什么是工伤康复？

工伤康复是指综合、协调地应用医疗的、工程的、教育的、职业的、心理的、社会的和其他措施，对工伤职工进行治疗、辅助、训练、辅导、补偿、提高或者恢复工伤职工的功能，以消除或者减轻工伤造成的后果，改善工伤职工参与劳动就业等社会生活的自身条件。

康复性治疗服务一般包括：

1. 及早发现、诊断与处理。

2. 医疗护理。

3. 社会、心理和其他方面的咨询和协助。

4. 进行自理训练，包括行动、交往及日常生活技能，并为听觉、视觉受损者提供所需的特殊器材。

5. 提供辅助器械、行动工具及其他设备；专门教育服务。

6. 职业技能训练（包括职业指导）、职业培训、公开招聘和保护性的就业安置等。

因而，康复性治疗服务的内容包括了生理康复、心理康复和职业康复。